普通高等教育材料成型及控制工程专业改革教材
普通高等教育机械类系列教材

工程材料成形基础

主　编　高红霞
副主编　樊江磊

机械工业出版社

本书为普通高等教育机械类及近机械类的专业技术基础课教材。主要介绍金属材料的铸造、锻造、冲压、焊接等，并在传统成形的基础上，增加了粉末冶金成形。分别从它们的成形特点及应用、成形方法、成形理论、成形工艺设计、常用材料成形、成形件结构工艺性、成形新技术等方面阐述，条理清晰、重点突出。简要介绍塑料、橡胶、陶瓷等非金属材料和复合材料成形。概括介绍零件成形方法的选择、零件成形质量控制及检验等。本书补充了较多的工程实例、工艺图、设备图、数据表格、比较表格等，增加了数字化智能成形、快速成形等内容，把基础理论与工程实践相结合，适应目前创新型应用型工程技术人才的培养。

全书共 8 章，包括金属材料的铸造成形、锻造成形、冲压成形、焊接成形、粉末冶金成形，非金属材料及复合材料的成形，零件成形方法的选择，零件成形质量控制及检验。

本书可作为高等院校的基础课程教材，适用于机械制造、机械设计、机电一体化等机械类专业，以及模具制造、车辆工程、能源与动力、农业机械、过程装备、交通运输等近机械类专业和高分子、电化学等材料加工相关本科专业。也可作为普通高等职业学校、高等专科学校、成人教育及有关工程技术人员的学习和参考用书。

图书在版编目（CIP）数据

工程材料成形基础/高红霞主编 .—北京：机械工业出版社，2021.8（2025.1 重印）
普通高等教育材料成型及控制工程专业改革教材
ISBN 978-7-111-68635-4

Ⅰ.①工… Ⅱ.①高… Ⅲ.①工程材料—成型—高等学校—教材 Ⅳ.①TB3

中国版本图书馆 CIP 数据核字（2021）第 133225 号

机械工业出版社（北京市百万庄大街 22 号　邮政编码 100037）
策划编辑：丁昕祯　责任编辑：丁昕祯　赵亚敏
责任校对：张晓蓉　封面设计：张　静
责任印制：单爱军
北京虎彩文化传播有限公司印刷
2025 年 1 月第 1 版第 4 次印刷
184mm×260mm·16.25 印张·402 千字
标准书号：ISBN 978-7-111-68635-4
定价：46.00 元

电话服务　　　　　　　　网络服务
客服电话：010-88361066　　机 工 官 网：www.cmpbook.com
　　　　　010-88379833　　机 工 官 博：weibo.com/cmp1952
　　　　　010-68326294　　金 书 网：www.golden-book.com
封底无防伪标均为盗版　机工教育服务网：www.cmpedu.com

前　言

　　随着制造业向先进制造、智能制造的发展，随着工科教育向创新型、应用型人才培养模式的转变，机械制造类专业创新教育的教材内容需要调整，包括精简传统理论知识，扩充新技术及工程实践技术、智能成形等方面的内容。本书是为适应新时代制造体系与模式的变革对人才培养的需要，根据最新机械类专业人才的培养目标和培养要求编写而成的。在培养学生机械制造基础理论知识的同时，加强培养其创新能力、实践能力及知识应用能力，提高工程教育质量。

　　本书共8章，第1~5章分别介绍金属材料的铸造成形、锻造成形、冲压成形、焊接成形和粉末冶金成形，并按照它们的成形特点及应用、成形法、成形理论、成形工艺、常用材料成形、成形件结构设计、成形新技术等方面介绍；第6章介绍非金属材料及复合材料的成形，简要介绍塑料、橡胶、陶瓷、复合材料的成形工艺；第7章介绍零件成形方法的选择，对各种典型机械零件成形方法的选用进行总结；第8章介绍零件成形质量控制及检验，对铸造、锻造、冲压、焊接和粉末冶金成形件的技术要求、质量检验方法，以及缺陷控制进行总结。

　　本书在参考相关教材的基础上，对教材内容进行了较大改进，力求突出以下特色：

　　（1）条理清晰　对每种成形方法均按照成形特点及应用、成形方法、成形理论、成形工艺、常用材料成形结构设计和成形新技术进行论述，思路清晰，便于比较。

　　（2）重点突出　主要讲述金属材料成形的基本理论、工艺设计及结构设计方面的内容，简介各种成形方法及新技术，内容简练、结构紧凑。

　　（3）内容新颖　增加半固态铸造成形、液态模锻成形、超塑性成形、电子束焊接等新工艺，增加无模铸造、板料数字化冲压、激光烧结、3D打印成形等新技术，扩大学生的知识面，提高其创新思维能力。

　　（4）实践性强　增加成形件工艺设计及结构设计方面的典型实例、实用数据表格、工艺图、成形方法的图片等，加强对学生解决实际问题能力的培养。

　　（5）题材生动　增加各种对比性表格、流程图和实际照片等，所配套的课件中有各种成形方法的视频、动画等，内容生动，便于比较，强化记忆。

本书可作为高等院校机械制造、机械设计、机电一体化等机械类专业，模具制造、车辆工程、能源与动力、农业机械、过程装备、交通运输等近机械类专业高分子、电化学等材料加工相关本科专业的基础课程教材，也可作为普通高等专科学校、成人教育及有关工程技术人员的学习和参考用书。

本书由郑州轻工业大学高红霞任主编，负责全书的统稿，樊江磊任副主编。参加编写的有：高红霞（绪论、第1章、第2.1节）、樊江磊（第8章、第2.4节~第2.7节）、何文斌（第2.2节）、吴深（第3章、第4.4节、第4.5节）、王艳（第5章、第4.3节）、李莹（第6章、第4.7节）、周向葵（第7章、第4.1节、第4.2节、第4.6节）、刘丽娜（第2.3节）。此外，孙启迪参与了本书图表资料的整理及制作。

本书的编写参考了多所高校教师的宝贵意见，借鉴了一些高校课程教学改革的经验，参考了相关教材及技术资料，得到了高校及企业同行的大力支持，在此深表感谢！

由于编者水平所限，书中难免存在不当之处，恳请广大读者批评指正。

编 者

目　录

前言

绪论 …………………………………… 1
　0.1　材料成形加工的地位 ……………… 1
　　0.1.1　材料成形加工在机械
　　　　　制造行业的地位 …………… 1
　　0.1.2　材料成形加工的社会地位 …… 2
　0.2　课程的性质、内容、目的 ………… 2
　　0.2.1　本课程的性质 ………………… 2
　　0.2.2　本课程的主要内容 …………… 2
　　0.2.3　本课程的目的 ………………… 3
　0.3　学习课程的意义和方法 …………… 3
　　0.3.1　学习本课程的意义 …………… 3
　　0.3.2　学习本课程的方法 …………… 3
　练习题 …………………………………… 4

第1章　金属材料的铸造成形 …… 5
　1.1　铸造的特点及应用 ………………… 5
　　1.1.1　铸造的特点 …………………… 5
　　1.1.2　铸造的应用 …………………… 5
　　1.1.3　我国铸造技术的发展历史 …… 6
　1.2　铸造方法 …………………………… 7
　　1.2.1　砂型铸造 ……………………… 7
　　1.2.2　熔模铸造 …………………… 11
　　1.2.3　金属型铸造 ………………… 12
　　1.2.4　压力铸造 …………………… 13
　　1.2.5　离心铸造 …………………… 14
　　1.2.6　陶瓷型铸造 ………………… 15
　　1.2.7　消失模铸造 ………………… 15
　　1.2.8　常用铸造方法的比较与选用 … 17
　1.3　铸造成形理论基础 ………………… 18
　　1.3.1　合金的铸造性能 …………… 18
　　1.3.2　常见的铸造缺陷及其防止措施 … 21
　1.4　铸造成形工艺设计 ………………… 25
　　1.4.1　铸造方案的确定 …………… 25
　　1.4.2　铸造工艺参数的确定 ……… 28
　　1.4.3　型芯的设计 ………………… 31

　　1.4.4　浇注系统及冒口的设计 …… 33
　　1.4.5　铸造工艺图的绘制 ………… 35
　　1.4.6　铸造工艺设计实例 ………… 36
　1.5　常用合金的铸造 …………………… 37
　　1.5.1　铸铁的铸造 ………………… 37
　　1.5.2　钢的铸造 …………………… 39
　　1.5.3　铝合金的铸造 ……………… 40
　　1.5.4　铜合金的铸造 ……………… 40
　1.6　铸件的结构工艺性 ………………… 41
　　1.6.1　从简化铸造工艺考虑的铸件
　　　　　结构设计 …………………… 41
　　1.6.2　从提高铸件质量考虑的铸件
　　　　　结构设计 …………………… 42
　1.7　铸造成形新技术 …………………… 45
　　1.7.1　数字化快速铸造技术 ……… 45
　　1.7.2　无模铸造技术 ……………… 47
　　1.7.3　半固态铸造技术 …………… 48
　练习题 ………………………………… 50

第2章　金属材料的锻造成形 …… 54
　2.1　锻造的特点及应用 ………………… 54
　　2.1.1　锻造的特点 ………………… 54
　　2.1.2　锻造的应用 ………………… 54
　　2.1.3　我国锻造技术的发展历史 … 55
　2.2　锻造成形方法 ……………………… 55
　　2.2.1　自由锻 ……………………… 56
　　2.2.2　模锻 ………………………… 59
　　2.2.3　胎模锻 ……………………… 61
　　2.2.4　其他热塑性成形方法（热挤压、
　　　　　热轧）简介 ………………… 63
　　2.2.5　锻造类成形方法的比较与选用 … 66
　2.3　锻造成形理论基础 ………………… 66
　　2.3.1　热塑性变形对金属材料组织
　　　　　及性能的影响 ……………… 67
　　2.3.2　金属材料的锻造性能 ……… 68
　　2.3.3　锻造缺陷及其防止措施 …… 70

2.3.4 锻造成形的基本规律 ……………… 71
2.4 锻造成形工艺设计 ………………………… 72
　2.4.1 自由锻工艺设计 …………………… 72
　2.4.2 自由锻工艺设计实例 ……………… 76
　2.4.3 模锻工艺设计 ……………………… 77
　2.4.4 模锻工艺设计实例 ………………… 81
2.5 常用合金的锻造 …………………………… 82
　2.5.1 钢的锻造 …………………………… 82
　2.5.2 铝合金的锻造 ……………………… 84
2.6 锻件的结构工艺性 ………………………… 84
　2.6.1 自由锻件的结构工艺性 …………… 84
　2.6.2 模锻件的结构工艺性 ……………… 86
2.7 锻造成形新技术 …………………………… 87
　2.7.1 液态模锻 …………………………… 87
　2.7.2 超塑性锻造 ………………………… 88
练习题 …………………………………………… 89

第3章 金属材料的冲压成形 ……………… 92

3.1 冲压的特点及应用 ………………………… 92
　3.1.1 冲压的特点 ………………………… 92
　3.1.2 冲压的应用 ………………………… 92
　3.1.3 我国冲压技术的发展历史 ………… 93
3.2 冲压方法及模具类型 ……………………… 93
　3.2.1 冲压的工艺方法 …………………… 93
　3.2.2 其他冷塑性成形方法（旋压成形）简介 ………………………………… 95
　3.2.3 冲压等板料冷塑性成形方法的比较与选用 …………………………… 97
　3.2.4 冲压模具类型 ……………………… 97
3.3 冲压成形理论基础 ………………………… 98
　3.3.1 冷塑性变形对金属材料组织及性能的影响 …………………………… 98
　3.3.2 金属材料的冲压性能 ……………… 100
　3.3.3 冲压缺陷及其防止措施 …………… 100
3.4 冲压成形工艺设计 ………………………… 103
　3.4.1 冲压工序的确定 …………………… 103
　3.4.2 冲裁工艺设计 ……………………… 103
　3.4.3 拉深工艺设计 ……………………… 106
　3.4.4 弯曲工艺设计 ……………………… 108
　3.4.5 冲压工艺设计实例 ………………… 111
3.5 常用合金的冲压 …………………………… 111
　3.5.1 钢的冲压 …………………………… 111
　3.5.2 铝合金的冲压 ……………………… 113
　3.5.3 铜合金的冲压 ……………………… 114

3.6 冲压件的结构工艺性 ……………………… 114
3.7 冲压成形新技术 …………………………… 116
　3.7.1 板料数字化柔性成形 ……………… 116
　3.7.2 板料液压拉深成形 ………………… 119
　3.7.3 板料超塑性成形 …………………… 120
练习题 …………………………………………… 121

第4章 金属材料的焊接成形 ……………… 124

4.1 焊接的特点及应用 ………………………… 124
　4.1.1 焊接的特点 ………………………… 124
　4.1.2 焊接的应用 ………………………… 124
　4.1.3 我国焊接技术的发展历史 ………… 125
4.2 焊接成形方法 ……………………………… 126
　4.2.1 焊条电弧焊 ………………………… 127
　4.2.2 自动埋弧焊 ………………………… 131
　4.2.3 气体保护焊 ………………………… 134
　4.2.4 电渣焊 ……………………………… 136
　4.2.5 气焊 ………………………………… 137
　4.2.6 电阻焊 ……………………………… 137
　4.2.7 钎焊 ………………………………… 140
　4.2.8 常用焊接方法比较与选用 ………… 141
4.3 焊接成形理论基础 ………………………… 142
　4.3.1 焊接冶金过程 ……………………… 142
　4.3.2 焊接接头的组织及性能 …………… 143
　4.3.3 金属材料的焊接缺陷及其防止措施 ………………………………… 145
　4.3.4 金属材料的焊接性 ………………… 150
4.4 焊接成形工艺设计 ………………………… 151
　4.4.1 焊件材料、焊接方法及焊接材料的选择 ………………………………… 151
　4.4.2 焊缝布置 …………………………… 152
　4.4.3 焊接接头及坡口设计 ……………… 154
　4.4.4 焊接结构工艺图绘制 ……………… 155
　4.4.5 焊接参数的确定 …………………… 156
　4.4.6 焊接工艺设计实例 ………………… 157
4.5 常用金属材料的焊接 ……………………… 158
　4.5.1 钢的焊接 …………………………… 158
　4.5.2 铸铁的焊接 ………………………… 160
　4.5.3 铝合金的焊接 ……………………… 160
4.6 焊件的结构工艺性 ………………………… 160
4.7 焊接成形新技术 …………………………… 162
　4.7.1 激光焊接 …………………………… 162
　4.7.2 等离子弧焊接 ……………………… 163
　4.7.3 电子束焊接 ………………………… 164

4.7.4　机器人焊接 ………………… 165
　　4.7.5　扩散焊接 …………………… 167
　　4.7.6　摩擦焊接 …………………… 169
　　4.7.7　爆炸焊接 …………………… 170
　练习题 ………………………………… 171

第5章　金属材料的粉末冶金成形 … 173
　5.1　粉末冶金的特点及应用 …………… 173
　　5.1.1　粉末冶金的特点 ……………… 173
　　5.1.2　粉末冶金的应用 ……………… 173
　　5.1.3　粉末冶金技术的发展历史 …… 174
　5.2　粉末冶金工艺方法 ………………… 175
　　5.2.1　粉末冶金的主要工序 ………… 175
　　5.2.2　粉末冶金的工艺流程 ………… 176
　5.3　粉末冶金理论基础 ………………… 176
　　5.3.1　粉末的性能 …………………… 176
　　5.3.2　粉末压制成形原理 …………… 177
　　5.3.3　粉末烧结原理 ………………… 178
　5.4　粉末冶金成形工艺 ………………… 179
　　5.4.1　粉末制备工艺 ………………… 179
　　5.4.2　粉末成形工艺 ………………… 184
　　5.4.3　粉末烧结工艺 ………………… 187
　5.5　常用粉末冶金材料的成形 ………… 189
　　5.5.1　粉末冶金工具材料的成形 …… 189
　　5.5.2　粉末冶金多孔材料的成形 …… 191
　5.6　粉末冶金制品的结构工艺性 ……… 191
　5.7　粉末冶金成形新工艺 ……………… 193
　　5.7.1　粉末激光烧结（3D打印）…… 193
　　5.7.2　粉末锻造 ……………………… 194
　练习题 ………………………………… 196

第6章　非金属材料及复合材料
的成形 ………………………… 197
　6.1　塑料的成形 ………………………… 197
　　6.1.1　塑料的特点及应用 …………… 197
　　6.1.2　塑料成形的工艺流程 ………… 197
　　6.1.3　塑料成形的基本理论 ………… 198
　　6.1.4　塑料成形的工艺方法 ………… 199
　　6.1.5　塑料件的结构工艺性 ………… 203
　6.2　橡胶的成形 ………………………… 205
　　6.2.1　橡胶的特点及应用 …………… 205
　　6.2.2　橡胶成形的工艺流程 ………… 205
　　6.2.3　橡胶的成形方法 ……………… 206
　　6.2.4　橡胶件的结构工艺性 ………… 206

　6.3　陶瓷的成形 ………………………… 208
　　6.3.1　陶瓷的组成、性能及应用 …… 208
　　6.3.2　陶瓷成形的工艺流程 ………… 208
　　6.3.3　陶瓷的成形方法 ……………… 208
　　6.3.4　陶瓷件的结构工艺性 ………… 211
　6.4　复合材料的成形 …………………… 213
　　6.4.1　复合材料的特点及应用 ……… 213
　　6.4.2　复合材料的成形特点 ………… 213
　　6.4.3　复合材料的成形方法 ………… 213
　练习题 ………………………………… 218

第7章　零件成形方法的选择 ………… 220
　7.1　零件成形方法选择的原则 ………… 220
　　7.1.1　适用性原则 …………………… 220
　　7.1.2　经济性原则 …………………… 220
　　7.1.3　节能环保原则 ………………… 221
　7.2　零件成形方法选择的依据 ………… 222
　　7.2.1　零件材料的性能 ……………… 222
　　7.2.2　零件的生产类型 ……………… 222
　　7.2.3　零件的形状及尺寸精度 ……… 223
　　7.2.4　现有生产条件 ………………… 223
　　7.2.5　采用新工艺、新技术和新材料 … 224
　7.3　零件常用成形方法的比较 ………… 225
　7.4　常用零件的材料和成形方法的选择 … 225
　　7.4.1　轴杆类零件 …………………… 226
　　7.4.2　盘套类零件 …………………… 226
　　7.4.3　机架、箱体类零件 …………… 227
　　7.4.4　薄壳类零件 …………………… 228
　7.5　零件成形方法选择实例 …………… 229
　　7.5.1　齿轮减速器主要零件的
　　　　　成形方法 ……………………… 229
　　7.5.2　承压液压缸不同成形方法
　　　　　的比较 ………………………… 231
　练习题 ………………………………… 231

第8章　零件成形质量控制及检验 …… 233
　8.1　成形件技术要求 …………………… 233
　　8.1.1　铸件技术要求 ………………… 233
　　8.1.2　锻件技术要求 ………………… 233
　　8.1.3　冲压件技术要求 ……………… 234
　　8.1.4　焊接件技术要求 ……………… 234
　　8.1.5　粉末冶金件技术要求 ………… 234
　8.2　成形件质量检验方法 ……………… 234
　　8.2.1　成形件表面质量检验 ………… 234
　　8.2.2　成形件内部质量检验 ………… 236

8.2.3 成形件金相组织检验 …………… 237
8.2.4 成形件化学成分检验 …………… 237
8.2.5 成形件力学性能检验 …………… 238
8.2.6 成形件尺寸检验 ………………… 238
8.3 成形件质量检验及缺陷控制 ………… 238
　8.3.1 铸件质量检验及缺陷控制 ……… 238
　8.3.2 锻件质量检验及缺陷控制 ……… 241
　8.3.3 冲压件质量检验及缺陷控制 …… 242
　8.3.4 焊接件质量检验及缺陷控制 …… 244
　8.3.5 粉末冶金件质量检验及
　　　　缺陷控制 ………………………… 248
练习题 ………………………………………… 251

参考文献 …………………………………… 252

绪　　论

工程材料成形基础主要介绍工程材料成形加工的基本知识。材料成形加工是指把原材料通过加工转变为具有一定尺寸形状的毛坯（或零件）的工艺方法。毛坯经切削加工成为零件，各种零件经装配可制造出机械设备、运输工具、电气及仪器仪表设备等。因此，材料成形加工是制造业的主要技术之一。

0.1 材料成形加工的地位

0.1.1 材料成形加工在机械制造行业的地位

任何机械都是由零件组装而成的，零件是由毛坯经切削加工制成的，而毛坯是对材料进行成形加工得到的。机械制造过程如图0-1所示。

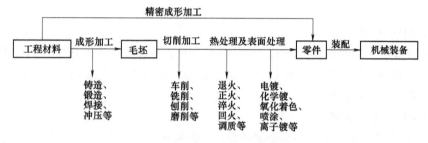

图0-1　机械制造过程

（1）成形加工　成形加工是对工程材料的原材料采用各种不同的方法加工成具有一定形状和尺寸的毛坯的过程。如对金属材料的铸锭、型材、粉末等进行铸造、锻造、焊接、冲压、粉末成形等；如对塑料材料的粉末、颗粒等进行注射成形、挤出成形、压制成形等；如对陶瓷材料的粉末进行压制成形、注浆成形等。近年来，随着成形加工技术的发展，越来越多的零件可以采用精密铸造、精密锻造、精密冲压等精密成形方法由原材料直接加工而成，越来越多的新产品可以通过数字化成形方法快速成形。

（2）切削加工　切削加工是对毛坯采用车削、铣削、刨削、磨削等方法进行加工，改变毛坯的形状和尺寸及表面质量，得到符合要求的零件的过程。除切削加工外，还可通过电火花加工、电解加工、激光加工等特种加工方法改变毛坯的形状和尺寸。

（3）热处理及表面处理　在毛坯切削加工前后及加工过程中，可通过退火、正火、淬火等不同的热处理方法来改变零件的性能，可通过电镀、化学镀、离子镀、喷涂、氧化着色等表面处理方法改变零件的表面性能。

（4）装配　将有些零件组装成组件或部件后，再将零件与组件或部件进行总装即可得到机械或装备的成品。

由上述机械制造过程可知，材料的成形加工是制造毛坯（或零件）的基本工艺，在机械制造过程中占有重要的地位。

0.1.2 材料成形加工的社会地位

材料成形加工在国民经济中占有举足轻重的地位。据统计，占全世界总产量将近一半的钢材是通过焊接制成构件或产品的；在机床和通用机械中，铸件质量占70%～80%；飞机上的锻件质量占85%；家用电器和通信产品中，冲压件和塑料件质量占60%～80%。例如常见的交通运输工具——汽车，其铸件质量占20%（如发动机上的缸体、缸盖、活塞、气门座等，底盘上的后桥壳、差速器壳、转向器壳、弹簧钢板支架、轴承盖等），锻件质量占70%（如发动机上的曲轴、连杆、活塞销、气门弹簧，底盘上的传动轴、转向轴、车轮轴、齿轮、摇臂、球壳、十字轴、转向节、万向节叉、拨叉等）。汽车的车身、车门、车架、油箱、挡板、油底壳等是冲压件或焊接件，汽车内饰件、仪表盘、门把手、保险杠、灯罩等为塑料成形件，汽车轮胎、轴承密封圈等为橡胶成形件。总之，国民经济生产的各领域离不开机械装备，而材料成形加工是机械制造行业的主要生产技术。因此，材料成形加工技术在一定程度上代表着国家的工业和科技发展水平。

0.2 课程的性质、内容、目的

0.2.1 本课程的性质

工程材料成形基础课程是高等工科院校机械类和近机械类专业开设的一门技术基础课和专业必修课。其前修课程为工程材料，后续课程为机械制造工艺基础，这三门课程联系紧密，是机械制造等专业的基础。

0.2.2 本课程的主要内容

工程材料成形基础课程主要介绍金属材料、非金属材料（塑料、橡胶、陶瓷等）、复合材料的成形加工，重点是金属材料的成形加工；对各种材料的成形加工主要从成形方法的特点及应用、成形理论、工艺设计、成形件结构设计、成形新技术等方面进行论述；对典型零件成形方法的选择、对零件成形质量的控制及检验方面的综合知识进行总结。本课程主要内容如图0-2所示。

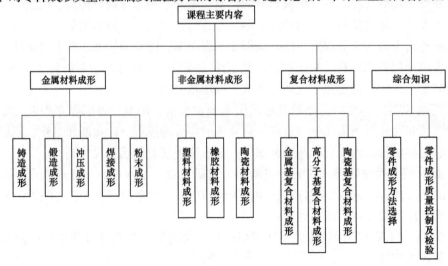

图0-2　"工程材料成形技术"课程主要内容

0.2.3 本课程的目的

工程材料成形基础课程的目的主要有：

1）阐述工程材料成形的基本方法、特点和应用，基本理论，基本工艺及成形工艺对零件结构的要求等，使学生建立材料成形知识的系统框架。

2）通过对材料成形知识的系统学习，培养学生对各种零件成形方法选择的能力，对成形件的工艺设计和结构设计的能力。

3）成形对材料力学性能的影响可联系前修课程工程材料，成形对材料切削加工性能的影响可联系后续课程机械制造工艺，加强学生对机械制造基础三门主干课的联系，培养学生综合运用知识的能力。

4）材料成形加工的发展趋势是优质化、精密化、复合化、数字化、节能化等。通过介绍各种材料成形的新技术，开阔学生的视野，培养创新能力。

0.3 学习课程的意义和方法

0.3.1 学习本课程的意义

学习本课程的意义有：

1）材料成形加工在制造业中占有非常重要的地位，而制造业又是国民经济的主导行业，因此，社会对机械制造技术人才的需求非常迫切。学习工程材料成形基础课程可以使机械类各专业、材料加工各专业及其他相关专业学生打好专业基础，适应毕业后的社会需要、工作需要。

2）本课程是机械制造基础的三门主干课程之一，学好该课程对后续的专业课程及毕业设计非常有用。

3）学习本课程不仅能提高学生在零件成形工艺设计方面的能力，还可以提高学生的零件设计能力，使设计的零件既结构美观又方便成形。

4）学习本课程不仅能提高学生在零件成形方面的质量意识，还可以提高学生的成本意识和工程管理意识，从而选出低成本、高质量的成形方法。

0.3.2 学习本课程的方法

本课程应安排在金工实习（工程训练）之后，以使学生有初步的感性认识；应安排在机械制图课程学习之后，以使学生对零件视图有正确的认识；应安排在工程材料课程学习后，使学生了解材料性能对材料成形加工的影响。

本课程主要介绍工程材料的各种成形加工，既有较深的基本理论，又有较强的工艺设计实践，涉及面广，内容繁多，必须有好的学习方法，变枯燥的死记硬背为规律性条理性的理解掌握。

本课程内容涉及各种材料的成形加工，学习时必须认真总结、理清思路、抓住重点。各种材料成形加工的知识主线均为：成形方法及其特点应用→成形理论→成形工艺设计→成形件结构设计→成形新技术。各种材料成形加工的内容中，成形方法、特点应用及新技术只需一般了解，成形理论及工艺设计应重点掌握，成形件结构设计要求理解及灵活应用。

本课程内容实践性强，与生产实际联系紧密，而学生的感性认识较少，给学习造成一定困难。在学习时应经常联系生产实际，开阔思路，不断提出问题与教师或同学讨论。此外，学生应重视每章后面的练习题，独立思考，在理解的基础上认真完成，巩固所学知识。

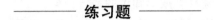

练习题

1. 材料成形加工在机械制造过程中的重要地位与作用是什么？
2. 学习本课程的目的和意义是什么？

第1章
金属材料的铸造成形

铸造是将熔融的金属浇注到和机械零件形状相适应的铸型型腔中，冷却、凝固之后，获得具有一定形状、尺寸和性能的金属铸件（毛坯或零件）的成形方法。铸件通常为毛坯，经过机械加工制成零件。但随着铸造生产过程的不断完善以及新工艺、新技术的不断采用，铸件的精度及表面质量得到提高，越来越多的铸件可直接作为零件使用。

1.1 铸造的特点及应用

1.1.1 铸造的特点

1) 铸造是液体金属在预先造好的型腔中流动、充填，然后冷却、凝固，最后得到与型腔形状基本一致的铸件的成形工艺。

2) 由于铸造属于流动充型，故成形能力及适应性好于锻造及焊接等其他成形工艺，可以制造形状复杂的铸件。

3) 铸件与零件的形状、尺寸很接近，因而铸件的加工余量小，可以节约金属材料和机械加工工时。

4) 铸件的成本低。铸造所用的设备费用较低，原材料价格低廉。在铸造生产中，各类金属废料都可以再利用。

5) 铸造生产工艺过程复杂、工序多，易出现浇不足、气孔、缩孔、变形、开裂等铸造缺陷，铸件质量不够稳定，废品率较高。

6) 铸件内部组织缺陷使其力学性能不如同类材料的锻件力学性能高。

7) 劳动强度大、劳动条件差。

1.1.2 铸造的应用

铸造是毛坯成形的主要方法之一，在机械制造行业中应用广泛。按重量计算，铸件在一般机械设备中占40%～90%，在机床、内燃机中占70%～80%，在重型机械、矿山机械中占85%以上，在农业机械中占40%～70%，在汽车行业中占20%～30%。

1) 铸造适于各种形状、大小铸件的生产。主要用于形状复杂，特别是内腔复杂的铸件，如箱体、壳体、机架、工作台等。图1-1和图1-2所示分别为铸造机架和铸造箱体。铸件重量可以小至几克，大至数百吨；壁厚从0.5mm到1m左右；长度从几毫米到十几米。

2) 铸造适于各种合金铸件的生产。铸造是一种液态金属成形的方法，铸铁、钢、合金钢、铜合金、铝合金等金属及合金都能用于铸造，特别是难以锻造的脆性材料（如铸铁）和难以切削加工的合金材料，也可用铸造的方法生产毛坯或零件。

3) 铸造适于各种生产类型，既可用于单件生产，也可用于批量生产。随着铸造理论和

图1-1 铸造机架

图1-2 铸造箱体

工艺的深入研究，铸件的性能得到了较大提高。一些重要的承受交变载荷的零件以前多采用锻件，现在也可以采用铸件，出现了以铸件代替锻件的趋势，如球墨铸铁曲轴在内燃机、发动机等方面的应用，又如铝合金压铸轮毂在汽车、摩托车等方面的应用。

1.1.3 我国铸造技术的发展历史

我国铸造始于夏朝初期，迄今已有5000多年，是世界上较早掌握铸造技术的文明古国之一。4000多年前开始使用铜合金，至商周时代（约公元前1600—前256年）进入青铜铸件的鼎盛时期。春秋时期（公元前770—前476年）已开始使用铁器，比欧洲国家早1800多年。战国时期发明了炼钢技术。古代的铸造工艺水平很高，形成了以泥范（砂型）、铁范（金属型）、失蜡铸造为代表的中国古代三大铸造技术。3000多年前的商周时期我国发明了失蜡铸造法，战国时期出现了金属型铸造，隋唐以后掌握了大型铸件的制造技术。古代的铸件大多是农业生产、宗教、生活、军工等方面的工具、用具或礼器、兵器，艺术色彩浓厚。如1939年河南安阳出土的商后母戊鼎（原名司母戊鼎），高大厚重，形态雄伟，工艺高超，鼎高133cm、长110cm、口宽79cm、重832.84kg，是目前世界上发现的最大的青铜器，如图1-3所示。1965年，湖北江陵楚墓中发现的春秋越王勾践剑，虽在地下埋藏了2400多年，但依然刃口锋利，寒光闪闪，可以一次割透叠在一起的十多层纸张。河北省的沧州铁狮子

图1-3 商后母戊鼎

是五代后周时期公元953年制成的，距今已有1000多年的历史，铁狮高约5.47m，长约6.26m、宽约2.98m，总重量约为32t，是我国大型铸铁艺术品之一。现立于湖北当阳的铁塔建于北宋1061年，由13层叠成，高约17.9m，是中国古代大型铸铁建筑物之一，也是我国现存最高的铁塔，为八角形仿木结构，外为铁壳，内为砖墙，塔心中空，塔身用生铁铸造，底座和塔壁铸有花纹和仪态不同的大小佛像。

虽然我国古代铸造技术居世界先进水平，但长期的封建制度影响了铸造技术的进步，中华人民共和国成立前，我国铸造技术发展几乎处于停滞状态。中华人民共和国成立后，随着

产品技术的进步对铸件性能要求的提高,随着电子显微镜等检测设备的发展,开发了大量性能优越的铸造金属材料,如球墨铸铁、能焊接的可锻铸铁,超低碳不锈钢,铝铜、铝硅、铝镁合金,钛基及镍基合金等,并发明了灰铸铁孕育处理、湿砂高压造型、化学硬化砂造型和造芯、负压造型及其他特种铸造、抛丸清理等新工艺,使铸件具有很高的形状、尺寸精度和良好的表面质量,铸造车间的劳动条件和环境卫生也大为改善。近几十年来,我国铸造业以强韧化、轻量化、精密化、高效化为目标,研制出奥贝球墨铸铁、高强度孕育灰铸铁、铸造复合材料等新材料,开发了V法铸造、半固态铸造、复合材料的液态挤压铸造等新工艺。特别是21世纪以来,随着数字技术的发展,铸造工艺的计算机辅助设计、无模铸造等先进技术发展迅速。

1.2 铸造方法

铸造方法种类繁多,按生产方法分类,可分为砂型铸造和特种铸造。砂型铸造包括湿砂型铸造、干砂型铸造和化学硬化砂型铸造等。特种铸造可分为以天然矿砂为主要造型材料和以金属为主要造型材料两类。常用铸造方法分类如下:

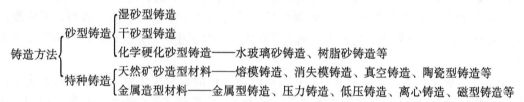

本节主要介绍砂型铸造、熔模铸造、金属型铸造、压力铸造、离心铸造、陶瓷型铸造、消失模铸造等铸造方法。

1.2.1 砂型铸造

砂型铸造是以型砂(由砂子、黏土、添加剂、水混合配制而成)为材料制备铸型、生产铸件的铸造方法。砂型铸造的造型材料来源广泛,价格低廉,设备简单,操作方便灵活,不受铸造合金种类、铸件形状尺寸的限制,并适合各种生产规模。因此,砂型铸造应用最为广泛,砂型铸造的铸件约占全部铸件的80%。

砂型铸造的工艺过程如图1-4所示。首先根据零件图制成模样,并由模样和配制的型砂制成砂型(具有中空形状的铸件还需要用芯盒和芯砂制得型芯,放入砂型)。然后把熔化好的金属液浇入型腔。待金属液在型腔内凝固后,将砂型破坏,取出铸件。最后清理铸件上的附着物,检验合格后,可获得所需要的铸件。

砂型包括铸型和型芯两部分,铸型用以形成铸件的外部轮廓,型芯主要用于形成铸件的内腔。砂型在浇注、凝固过程中要承受金属熔液的冲刷、静压力和高温作用,并要排出大量气体,型芯还要承受铸件凝固收缩时的收缩压力等。因此,为获得优质铸件,配制的型砂应满足强度、透气性、退让性、耐火性等性能要求。

按组成、制法的不同,砂型可分为湿砂型、干砂型和化学硬化砂型。

(1)湿砂型 砂型铸造常用的砂型为湿砂型,由型砂紧实造型后得到。型砂一般以原砂、黏土、添加剂、水为主要组成成分,经混砂后制得。湿砂型铸造生产周期短、效率高,易实现机械化、自动化生产,广泛应用于铸铁、铝合金、镁合金等铸件的各种批量的生产。

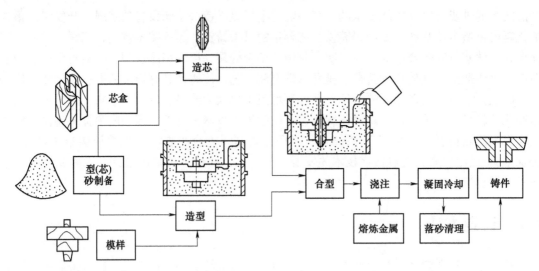

图 1-4 砂型铸造的工艺过程

湿砂型的缺点是强度低、发气量大，易造成塌型，铸件易产生气孔等。

（2）干砂型 对湿砂型进行烘干或表面烘干后可得到干砂型或表面干砂型，可克服湿砂型的缺点，但生产周期长、能耗大，只适于单件或小批量生产质量要求高、结构复杂的大中型铸件。

（3）化学硬化砂型 将湿砂型中的黏结剂改为水玻璃或合成树脂，砂型可通过化学反应得到硬化（也称自硬砂）。该铸型强度高、能耗低、生产效率高，但成本较高，可用于单件或批量生产各类大中型铸件。

铸造的主要工序是造型，按造型工具不同，砂型铸造分为手工造型和机器造型两类。

1. 手工造型

手工造型是指用手工或手动工具完成紧砂、起模、修型及合箱等主要操作的造型过程。手工造型操作灵活，模样、芯盒等工艺装备简单，生产准备时间短、模样成本低，同时对铸件大小、结构复杂程度的适应性广。但手工造型铸件质量差、生产效率低、劳动强度大、技术水平要求高。因此，手工造型主要用于单件、小批量生产，特别是重型复杂铸件的生产。

手工造型按砂型特征分为两箱造型、三箱造型、脱箱造型、地坑造型等，各种方法的主要特点及适用范围见表 1-1。

表 1-1 按砂型特征分各种手工造型方法的主要特点及适用范围

造型方法	简图	主要特点	适用范围
两箱造型		砂型由成对的上型和下型组成。操作简单	用于各种大小、批量的铸件生产
三箱造型		砂型由上、中、下三型组成，中型高度与两个分型面的间距一致。操作费时，需配合适的砂箱	用于两个分型面的单件、小批量铸件的生产

（续）

造型方法	简图	主要特点	适用范围
脱箱造型	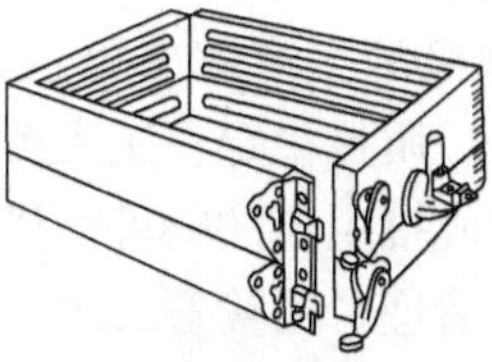	在砂型合型后将砂箱脱出，重新用于造型，一个砂箱可造出多个砂型	用于小铸件生产
地坑造型	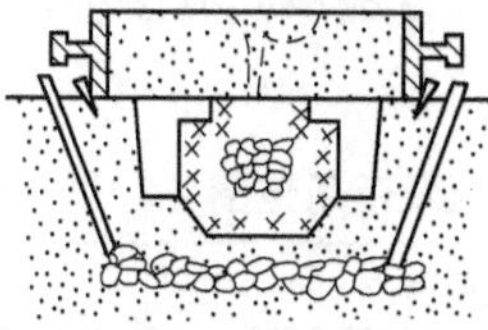	用地面砂坑制造下砂型，仅用上砂箱或不用砂箱造型减少砂箱费用。但操作费时、生产效率低、技术要求高	用于质量要求不高的小批量的大、中型铸件生产

手工造型按模样特征分为整模造型、分模造型、挖砂造型、假箱造型、活块造型、刮板造型等，各种方法的主要特点及适用范围见表1-2。

表1-2 按模样特征分各种手工造型方法的主要特点及适用范围

造型方法	简图	主要特点	适用范围
整模造型	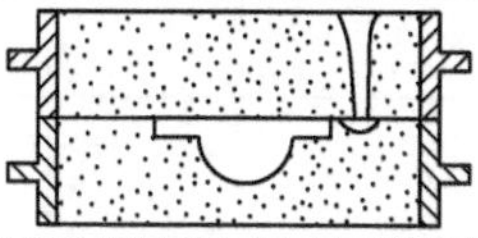	模样为整体，模样全部放在一个砂箱内，有一个平整的分型面。操作简便，型腔形状和尺寸精度较好	用于最大截面在一端，且为平面的铸件
分模造型	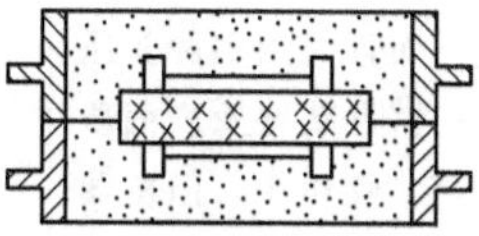	将模样在最大截面处分成两半，两半模分开的平面（即分模面）常作为造型时的分型面。型腔位于上、下两个砂箱内。造型简单、省工时	用于最大截面不在端面的铸件
挖砂造型	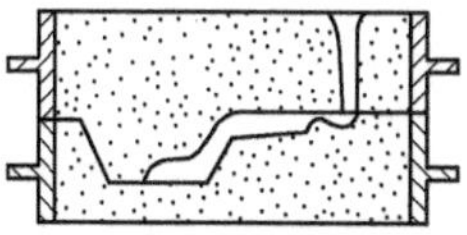	模样为整体，分型面为曲面。为便于起模，造型时用手工挖去阻碍起模的型砂。因为必须准确挖至模样的最大截面处，造型费工时，生产效率低	用于分型面不是平面的单件、小批量铸件生产
假箱造型	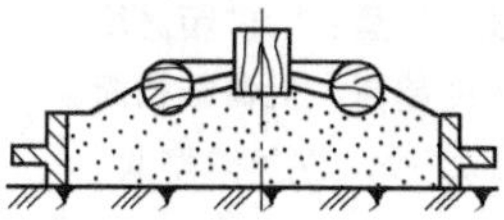	造型前预先做一个与分型面吻合的底胎（不参与浇注的假箱），在底胎上制作下箱。克服了挖砂造型的缺点，操作简单	用于成批生产的需要挖砂造型的铸件
活块造型	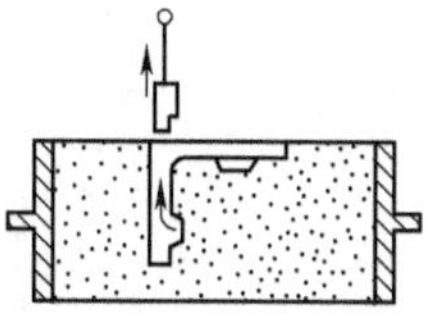	铸件上有妨碍起模的凸台或肋条，制模时可将这些部分做成活动块，造型时，先起出主体模样，再从侧面起出活块。造型费工时，技术要求高	用于单件、小批量生产带有突出部分、难以起模的铸件
刮板造型	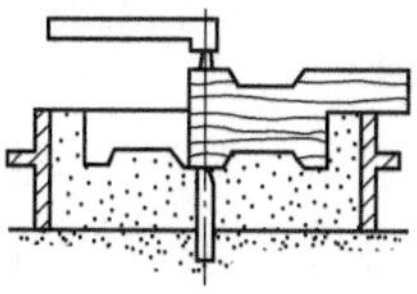	用与铸件截面形状相适应的特制刮板代替实体模型，刮制出所需砂型。可节省制模材料和工时，缩短生产准备时间。但只能手工操作，生产效率低，铸件尺寸精度较低	用于单件或小批量生产尺寸较大的回转体或等截面形状的铸件

2. 机器造型

机器造型是将造型过程中的两项最主要的操作——紧实和起模实现机械化的造型方法。同手工造型相比，机器造型和制芯的生产效率高，造型机的生产效率可达 30~80 箱/h，甚至每小时几百箱；机器造型铸件尺寸精确、表面质量好、质量稳定；工人劳动强度低。但设备和工艺装备费用高，生产准备周期长，适用于大量和成批生产的铸件。机器造型可与造型前的机械化混砂、加砂及造型后的机械化浇注、落砂、清理、运输等工序一起组成自动化生产线，进一步提高生产效率。常用的机器造型方法按紧实方法不同有多种，其主要特点及适用范围见表 1-3。

表 1-3 各种机器造型方法的主要特点及适用范围

造型方法	简图	主要特点	适用范围
压实造型	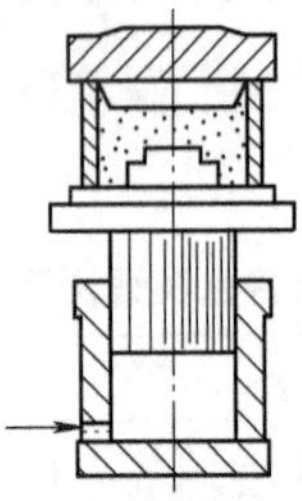	依靠压力使型砂紧实，多以压缩空气为动力。砂型高度方向紧实度不均匀，上表面紧实度高，底部紧实度低。压实造型机器结构简单、生产效率高、无噪声	用于成批生产高度小于 200mm 的薄、小铸件
高压造型	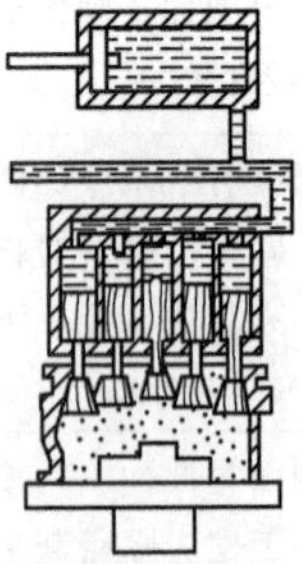	用较高的压力（大于 0.7MPa）压实砂型，紧实度高；而且采用多触头压实，紧实度均匀；铸件精度及表面质量高，生产效率高，噪声小。但机器结构复杂、造价高	用于大量生产中、小型铸件
震击造型	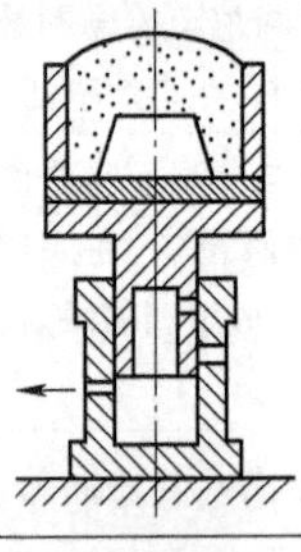	依靠震击力紧实砂型。沿砂箱高度方向越往下紧实度越高。机器结构简单、成本低，但噪声大、生产效率低	用于成批生产小型铸件
震压造型	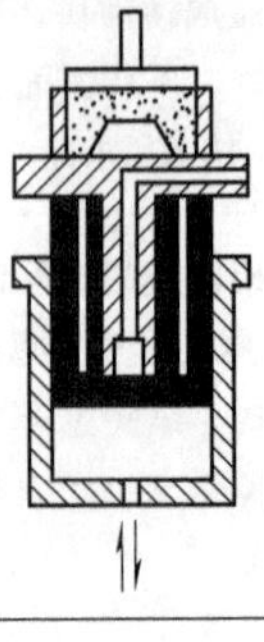	多次震击后再压实，生产效率高，紧实度较均匀，但噪声大	用于成批生产中、小型铸件

(续)

造型方法	简图	主要特点	适用范围
微震压实	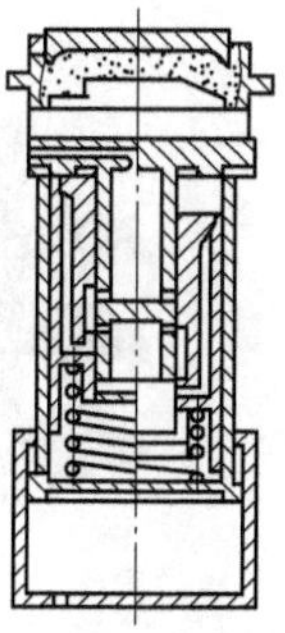	在加压紧实砂型的同时，砂箱和模板做高频率、小振幅的震动。生产效率高，紧实度均匀，噪声低	用于成批生产中、小型铸件
抛砂造型	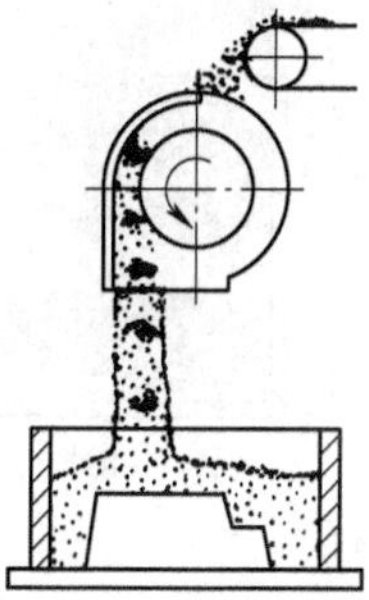	依靠离心力抛出型砂，使砂在惯性力下填砂、紧实。生产效率高，紧实度均匀，噪声低	用于单件、小批、成批、大量生产中、大型铸件
射压造型	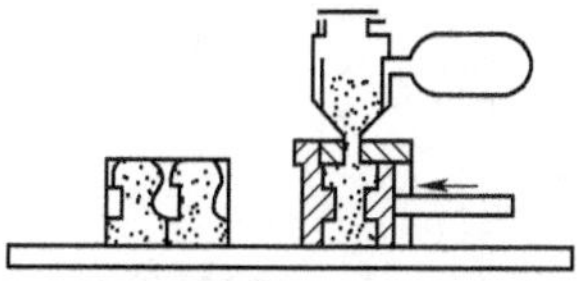	依靠压缩空气骤然膨胀将型砂射入砂箱进行填砂、紧实，再压实。生产效率高，紧实度均匀，砂型尺寸精确，但造型机器结构复杂	用于大批大量生产形状简单的中、小型铸件
射砂造型	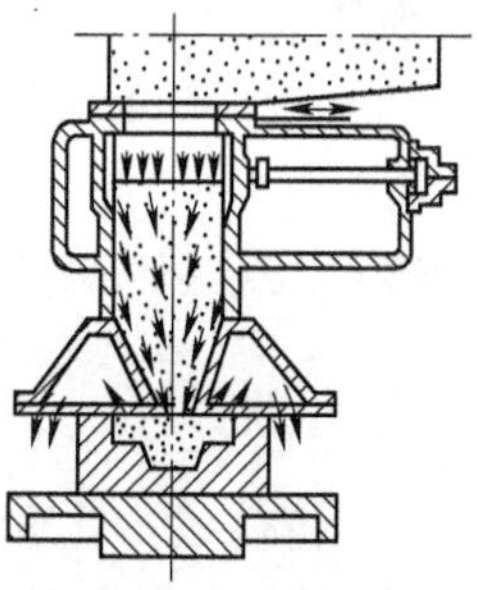	用压缩空气将型砂高速射入砂箱进行紧实，填砂、紧实同时完成，生产效率高，但紧实度不太高	主要用于制造型芯

1.2.2 熔模铸造

熔模铸造是用易熔材料（一般用蜡质材料）制作模样，在模样上包覆若干层耐火涂料，制成型壳，熔去模样后高温焙烧型壳，然后浇注的铸造方法。

1. 熔模铸造的工艺过程

熔模铸造的工艺过程如图 1-5 所示。首先用 50% 的石蜡和 50% 的硬脂酸做蜡料，将蜡料熔化后浇入压型，做成与铸件形状相同的蜡模，将蜡模与浇注系统焊成蜡模组，在蜡模组上涂挂涂料（涂料是由石英粉和水玻璃等配制而成的），然后向表面撒上一层石英砂，浸入硬化剂（一般为氯化氨水溶液）中硬化。反复几次涂挂涂料和石英砂并进行硬化，形成 5~10mm 厚的型壳层，将带有型壳层的蜡模组浸泡在 85~95℃ 的热水中，熔去蜡模便可获得无分型面的型壳。型壳经过烘干和高温焙烧，四周填砂后便可浇注，再经凝固、冷却、落砂、清理而获得铸件。

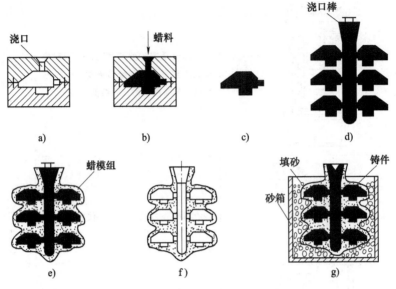

图 1-5　熔模铸造的工艺过程
a) 压型　b) 注蜡　c) 单个蜡模　d) 蜡模组　e) 结壳　f) 脱模、焙烧　g) 填砂、浇注

2. 熔模铸造的特点及应用范围

熔模铸造的主要特点有：

1) 熔模铸造可以获得精度高、表面粗糙度值小的铸件，是一种精密铸造方法。其铸件精度高、表面质量高、机械加工余量小，可实现少、无切削加工。

2) 熔模铸造可以铸出形状复杂的薄壁（最小壁厚可达 0.25～0.4mm）、带小孔（最小为 ϕ2.5mm）的铸件。

3) 熔模铸造能生产各种合金铸件，尤其适合生产高熔点及难以切削加工的合金铸件，如耐热合金、不锈钢等。

4) 熔模铸造既可单件生产，又可成批、大量生产。

5) 熔模铸造工序繁多、生产周期长、原材料的价格贵、铸件成本比砂型铸造高，而且由于受型壳的限制，铸件不能太长、太大，一般限于 25kg 以下，大多在 1kg 以下。

熔模铸造主要用于生产形状复杂、精度要求较高或难以切削加工的小型零件，如汽轮机、燃气轮机、水轮发动机等的叶片、叶轮、导向器、导向轮，以及汽车、拖拉机、风动工具、机床上的小型零件。

1.2.3　金属型铸造

金属型铸造是将液体金属浇入用金属（一般用铸铁或钢）制成的铸型中而获得铸件的方法，可"一型多铸"。金属铸型可浇注几百次到几万次，故又称为"永久型铸造"。与砂型相比，金属型没有透气性和退让性，散热快，对铸件有激冷作用。为了防止铸件产生浇不足、冷隔、气孔、裂纹缺陷，在金属型上开设排气槽，浇注前应将金属型预热，型腔内壁刷涂料保护，并严格控制铸件在金属型中的停留时间等。

1. 金属型的结构

金属型的种类很多，按照分型方式的不同，分为整体式金属型、水平分型式金属型、垂直分型式金属型、复合式分型金属型等。图1-6所示为水平分型和垂直分型两种形式的金属型结构简图。

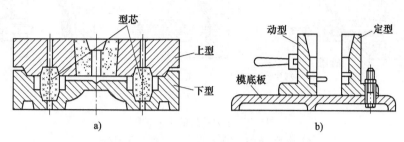

图1-6 金属型结构简图
a）水平分型式 b）垂直分型式

水平分型式金属型由上、下两半型扣合而成，分型面处于水平位置。下芯、合型方便，但上型排气困难，开型、取铸件不便，适于型芯较多的中型铸件。

垂直分型式金属型由左、右两半型（动型、定型）组成，浇冒口设在分型面上，排气方便，铸型开合方便，广泛用于各种沿中心线形状对称的中、小型铸件。

金属型的材料根据浇注的合金材料而定，浇注低熔点合金（如锡合金、锌合金、镁合金等）时可选用灰铸铁，浇注铝合金、铜合金时可用合金铸铁，浇注铸铁和钢时可选用碳钢及合金钢。

2. 金属型铸造的特点及应用

金属型铸造的特点：

1）与砂型铸造相比，金属型铸造可"一型多铸"，生产效率高、成本低，便于机械化和自动化生产。

2）铸件精度高，表面质量较好，机械加工余量小。

3）由于铸件冷却速度快、晶粒细，故铸件力学性能好。

4）金属型制造成本高、周期长，不适合单件、小批量生产；铸件冷却速度快，不适合浇注薄壁铸件，铸件形状不宜太复杂。

金属型铸造主要用于中、小型有色合金铸件的大批量生产，如铝合金活塞、气缸体、缸盖、液压泵体等；有时也用于生产一些铸铁件和铸钢件。

1.2.4 压力铸造

压力铸造（简称压铸）是将熔融金属在高压下（0.5~1.5kPa）高速（充型时间为0.01~0.2s，压射速度为0.5~50m/s）充填于金属型腔中，并在压力下凝固而获得铸件的铸造方法。压力铸造需要使用专用设备——压铸机，其铸型一般用耐热合金钢制成。

1. 压力铸造的工艺过程

压力铸造所用的金属型称为压型，压型由定型和动型两部分组成。定型固定在压铸机上，动型可沿水平方向移动，并附有顶出铸件的机构。压力铸造的工艺过程如图1-7所示。首先移动动型，使压型合紧，再把金属液注入压射室中。然后推进压射冲头，将金属液压入型腔，并保持压力至金属凝固。最后打开型腔，顶出铸件。

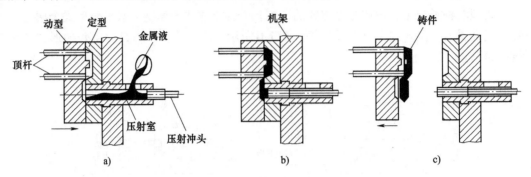

图 1-7　压力铸造的工艺过程
a) 合型、浇注　b) 压射　c) 开型、顶出铸件

2. 压力铸造的特点及应用范围

压力铸造的特点主要有：

1) 压力铸造可以制造出形状复杂的薄壁件，铝合金的最小壁厚为 0.5mm，最小孔径为 $\phi 0.7$mm，可以直接铸出螺纹、齿形、花纹和图案等。压铸尺寸精度及表面质量高，一般无须切削加工。

2) 压铸件在高压作用下快速结晶，因而结晶组织细密，力学性能好，如其抗拉强度比砂型铸件提高 25%~40%。

3) 压力铸造的生产效率在各种铸造方法中是最高的。国产压铸机的生产效率可达 30~240 件/h。

4) 压铸件在压力下快速凝固，被卷入和熔入金属液的气体无法排出，铸件内的小气孔较多。因此，压铸件不宜进行多余量的切削加工，以免气孔外露；也不宜进行热处理或在高温下工作，以免气体受热膨胀，造成表面鼓泡。

5) 压力铸造设备投资大，压铸型结构复杂，质量要求严格，制造周期长，成本高，仅适用于大批量生产。

6) 压力铸造不适合钢、铸铁等高熔点合金的铸造。

压力铸造主要用于大批量生产的铝、镁、锌、铜等有色合金的薄壁、形状复杂的中、小型铸件，在汽车、拖拉机、仪表、电信器材、医疗器械、航空等方面应用广泛。

1.2.5　离心铸造

离心铸造是将金属液浇入旋转的铸型中，在离心力作用下，充填铸型并凝固而获得铸件的一种方法。离心铸造一般用金属型，也可用砂型。

1. 离心铸造的类型

离心铸造必须用离心铸造机。按离心铸造机旋转轴在空间的位置，离心铸造可分为立式和卧式两种类型，如图 1-8 所示。

立式离心铸造用于生产中空铸件时，内表面呈抛物面，因而主要用于生产高度小于直径的环类铸件。卧式离心铸造生产的中空铸件壁厚均匀，主要用于生产长度大于直径的套类和管类铸件。

第1章 金属材料的铸造成形

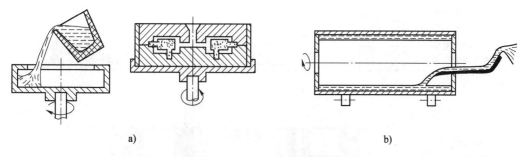

图 1-8 离心铸造的两种类型
a) 立式离心铸造　b) 卧式离心铸造

2. 离心铸造的特点及应用

离心铸造的特点主要有：

1) 离心铸造的铸件在离心力作用下结晶，内部组织致密，无气孔、缩孔及夹渣缺陷，力学性能好。
2) 铸造管形铸件时，可省去型芯和浇注系统，提高金属利用率，简化铸造工艺。
3) 可铸造"双金属"铸件，如钢套内镶嵌铜的轴瓦等。
4) 铸件内表面粗糙，内孔尺寸不准确，加工余量较大。

离心铸造主要用于生产中空回转体及双金属铸件，如铸铁管、气缸套、活塞环等和钢套镶铜轴瓦、钢瓦内衬轴承合金等。

1.2.6 陶瓷型铸造

陶瓷型铸造是在具有陶瓷质型腔表面层的砂质铸型中浇注铸件的铸造方法，是在砂型铸造和熔模铸造的基础上发展起来的一种铸造工艺。

1. 陶瓷型铸造的工艺过程

陶瓷型铸造的工艺过程如图 1-9 所示。首先用砂套模样及普通水玻璃砂制作一个型腔稍大于铸件的砂套（方法同水玻璃砂造型）；然后用砂套和铸件模样浇灌陶瓷浆料（如刚玉、铝矾土和硅酸乙酯水解液等的混合物），经结胶等工艺使陶瓷浆料硬化成形；接着取出铸件模样并加热到 350~550℃ 焙烧 2~5h，以除去残余水分并提高表面陶瓷层铸型的强度；最后将陶瓷铸型合型，浇注金属液，凝固冷却后得到铸件。

2. 陶瓷型铸造的特点及应用

陶瓷型铸造的特点主要有：

1) 陶瓷型铸造的铸型表面层与熔模铸造的型壳相似，故铸件的精度和表面质量高。
2) 陶瓷表面层较厚、强度较高，可制造大型、厚壁的精密铸件。
3) 陶瓷材料耐高温，可用于浇注高熔点合金。
4) 陶瓷型铸造工艺复杂、生产周期长，生产过程不易实现机械化和自动化，生产效率低。

陶瓷型铸造目前多用于各种金属模具的制造，还用于生产喷嘴、压缩机转子、阀体、齿轮、钻探用钻头、开凿隧道的刀具等。不适于生产批量大、重量轻或形状复杂的铸件。

1.2.7 消失模铸造

消失模铸造又称实型铸造、气化模铸造，也称为真空消失模铸造。它采用泡沫塑料制作

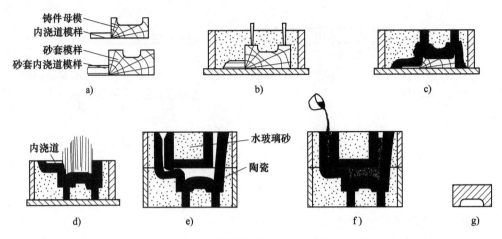

图 1-9　陶瓷型铸造的工艺过程

a）制造模样　b）砂套造型　c）灌浆　d）焙烧　e）合型　f）浇注金属液　g）去除浇冒口后的铸件

模样，一般是将模样埋入砂箱内的干砂中，并密封砂箱上表面，通过抽真空使干砂紧固造型，造型后不取出模样，直接浇入高温金属液使泡沫模样燃烧、气化而消失，金属液占据模样的位置，凝固冷却后得到铸件。

1. 消失模铸造的工艺过程

消失模铸造的工艺过程如图 1-10 所示。

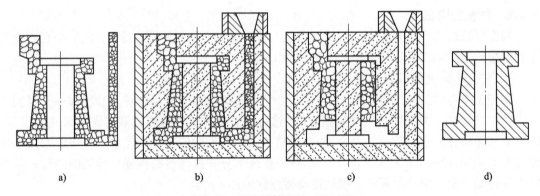

图 1-10　消失模铸造的工艺过程

a）组装后的泡沫塑料模样　b）紧实好的待浇注铸型　c）浇注充型过程　d）去除浇冒口后的铸件

2. 消失模铸造的特点及应用

消失模铸造的主要特点有：

1）铸件的尺寸精度高。由于铸型紧实后无须起模、分型，没有型芯、铸造斜度和活块，可避免错箱和铸件的尺寸误差。

2）铸件表面粗糙度值低。由于泡沫模样表面粗糙度值低，故铸件表面粗糙度值较低。

3）铸件的组织致密，力学性能好。由于液态金属一般在真空下成形，故组织较致密。

4）铸造生产工序简化，生产效率高。消失模铸造不用砂芯，省去了制芯、下芯等工序，无需型砂配制、混砂等工序，落砂及清理工序也较简便。

5) 铸造工艺简便，无需分型面和型芯，铸件结构可以较为复杂。
6) 生产工序简单，设备简单，材料消耗少，铸件成本低。

消失模铸造是一种较精密的铸造成形工艺，可用于铸铁、钢、铝合金、镁合金等铸件的生产，适于大型铸件的单件、小批量生产，也适于中、小型铸件的各种批量的生产。对于形状复杂的铸件，特别是内腔复杂的气缸体、气缸盖等箱体类铸件生产具有较大优势。

1.2.8 常用铸造方法的比较与选用

各种铸造方法都具有其优、缺点，分别适用于一定的范围。铸造方法的选用是根据铸件的材质、形状、尺寸精度、性能要求、生产批量等确定的，既要保证铸件质量，又要降低成本，还要提高生产效率。砂型铸造的适应性最强，使用最为广泛，但在一些特殊情况下，选用特种铸造方法或先进铸造技术会有很大的优越性。常用铸造方法的特点及应用比较见表1-4，选用时可参考。

表1-4 常用铸造方法的特点及应用比较

比较项目	砂型铸造	熔模铸造	金属型铸造	压力铸造	离心铸造	消失模铸造	陶瓷型铸造
铸件材质	各种合金	各种合金	有色合金为主	有色合金	各种合金	各种合金	各种合金
铸件大小	各种尺寸	中、小件	中、小件为主	中、小件，小件为主	大、中、小件	各种尺寸	大、中件
铸件形状	复杂	复杂	一般	较复杂	一般	复杂	较简单
最小壁厚/mm	铸铁3 铸钢4	0.5~0.7	铸铝3 铸铁5	铝合金0.5 铜合金2	最小孔 $\phi 7$	3~4	1
尺寸公差等级 DCTG	8~15	4~9	7~10	4~8	6~9	5~10	6~9
表面粗糙度值 Ra/μm	100~12.5	12.5~0.4	50~1.6	6.3~0.4	25~1.6	100~6.3	6.3~0.4
内部组织	组织较疏松、晶粒较粗大	组织较疏松、晶粒较粗大	组织致密、晶粒细小	组织致密、晶粒细小、有气孔	组织致密、晶粒细小	组织较疏松、晶粒较粗大	组织较疏松、晶粒较粗大
生产效率	低或一般	低或一般	较高	很高	较高	一般	低
生产批量	各种批量	中、大批	大批	大批	大批	各种批量	单件、小批
应用范围	各种零件	精密复杂件、高合金钢件	性能要求较高的有色合金件	复杂的有色金属中、小件	管、套筒等中空回转件	各种零件	金属模具、耐热件、高硬件
应用举例	床身、箱体、壳体、缸体、缸盖、曲轴等	叶片、刀具、自行车零件	铝合金活塞、缸体、缸盖、泵体等	铝合金汽车化油器、缸体、仪表壳体等	铸铁管、套筒、套环、双金属套筒、滑动轴承等	发动机缸体、压缩机缸体、缸盖、阀体等	热拉模、热锻模、玻璃成形模具、内燃机喷嘴、螺旋桨

1.3 铸造成形理论基础

铸造的成形原理是流动充型、凝固成形，流动性和凝固收缩性是合金的主要铸造性能。铸造性能的好坏决定了铸件产生缺陷程度的大小，以及铸件质量的高低。铸造成形理论主要阐述合金的铸造性能、铸造缺陷的防止措施等。

1.3.1 合金的铸造性能

合金的铸造性能是指合金在铸造中表现出来的综合工艺性能，包括流动性、凝固收缩性、铸造应力、吸气性、偏析、氧化等，其中流动性、凝固收缩性、铸造应力对合金铸造性能的影响最大，对能否获得高质量完整铸件非常重要。

1. 合金的流动性

（1）合金流动性的概念　合金的流动性是指液态金属本身的流动能力。合金的流动性除与合金本身的化学成分有关外，还与工艺条件如浇注温度、铸型种类、铸件的复杂程度等有关。流动性越好的合金在一定工艺条件下的充型能力越强，越易浇注出轮廓清晰、薄而复杂的铸件；金属的流动性不好时，在金属还没填满铸型之前就停止流动，铸件将产生浇不足或冷隔缺陷，而且不利于金属液中夹杂物及气体的上浮，易产生夹渣、气孔等缺陷。

（2）流动性的表示方法　通常用在规定的铸造工艺条件下的流动性试样的长度来衡量合金的流动性。图1-11所示为螺旋形流动性试样，在相同的铸型及浇注条件下，得到的螺旋形试样长度越大，合金的流动性越好。

（3）流动性的影响因素

1）化学成分。共晶成分合金的流动性最好。共晶成分的合金是在恒温下自表层向中心逐层凝固的，凝固面光滑，对尚未凝固的金属液流动阻力小，金属液流动的距离长。而且，共晶合金能在并不是很高的温度下获得较大的过热度，有利

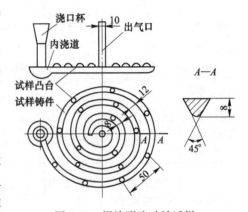

图1-11　螺旋形流动性试样

于延长流动时间。而非共晶成分的合金在一定的温度范围内逐步凝固，即存在液态和固态并存的双相区域，初生的树枝状晶体使凝固表面粗糙，不仅阻碍金属液流动，且热导率大、冷却速度快、流动时间短，故比共晶成分合金的流动性差。

2）浇注温度。浇注温度对合金流动性的影响极为显著。浇注温度高、过热度大，熔液的流动时间延长，黏度也降低，流动速度增大。如铸铁的浇注温度每提高10℃，流动性指标增大100mm。但浇注温度过高，又会影响合金的吸气性、凝固收缩性且易粘砂。因此，应根据合金成分及铸件结构特点确定适当的浇注温度，以便全面保证铸件质量。

3）铸型条件。铸型条件，如型腔过窄，直浇口过低，内浇口面积过小或布置不合理，型砂含水过多或透气性不足，铸型排气不畅，铸型材料热导率过大等，均能降低流动性。为了改善铸型的充填条件，设计铸件时必须保证铸件的壁厚大于规定的"最小壁厚"，并应在铸造工艺上根据需要采取相应的措施，如加高直浇道、扩大内浇口截面、增加出气口等。

（4）常用合金的流动性　在一定工艺条件下，常用合金的流动性比较见表1-5。可见大

多数灰铸铁、硅黄铜流动性较好，铝合金次之，铸钢最差。

表 1-5 常用合金的流动性比较

合金种类及成分（质量分数）		铸型种类	浇注温度/℃	螺旋线长度/mm
灰铸铁	$w_C + w_{Si} = 6.2\%$	砂型	1300	1800
	$w_C + w_{Si} = 5.9\%$	砂型	1300	1300
	$w_C + w_{Si} = 5.2\%$	砂型	1300	1000
	$w_C + w_{Si} = 4.2\%$	砂型	1300	600
铸钢（$w_C = 0.4\%$）		砂型	1400	100
			1600	200
铝硅合金（硅铝明）		金属型（300℃）	680~720	700~800
镁合金（含铝及锌）		砂型	700	400~600
锡青铜（$w_{Sn} \approx 10\%$，$w_{Zn} \approx 2\%$）		砂型	1040	420
硅黄铜（$w_{Si} = 1.5\% \sim 4.5\%$）		砂型	1100	1000

2. 合金的凝固收缩性

（1）合金的凝固方式　液态合金的凝固方式决定合金的铸态组织及某些铸造缺陷的形成，对铸件质量，特别是力学性能影响较大。凝固方式分为三种类型：逐层凝固、糊状凝固和中间凝固。

1) 逐层凝固。纯金属和共晶成分的合金是在恒温下结晶的，铸件凝固时，凝固区宽度接近于零，铸件外层已凝固的固相区与内部液相区之间有一清晰的界面。随着温度的下降，液相区不断减小，固相区不断增大而向中心推进，直至到达中心。这种凝固方式称为逐层凝固，如图 1-12b 所示。

2) 糊状凝固。若合金的结晶温度范围很宽，或铸件截面上温度梯度很小，则凝固时液相、固相并存的凝固区会贯穿铸件整个截面。这种凝固方式称为糊状凝固，如图 1-12d 所示。

3) 中间凝固。介于逐层凝固和糊状凝固之间的凝固方式称为中间凝固，如图 1-12c 所示。

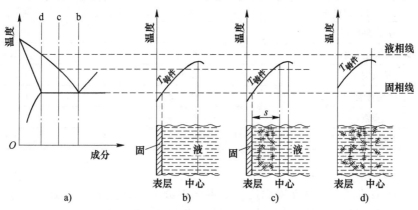

图 1-12　合金的凝固方式
a）相图　b）逐层凝固　c）中间凝固　d）糊状凝固

(2) 合金收缩性的概念　液态合金在铸型型腔内凝固和冷却过程中,体积缩小的现象称为收缩。合金的收缩分为三个阶段:液态收缩,是从浇注到开始凝固期间的收缩;凝固收缩,是从开始凝固到完全凝固期间的收缩;固态收缩,是从完全凝固到室温期间的收缩。

液态收缩和凝固收缩表现为合金的体积缩小,用体积收缩率表示。当温度由 T_0 降至 T_1 时,合金的体积收缩率 $\varepsilon_V = (V_0 - V_1)/V_0 \times 100\%$,其中,$V_0$、$V_1$ 分别为铸件在 T_0、T_1 时的体积。体积收缩是产生缩孔、缩松的根本原因。

固态收缩表现为铸件尺寸的缩小,常用线收缩率来表示。当温度由 T_0 降至 T_1 时,合金的线收缩率 $\varepsilon_L = (L_0 - L_1)/L_0 \times 100\%$,其中 L_0、L_1 分别为铸件在 T_0、T_1 时的长度。固态收缩是铸件变形、产生内应力和裂纹的主要原因。

(3) 影响合金收缩性的因素

1) 化学成分。碳素钢随含碳量增加,凝固收缩增加,而固态收缩略减。灰铸铁中,碳是形成石墨的元素,硅会促进石墨化,硫会阻碍石墨化,因此碳硅含量越多,硫含量越少,石墨析出得越多,凝固收缩越小。

2) 浇注温度。浇注温度越高,过热度越大,液态收缩越大。

3) 铸件结构与铸型条件。在铸型中合金并不是自由收缩,而是受阻收缩。其阻力来源于两个方面:一是铸件的各个部分冷却速度不同,因互相制约而对收缩产生的阻力;二是铸型和型芯对收缩的机械阻力。

(4) 常用铸造合金的收缩率　砂型铸造时常用铸造合金的收缩率见表1-6。其中铸钢、铸铜收缩率较大,铸铁收缩率较小(注:铸钢包括碳钢和合金钢,铸铜包括锡青铜、无锡青铜、硅、黄铜,铸铁包括灰铸铁、球墨铸铁等)。铸铁收缩较小是因为其中大部分碳是以石墨状态存在的,石墨的比体积大,析出的石墨产生体积膨胀,抵消了部分收缩。

表1-6　砂型铸造时常用铸造合金的收缩率

合金种类		铸造收缩率(%)	
		自由收缩	受阻收缩
灰铸铁	中、小型铸件	1.0	0.9
	中、大型铸件	0.9	0.8
	特大型铸件	0.8	0.7
球墨铸铁		1.0	0.8
碳钢和低合金钢		1.6~2.0	1.3~1.7
锡青铜		1.4	1.2
无锡青铜		2.0~2.2	1.6~1.8
硅黄铜		1.7~1.8	1.6~1.7
铝硅合金		1.0~1.2	0.8~1.0

3. 铸造应力

(1) 铸造应力的概念　铸件凝固后,随温度继续下降产生固态收缩,尺寸缩小。当收缩受到阻碍时,便在铸件内部产生应力。这种内应力有的仅存在于冷却过程中,称为临时应力;有的一直残留到室温,称为残余应力。

铸造内应力简称铸造应力,包括热应力、收缩应力和相变应力。热应力是由于铸件各部分壁厚不同，使各部分的冷却速度不同，因而固态收缩不一致而产生的，热应力属于残余应力；收缩应力是由于铸件在固态收缩时受到铸型和型芯的阻碍而产生的，落砂后阻碍消失，收缩应力随之消失，收缩应力属于临时应力；相变应力是铸造过程中发生固态相变时产生的应力，根据相变的时间及程度，有时是临时应力，有时是残余应力。铸造应力中，热应力是造成铸件变形、开裂的主要原因。

（2）铸造热应力与变形的产生过程　图1-13所示为铸造热应力造成的框架式铸件变形过程示意图。图1-13a表示铸件处于高温状态，尚无应力产生。图1-13b表示铸件因冷却开始固态收缩，两边细杆冷却快，收缩早，受到中间粗杆的限制，将上、下梁拉弯。此时中间粗杆受压应力，两边细杆受拉应力。图1-13c表示中间粗杆因温度高、强度低、塑性好而产生压缩变形，使热应力消失。图1-13d表示两边细杆冷却至室温收缩终止，而中间粗杆冷却慢，在继续收缩时受两边细杆的限制。此时中间粗杆受拉应力，两边细杆受压应力，应力超过材料的屈服极限使铸件失稳弯曲。

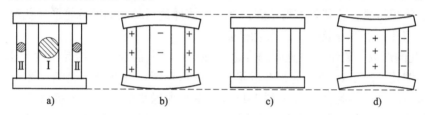

图1-13　铸造热应力与变形过程示意图
a）无应力　b）产生应力　c）应力消失　d）产生热应力

（3）铸造应力的影响因素　铸造应力是由于合金在冷却过程中收缩受阻造成的。铸造应力的大小与合金本身的性能如收缩性能、弹性模量等有关，相同的铸造条件下，收缩率较大、弹性模量较大的合金产生的铸造应力较大，如碳钢铸件的铸造应力大于灰铸铁；与浇注温度的高低有关，浇注温度越高，铸造应力越大；与铸型条件有关，铸型的退让性越差，对收缩的阻碍越大，铸造应力越大，如金属型铸造的应力大于砂型铸造；与铸件的结构有关，结构越复杂，收缩受到的阻碍越大，铸造应力越大。

1.3.2　常见的铸造缺陷及其防止措施

合金的铸造性能不好时，铸件经常产生一些铸造缺陷，例如，合金的流动性不好时，会产生浇不足、冷隔等缺陷；合金的收缩性不好时，会产生缩孔、缩松等缺陷；合金的铸造应力较大时，会产生变形、开裂等缺陷。

1. 浇不足、冷隔

（1）浇不足、冷隔产生的原因　当金属的流动性不足，或浇注时因散热而伴随着结晶造成流动性下降，或铸型对液态金属的阻力较大时，在金属还没填满铸型之前就停止流动，铸件将产生浇不足或冷隔现象，无法获得外形完整、尺寸精确、轮廓清晰的铸件。

（2）防止浇不足或冷隔的措施

1）选用流动性好的合金。为防止产生浇不足，在满足使用要求的前提下，应尽量选用流动性好的合金，它们一般是恒温结晶或结晶温度范围较窄的合金，以逐层凝固方式结晶。如灰铸铁，特别是共晶成分的灰铸铁流动性较好。

2）提高浇注温度。提高浇注温度，有利于降低金属液的黏度，延长保持液态的时间，提高充型能力。但浇注温度不宜过高，以防止金属氧化、吸气、收缩量较大而造成气孔、缩孔、粘砂、晶粒粗大等缺陷。一般铸钢浇注温度为1520~1620℃，铸铁为1230~1450℃，铸造铝合金为680~780℃。

3）减少铸型中的气体。如果铸型的发气量较大（水分或添加剂较多），浇注时在高温金属液的作用下蒸发出的气体较多，使型腔中气体的压力增大，阻碍金属液的充型。应尽量降低铸型的水分和添加剂含量。

4）提高直浇道高度。提高直浇道的高度，可提高金属液充型时在流动方向的压力（充型压力），从而提高充型能力。

5）简化铸件结构。铸件结构复杂时，对液态金属的阻力较大；铸件壁厚太薄或壁厚急剧变化时，金属液的充型能力将下降。因此，应保证铸件结构设计合理。

2. 缩孔、缩松

（1）缩孔、缩松的形成　铸造时，液态金属在铸型内凝固的过程中，由于液态收缩和凝固收缩，体积缩减，若其收缩得不到补充，在铸件最后凝固的部分将形成孔洞。大而集中的孔洞称为缩孔，小而分散的孔洞称为缩松。

1）缩孔的形成。趋于逐层凝固的合金（纯金属、共晶合金、结晶温度范围窄的合金）易形成集中缩孔，图1-14所示为缩孔的形成过程示意图。液态合金充满型腔后，最初的液态收缩能从浇注系统得到补充（见图1-14a）。由于外缘散热最快，温度最低，因此首先凝固，结成外壳，将内部金属液封闭（见图1-14b）。在此后凝固的过程中，壳内的液态收缩得不到补充，体积减缩，液面逐渐下降，在上部形成了表面不光滑、形状不规则，大多近似于倒圆锥形的缩孔（见图1-14c~e）。

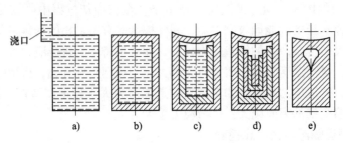

图1-14　缩孔形成过程示意图

2）缩松的形成。趋于糊状凝固的合金（结晶温度范围宽的合金）易形成缩松，图1-15所示为缩松的形成过程示意图。铸件首先从外层开始凝固，但凝固的前沿凹凸不平（见图1-15a），由于铸件在圆周方向散热条件相近，在凝固后期，凝固前沿几乎同时到达中心，形成一个同时凝固区。在这个凝固区域内，剩余液体被凹凸不平的凝固前沿分隔成许多小液体区（见图1-15b）。最后，这些数量极多的小液体区凝固收缩时，因得不到液体金属补充而形成缩松（见图1-15c）。

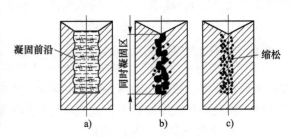

图1-15　缩松形成过程示意图

(2) 防止缩孔、缩松的措施　缩孔、缩松的存在会显著降低铸件的力学性能，必须加以防止。

1）合金成分选择。缩松分布面广，既难以补缩，又难以发现。而集中缩孔较易检查和修补，也便于采取工艺措施来防止。因此，铸造生产中多采用接近共晶成分或结晶温度范围窄的合金来生产铸件。也可选用收缩小的合金，如灰铸铁，其产生缩孔或缩松的倾向小。

2）降低浇注温度和浇注速度。降低浇注温度，可使液态收缩量减小；降低浇注速度，可使前面浇注的液体金属收缩时得到后浇注液体的补充，减轻缩孔和缩松倾向。

3）提高冷却速度。提高冷却速度，可增加铸件截面的凝固温度梯度，使合金趋向于逐层凝固。

4）采用合理的铸造工艺措施。在铸件可能出现缩孔或缩松的热节处（即内接圆直径最大的部位）增设冒口、冷铁等，使铸件远离冒口的部位先凝固，靠近冒口的部位后凝固，冒口本身最后凝固，造成顺序凝固，使铸件各个部位的凝固收缩均能得到液态金属的补缩，而将缩孔转移到冒口中。图 1-16 所示为冒口造成的顺序凝固工艺示意图。图 1-17 所示为冒口、冷铁联合使用造成的顺序凝固工艺示意图。

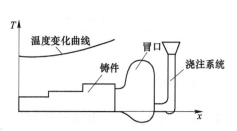

图 1-16　冒口造成的顺序凝固工艺示意图
（从左到右的凝固顺序）

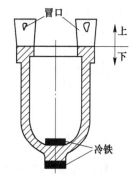

图 1-17　冒口、冷铁联合使用
造成的顺序凝固工艺示意图
（从上到下的凝固顺序）

增设冒口补缩，主要用于凝固收缩大的合金，如铸钢、球墨铸铁、黄铜等。但因造型费工时且金属耗费多，会增加铸件成本，应合理设计冒口的形状及大小。

5）采用合理的铸件结构。避免大的热节、壁厚不要太大、壁厚尽量逐渐过渡，以利于形成补缩通道等。

3. 铸造应力、变形、裂纹

(1) 减小铸造应力的措施　铸造应力会导致铸件变形或开裂而报废，使铸件切削加工后零件的精度丧失、承载能力下降，必须设法减小或消除铸造应力。可采用以下措施：

1）选用弹性模量小的合金。灰铸铁的弹性模量小于碳钢、白口铸铁和球墨铸铁。

2）减少铸件内部温差。降低冷却速度、浇注温度、铸件的壁厚差别，以减少温差。

3）采用合理的铸造工艺措施。通过增加冷铁、合理设置内浇口位置等，保证铸件上各部分之间温差尽量小，造成同时凝固，消除铸件的热应力，如图 1-18 所示。

4）减小收缩应力。保证型砂和芯砂具有足够的退让性，合理布置浇注系统，及时落砂。

5）去应力退火。对铸件进行低温去应力退火可有效去除残余应力。

(2) 变形产生的原因及其防止措施

1) 变形产生的原因。铸件产生变形的主要原因是铸造应力的存在使铸件内部处于不稳定状态，为趋于稳定，铸件会自发产生变形使应力得到缓解。另外铸造时由于模样或铸型变形，也会造成铸件变形（如消失模铸造时泡沫模样强度不够会导致变形、砂型铸造时砂型强度不够会使型腔内壁外移变形）。铸件因铸造应力而变形的规律一般为：铸件的厚大部位（受拉应力）会产生缩短而向内凹，而细薄部位（受压应力）会伸长而向外凸出。图1-19所示为壁厚不均匀、截面不对称的T字形梁铸件的弯曲变形示意图，图中双点画线为变形后的外形线。

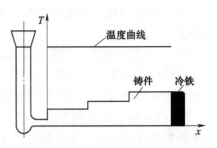

图1-18 冷铁造成的同时凝固工艺

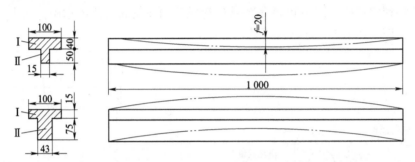

图1-19 T字形梁铸件的弯曲变形示意图

2) 变形的防止措施。应尽量减小或消除铸造应力以防止变形。采用反变形法铸造工艺，在造型时使型腔具有与铸件挠曲变形量相等而方向相反的预变形量，铸件挠曲变形后可抵消型腔的预变形量，使铸件外形合格。图1-20所示为机床床身铸件的反变形法铸造工艺示意图，图中双点画线为型腔的外形线，虚线为合格铸件外形线。采用合理的铸件结构，如细长杆件采用对称截面可抵消变形，大平板件采用加强筋、薄壁件采用工艺拉筋可防止变形。图1-21所示为薄壁壳型铸件（U形铸件）采用拉筋的示意图，铸件上的拉筋为工艺筋，是为了防止铸造过程中铸件变形而特别加上的，去应力退火处理后需去掉拉筋。

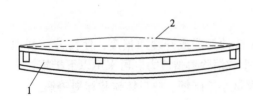

图1-20 机床床身铸件反变形铸造工艺示意图
1—铸件　2—型腔反挠度

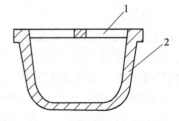

图1-21 U形铸件外壳上的拉筋
1—拉筋　2—铸件

(3) 裂纹产生的原因及其防止措施

1) 裂纹产生的原因。当铸造应力超过金属的强度极限时，铸件便会产生裂纹。裂纹有热裂和冷裂两种。

热裂是高温下形成的裂纹,在凝固末期结晶出来的固体已形成完整的骨架,开始固态收缩,但晶粒之间还存在少量液体,因此金属的强度很低,如果金属的线收缩受到铸型或型芯的阻碍,收缩应力超过了该温度下金属的强度,即发生热裂。其形状特征是裂纹短、缝隙宽、形状曲折,裂纹内呈氧化颜色。热裂常出现在铸件最后凝固的厚大部位,是钢和铝合金铸件常见的缺陷。

冷裂是在较低温度下形成的,该温度下铸造应力大于合金的强度,则产生冷裂。冷裂常出现在受拉伸的部位,其裂纹细小,呈连续直线状,裂纹内干净,有时呈轻微氧化色。壁厚差别大、形状复杂的铸件,尤其是大而薄的铸件易发生冷裂。图1-22所示为带轮和飞轮的冷裂部位示意图。带轮的轮缘和轮辐比轮毂薄,冷却速度较快,比轮毂先收缩,轮毂开始收缩时受到轮缘的阻碍,轮辐内产生拉应力,当应力大于材料的强度极限时,轮辐发生断裂,如图1-22a所示。飞轮的轮缘较厚,轮缘后期的收缩受到轮辐的阻碍而产生拉应力,在轮缘内产生裂纹,如图1-22b所示。

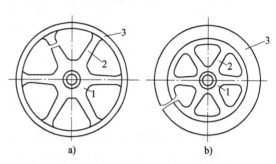

图1-22 轮形铸件的冷裂示意图
a) 带轮 b) 飞轮
1—轮毂 2—轮辐 3—轮缘

2) 裂纹的防止措施。裂纹是铸件的严重缺陷,会使铸件的承载能力大为下降,在使用时由于裂纹扩展会使工件断裂,尤其是内裂纹很难发现,更具有危险性。要设法防止裂纹产生,必须尽量降低铸造应力,采用壁厚均匀、壁间圆角过渡等合理的铸件结构,降低合金中的有害杂质,合理选用型砂、芯砂的黏结剂以改善其退让性等。此外,为防止热裂,应选用结晶温度范围窄的合金。

1.4 铸造成形工艺设计

铸造工艺设计的主要内容是根据铸件结构、性能要求、生产批量、生产条件等确定铸造方案和工艺参数,设计型芯和浇冒系统,绘制铸件图和铸造工艺图等(单件、小批量生产时只需绘制铸造工艺图)。

1.4.1 铸造方案的确定

铸造方案主要包括浇注位置和分型面。浇注位置是指浇注时铸件在铸型中的位置,分型面是指铸型与铸型的相互接触面。浇注位置和分型面会影响铸件内部质量和精度,影响铸造的造型、制芯、合箱操作难易程度,必须合理地确定,在保证铸件质量的前提下尽量简化工艺、降低成本。

1. 浇注位置的确定

(1) 铸件的重要表面应放在下面或侧面 铸造时,液体金属中的气体和夹杂物易上浮,铸件上表面易产生气孔、夹渣、砂眼等缺陷,导致组织不致密。将铸件的重要表面放在下面或侧面可避免这些缺陷。如锥齿轮的重要表面为齿轮齿部,需机械加工,要求组织致密,浇注时应置于铸型的下面，如图 1-23 所示。又如套筒，其全部表面都需加工，筒壁四周内表面质量要求均较高，故套筒的浇注位置应为直立状，使筒壁处于侧面，如图 1-24 所示。

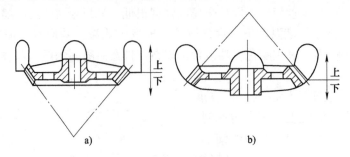

图 1-23　锥齿轮浇注时的位置
a) 正确　b) 不正确

（2）铸件的大平面应放在下面　铸件大平面放在下面可避免大平面上产生气孔、夹渣缺陷，还可防止大平面在上面时，型腔上表面的型砂长时间受高温金属烘烤胀起、开裂而落入金属液表面，从而产生夹砂缺陷。如机床工作台铸造时，工作平面应朝下，如图 1-25 所示。

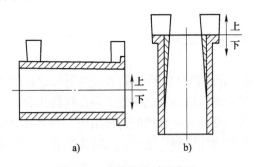

图 1-24　套筒浇注时的位置
a) 不正确　b) 正确

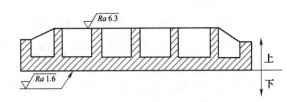

图 1-25　平板浇注时的位置

（3）铸件的薄壁部分应放在下面　薄壁部分放在下面，可提高对薄壁的充型压力，避免浇不足、冷隔等缺陷。端盖的浇注位置如图 1-26 所示。

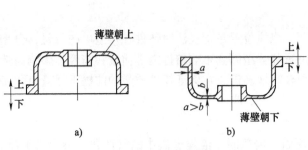

图 1-26　端盖的浇注位置
a) 不合理　b) 合理

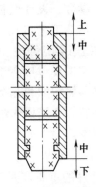

图 1-27　卷扬筒的浇注位置

（4）铸件的厚大部位应放在上面 铸件上需补缩的厚大部位应放在上面，可方便设置冒口补缩，避免缩孔或缩松。卷扬筒的浇注位置如图1-27所示。

（5）应便于型芯固定并尽量减少型芯数目 型芯的安放和固定对铸件精度及合箱操作影响较大，最好使型芯位于下型以便下芯和检查，并利于型芯牢固固定和排气。型芯的数量越多，制芯及合箱越复杂，应尽量减少型芯，可采用自带型芯的方案减少型芯，如图1-28所示。

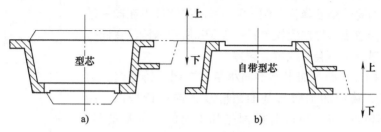

图1-28 床腿铸件的两种浇注位置方案
a）型芯不易固定 b）自带型芯

2. 分型面的确定

（1）分型面尽量确定为平面 分型面为平面，而且是铸件上的最大截面时可方便造型操作。分型面最好不要为曲面，以避免复杂的挖砂造型或假箱造型。图1-29所示为起重臂的分型方案，应采用方案Ⅰ的平面分型面，避免采用方案Ⅱ的曲面分型面。

（2）尽量减少分型面的数量 分型面数量少，可简化造型操作，并减少错箱，提高铸件的精度。图1-30所示为三通铸件的三种

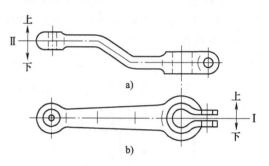

图1-29 起重臂的分型方案
a）不正确 b）正确

分型方案。图1-30b中有三个分型面，需采用四箱造型，造型非常复杂；图1-30c中有两个分型面，需采用三箱造型，也很复杂；图1-30d中有一个分型面，为两箱造型，工艺简便，而且可保证铸件精度。

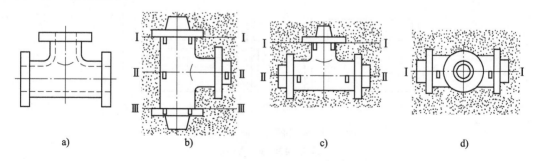

图1-30 三通铸件的分型方案比较

（3）尽量减少型芯、活块的数量 活块造型比较复杂，生产效率低，且影响铸件精度，应避免活块造型，以简化工艺。图1-31所示为支架的分型方案，采用方案Ⅰ时，四个凸台

需四个活块，而下面两个凸台的活块位置较深，不易取出；采用方案Ⅱ时，可省去活块，仅在 A 处稍挖砂即可。

如图 1-32 所示，带凸台的铸件，为提高造型工效，机器造型时可用型芯成形，尽量避免使用活块；手工造型时，可用活块代替型芯成形。

（4）铸件尽量放在一个铸型内　铸件放在一个铸型内，可避免错箱造成的铸件精度降低。图 1-33a 所示的铸件不在同一砂箱内，错箱时会造成铸件位置误差；图 1-33b 所示的铸件在同一砂箱内，即使错箱也不会产生位置误差。

（5）铸件的加工面与加工基准面尽量放在同一铸型内　为降低加工误差，铸件加工面与基准面应放在同一铸型内。图 1-34 所示箱体铸件，$\phi602$mm 外圆面是加工时的定位基准面，采用分型方案Ⅰ时，易因错箱造成加工时的定位误差，应采用分型方案Ⅱ。当铸件的加工面很多，又不可能全部与基准面放在同一个铸型中时，应将使大部分加工面与基准面放在同一铸型中。图 1-35 所示为轮毂铸件，加工 $\phi161$mm 外圆的基准为 $\phi278$mm 外圆面，故分型面 A 比 B 好。

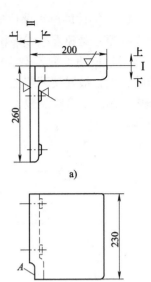

图 1-31　支架的分型方案

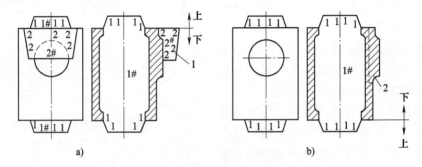

图 1-32　带凸台铸件的分型面
a）机器造型　b）手工造型
1—外型芯　2—活块　1#—1 号型芯　2#—2 号型芯

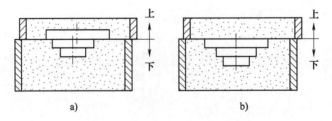

图 1-33　铸件的分型面与位置误差
a）有误差　b）无误差

1.4.2　铸造工艺参数的确定

设计铸造工艺时，必须确定铸造工艺参数，包括加工余量，起模斜度，收缩率，最小铸出孔、槽尺寸等。

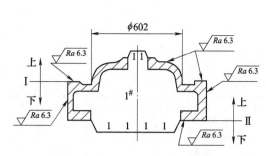

图 1-34 箱体铸件的分型面选择

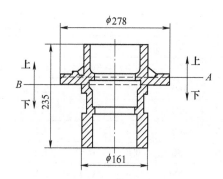

图 1-35 轮毂铸件的分型面选择

1. 加工余量

为切削加工而加大的尺寸称为机械加工余量，加工余量太大时，切削加工费工时，且浪费金属材料；加工余量过小，切削时不能完全切掉铸件表皮，达不到零件技术要求，会造成铸件报废。因此，必须合理确定加工余量。

加工余量取决于铸件的生产方法、合金的种类、铸件的大小等。与手工造型相比，机器造型的铸件精度高，余量可较小；铸钢件表面粗糙，余量较大，有色合金表面质量好，而且价格较高，余量较小；铸件尺寸越大，误差越大，余量也越大。铸件浇注时的上表面组织不致密，要求较高时可加大加工余量。确定加工余量时，首先要确定加工余量等级，然后再确定加工余量的数值。加工余量等级见表 1-7，加工余量的数值见表 1-8。

表 1-7 毛坯铸件典型的机械加工余量等级（GB/T 6414—2017 摘录）

铸造方法	机械加工余量等级								
	钢	灰铸铁	球墨铸铁	可锻铸铁	铜合金	锌合金	轻金属合金	镍基合金	钴基合金
砂型铸造手工造型	G~J	F~H	F~H	F~H	F~H	F~H	F~H	G~K	G~K
砂型铸造机器造型和壳型	F~H	E~G	E~G	E~G	E~G	E~G	E~G	F~H	F~H
金属型铸造（重力铸造和低压铸造）	—	D~F	D~F	D~F	D~F	D~F	D~F	—	—
压力铸造	—	—	—	—	B~D	B~D	B~D	—	—
熔模铸造	E	E	E	—	E	—	E	E	E

注：本表也适用于经供需双方确定的本表未列出的其他铸造工艺和铸件材料。

表 1-8 铸件机械加工余量（GB/T 6414—2017 摘录） （单位：mm）

铸件公称尺寸		铸件的机械加工余量等级 RMAG 及对应的机械加工余量 RMA									
大于	至	A	B	C	D	E	F	G	H	J	K
—	40	0.1	0.1	0.2	0.3	0.4	0.5	0.5	0.7	1	1.4
40	63	0.1	0.2	0.3	0.3	0.4	0.5	0.7	1	1.4	2

（续）

铸件公称尺寸		铸件的机械加工余量等级 RMAG 及对应的机械加工余量 RMA									
大于	至	A	B	C	D	E	F	G	H	J	K
63	100	0.2	0.3	0.4	0.5	0.7	1	1.4	2	2.8	4
100	160	0.3	0.4	0.5	0.8	1.1	1.5	2.2	3	4	6
160	250	0.3	0.5	0.7	1	1.4	2	2.8	4	5.5	8
250	400	0.4	0.7	0.9	1.3	1.8	2.5	3.5	5	7	10
400	630	0.5	0.8	1.1	1.5	2.2	3	4	6	9	12
630	1000	0.6	0.9	1.2	1.8	2.5	3.5	5	7	10	14
1000	1600	0.7	1.0	1.4	2	2.8	4	5.5	8	11	16
1000	2500	0.8	1.1	1.6	2.2	3.2	4.5	6	9	13	18
2500	4000	0.9	1.3	1.8	2.5	3.5	5	7	10	14	20
4000	6300	1	1.4	2	2.8	4	5.5	8	11	16	22
6300	10000	1.1	1.5	2.2	3	4.5	6	9	12	17	24

注：等级 A 和等级 B 只适用于特殊情况，如带有工装定位面、夹紧面和基准面的铸件。

2. 起模斜度

为使模样容易从铸型中取出，而在模样垂直于分型面的壁上设置的斜度，称为起模斜度。垂直于分型面的加工表面上的斜度为起模斜度，非加工面上的斜度为结构斜度。图1-36所示为起模斜度的三种形式，一般当非加工面壁厚小于 8mm 时，采用增加壁厚法；壁厚为 8~22mm 时，采用加减壁厚法；壁厚大于 22mm 时，采用减少壁厚法。加工表面的起模斜度一般用增加壁厚法。

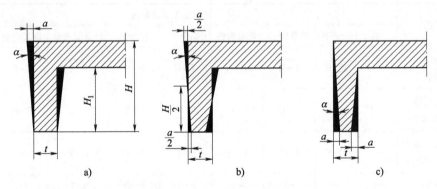

图1-36 起模斜度示意图
a）增加壁厚法 b）加减壁厚法 c）减少壁厚法

一般地，壁的高度越高，斜度 α（角度值）越小，内壁的斜度大于外壁，机器造型的斜度小于手工造型。黏土砂造型时模样外表面的起模斜度见表1-9。

3. 铸件收缩率

由于合金的收缩，铸件尺寸小于模样尺寸，必须按合金的收缩率放大模样尺寸以保证铸件尺寸。铸件收缩率主要是指线收缩率，以模样与铸件的长度差占模样长度的百分比表示：

表1-9 黏土砂造型时模样外表面的起模斜度（JB/T 5105—1991 摘录）

测量面高度 H/mm	起模斜度（≤）			
	金属模样、塑料模样		木模样	
	α	a/mm	α	a/mm
≤10	2°20′	0.4	2°55′	0.6
>10~40	1°10′	0.8	1°25′	1.0
>40~100	0°30′	1.0	0°40′	1.2
>100~160	0°25′	1.2	0°30′	1.4
>160~250	0°20′	1.6	0°25′	1.8
>250~400	0°20′	2.4	0°20′	3.0
>400~630	0°20′	3.8	0°20′	3.8
>630~1000	0°15′	4.4	0°20′	5.8
>1000~1600	—	—	0°20′	9.2
>1600~2500	—	—	0°15′	11.0
>2500	—	—	0°15′	—

$$\varepsilon = (L_0 - L_1)/L_0 \times 100\%$$

式中，ε 为铸件线收缩率；L_0、L_1 分别为模样和铸件上的同一尺寸。

铸件线收缩率取决于合金种类、铸型种类、铸件结构和尺寸等。灰铸铁的收缩率一般为 0.7%~1.0%，球墨铸铁一般为 0.5%~1.0%，铸钢件一般为 1.3%~2.0%。砂型铸造时常用合金的收缩率见表1-6。

4. 最小铸出孔、槽尺寸

为节省金属，减少机加工工时，对尺寸较大、无须加工、难加工材料上的孔和槽应尽量铸出；但当孔、槽较小时，直接铸出易产生粘砂、偏心等缺陷且造型难度较大，故一般不铸出，而常采用机加工更方便、经济。

通常，批量越大，铸出孔、槽的尺寸可越小，铸钢件的最小铸出孔、槽尺寸大于灰铸铁。最小铸出孔尺寸见表1-10。

表1-10 铸件的最小铸出孔尺寸

生产批量	最小铸出孔直径/mm	
	灰铸铁件	铸钢件
大量生产	12~15	—
成批生产	15~30	30~50
单件、小批量生产	30~50	50

1.4.3 型芯的设计

型芯是铸型的重要组成部分，主要形成铸件的内腔、孔、铸件外表面妨碍起模的部位等。型芯设计包括型芯的数量和形状的确定及型芯头设计等。

1. 型芯数量和形状的确定

型芯的数量和形状主要根据铸件的内腔形状并考虑加工余量后确定。

2. 型芯头设计

型芯头是指伸出铸件以外，不与金属接触的砂芯部分，主要用于砂芯的定位和固定。型芯头设计主要包括型芯头的形状和尺寸及型芯头间隙的设计。

垂直型芯一般都有上、下型芯头（见图1-37a），但短而粗的型芯可省去上型芯头。型芯头必须留有一定的斜度α和高度H。下型芯头的斜度应小些（5°~10°），高度应大些；为便于合箱，上型芯头的斜度应大些（6°~15°），高度应小些。垂直型芯头高度的选取可参考表1-11。

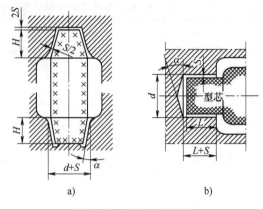

图1-37 型芯头的构造

表1-11 垂直型芯头高度 h 和 h_1 （单位：mm）

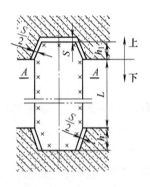
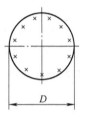
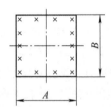

L	D 或 (A+B)/2					
	≤30	31~60	61~100	101~150	151~300	301~500
≤30	20	20				
31~50	20~25	20~25	20~25			
51~100	25~30	25~30	25~30	20~25	20~25	30~40
101~150	30~35	30~35	30~35	25~30	25~30	40~60
151~300	35~45	35~45	35~45	30~40	30~40	40~60
301~500		40~60	40~60	35~55	35~55	40~60

由 h 查 h_1												
下型芯头高度 h	20	25	30	35	40	45	50	55	60	65	70	75	80	90
上型芯头高度 h_1	15	15	15	15	20	20	20	25	25	30	30	35	35	40

水平型芯头（见图1-37b）的长度L取决于型芯头直径及型芯的长度。铸型上的型芯座端部也应留有一定斜度α'，以便于下芯、合型。悬臂型芯头必须加长并使用芯撑，以防合箱时型芯下垂或被金属液抬起。水平型芯头长度的选取可参考表1-12。

表1-12 水平型芯头长度 L　　　　　　　　　　（单位：mm）

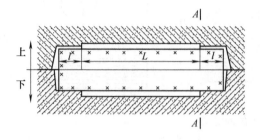 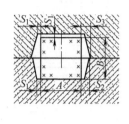 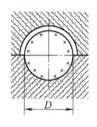

L	D 或 $(A+B)/2$							
	≤25	26~50	51~100	101~150	151~200	201~300	301~400	401~500
≤100	20	25~35	30~40	35~45	40~50	50~70	60~80	
101~200	25~35	30~40	35~45	45~55	50~70	60~80	70~90	80~100
201~400		35~45	40~60	50~70	60~80	70~90	80~100	80~100
401~600		40~60	50~70	60~80	70~90	80~100	90~110	100~120
601~800		60~80	70~90	80~100	90~110	100~120	110~130	120~140

型芯头与铸型型芯座之间应有 1~4mm 的间隙 S_1、S_2、S_3 等，以便于铸型装配。

1.4.4 浇注系统及冒口的设计

1. 浇注系统设计

浇注系统是将金属液引入铸型的必要通道，完整的浇注系统通常由浇口杯、直浇道、横浇道和内浇道组成，图1-38所示为砂型铸造的浇注系统。其作用为：提供足够的充型压力和充型速度，将金属液平稳地引入铸型；排出金属液中的渣和气，防止金属氧化；调节铸件各部分的温度、控制凝固顺序，起补缩作用。设计浇注系统时，应在保证铸件质量的前提下，力求浇注系统简单、造型方便且易清除。

浇注系统的设计主要是确定浇注系统的类型、确定浇注系统各部分的尺寸。

（1）确定浇注系统的类型　按照浇注位置的不同，浇注系统分为顶注式、底注式、中注式和侧注式等类型，如图1-39所示。顶注式浇注系统，铸件温度分布合理，有利于顺序凝固，金属消耗少，但金属液充型不平稳，易飞溅、氧化、进渣，不适于浇注高大铸件；底注式浇注系统，金属液充型平稳，易排气，但铸件温度分布不合理，不利于凝固补缩；中注式浇注系统，兼具上述两种形式的特点；侧注式浇注系统与中注式相似，且浇口面积大、充型速度快，但金属液消耗大，浇口不易清理。

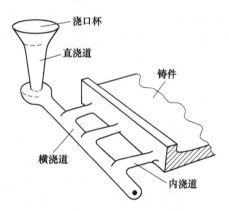

图1-38　砂型铸造浇注系统的组成

按照各部位面积的大小，浇注系统分为开放式、封闭式等类型，它们的应用及特点见表1-13。开放式浇注系统的 $\sum F_内 \geq \sum F_横 \geq \sum F_直$，封闭式浇注系统的 $\sum F_内 \leq \sum F_横 \leq \sum F_直$，其中 $\sum F_内$、$\sum F_横$、$\sum F_直$ 分别为内浇道、横浇道和直浇道面积之和。

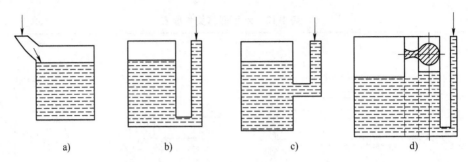

图 1-39 浇注系统的类型

a) 顶注式 b) 底注式 c) 中注式 d) 侧注式

表 1-13 浇注系统各部位截面面积比例、应用及特点

形式	截面面积比例			应用	特点
	$\sum F_直$	$\sum F_横$	$\sum F_内$		
开放式	1	2~3	2~4	铝合金铸件 采用漏包浇注的铸钢件 1000kg 以上的灰铸铁	充型平稳,冲刷力小,金属氧化少,但挡渣和排气效果差
	1	1~2	1~2		
	1	2	1~3		
封闭式	1.15	1.1	1	中、小型灰铸铁件(湿型) 薄壁板状铸铁件 100~1000kg 灰铸铁件(干型)	充型迅速,呈受压流动状态,冲刷力大,有一定挡渣作用

(2) 确定浇注系统各部分的尺寸 浇注系统各部分的尺寸决定着金属液进入型腔的流量和速度,影响铸件质量,必须合理设计。可通过查阅经验数据表,首先确定内浇道的截面面积,然后根据浇注系统中各部位截面面积的关系,确定其他部位的截面面积。中、小型铸铁件内浇道总截面积见表 1-14。

表 1-14 中、小型铸铁件的内浇道总截面面积 $\sum F_内$

铸件质量/kg	$\sum F_内/cm^2$				
	铸件壁厚/mm				
	<5	5~10	10~15	15~25	25~40
<1	0.6	0.6	0.4	0.4	0.4
1~3	0.8	0.8	0.6	0.6	0.6
3~5	1.6	1.6	1.2	1.2	1.0
5~10	2.0	1.8	1.6	1.6	1.2
10~15	2.6	2.4	2.0	2.0	1.8
15~20	4.0	3.6	3.2	3.0	2.8
20~40	5.0	4.4	4.0	3.6	3.2
40~60	7.2	6.8	6.4	5.2	4.2
60~100		8.0	7.4	6.2	6.0
100~150		12.0	10.0	8.6	7.6
150~200		15.0	12.0	10.0	9.0
2000~250			14.0	11.0	9.4

2. 冒口设计

冒口的作用主要是补缩，还可集渣和排气。冒口设计主要是确定冒口的位置、形式、数量、形状和尺寸。

（1）冒口位置　一般按照顺序凝固原则，将冒口设置在铸件最后凝固的部位（厚大部位或热节处）。

（2）冒口形式　常用的冒口类型有明冒口和暗冒口两种，如图1-40所示。明冒口设在补缩部位的顶部，与大气相通，有较好的重力补缩效果和排气、浮渣作用，但因顶部敞开，散热快，主要用于熔点较低的有色合金铸件。暗冒口设置在型砂中，散热慢，补缩效果好，但造型较复杂，多用于铸钢件中、下部热节部位的补缩。为提高补缩效果，生产中还可用发热冒口、保温冒口和加压冒口等。

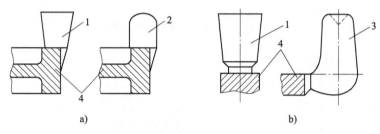

图1-40　常用的冒口类型
a）铸钢件　b）铸铁件
1—明冒口　2、3—暗冒口　4—铸件

（3）冒口数量　冒口数量根据补缩部位的尺寸而定。

（4）冒口形状和尺寸　应尽量使冒口形状简单、表面积小，以方便造型和减少散热，常用圆柱形、带锥度的圆柱形，也可用球形。冒口尺寸应根据热节大小而定，可参考相关经验数据表。

1.4.5　铸造工艺图的绘制

铸造工艺图是在零件图上用红色、蓝色符号和文字表示铸造工艺方案（浇注位置、分型面）、工艺参数（加工余量、起模斜度、收缩率、不铸出的孔和槽等）、型芯（形状、数量、型芯头等）、浇注系统和冒口等的图样。也可以直接绘制铸造工艺图，不画在零件图上。铸造工艺图是制造模样和铸型、生产准备和验收的基本工艺文件，也是大批量生产时绘制模样图、铸件图、铸型装配图的主要依据。图1-41和图1-42分别为销钉座的零件图和大批生产的铸造工艺图。

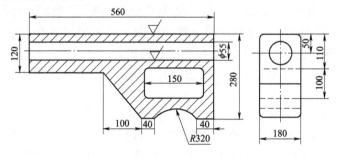

图1-41　销钉座零件图

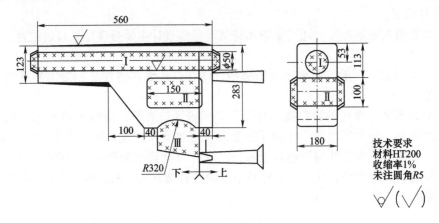

图 1-42 销钉座大批生产铸造工艺图

1.4.6 铸造工艺设计实例

以图 1-43 所示的支架零件为例,对其进行铸造工艺设计。其材料为 HT200,单件、小批生产,工作时承受中等载荷。

(1) 零件分析及铸造方法的确定 该零件为壁厚比较均匀的圆筒形铸件。由于是普通灰铸铁件,且生产批量不大,故选用砂型铸造,手工造型。

(2) 铸造方案确定 方案一如图 1-44 所示,铸件水平位置造型,分型面为通过轴线的纵剖面。该方

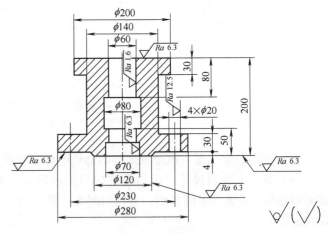

图 1-43 支架零件图

案造型方便,两端法兰面处于侧面,易保证质量。但由于是分模造型,易错箱,对外形精度有影响,且筒的内圆壁处于水平位置,质量不均匀,易产生缺陷。方案二如图 1-45 所示,铸件垂直位置造型,两端面为分型面,采用三箱造型(模样从 φ200mm 的小端法兰凸缘下表面分开)。该方案中整个铸件位于中箱,铸件形状精度高。但三箱造型操作复杂,上端面质量不易保证,采用顶注,金属液对铸型冲击较大。因此方案一较合理。

(3) 铸造工艺参数确定 由表 1-7 选加工余量等级为 G 级。查表 1-8 确定铸件各表面加工余量为 3.5mm;查表 1-9,按增加壁厚法确定起模斜度 α 为 0°30′;查表 1-6,确定收缩率为 1%;查表 1-10 可知,铸件下凸缘上 4 个 φ20mm 孔不必铸出。

(4) 型芯设计 内腔设计为一个整体型芯,查表 1-12,确定型芯头长度为 45mm。型芯头间隙取为 1.5mm。

(5) 浇注系统及冒口设计 浇注系统采用中注式,横浇道开在分型面处的上砂型,内浇道开在分型面处的下砂型,金属液从两端法兰凸缘中间注入型腔。查表 1-14,确定内浇道总截面面积为 3.2cm²,则每个内浇道截面面积为 1.6cm²。查表 1-13,确定采用 $\Sigma F_{内}:\Sigma F_{横}:\Sigma F_{直}=1:1.1:1.15$ 的封闭式浇注系统,可算出横浇道截面面积约为 3.5cm²,直浇道直径

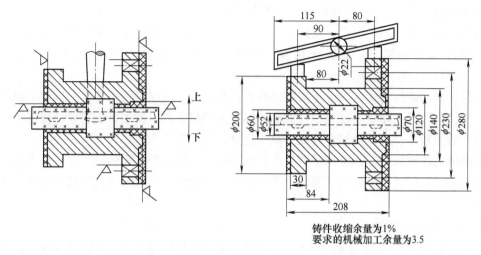

图 1-44 支架零件铸造工艺图（方案一）

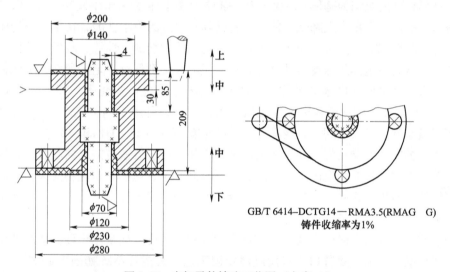

图 1-45 支架零件铸造工艺图（方案二）

为 2.2cm。由于灰铸铁收缩小且无特别厚大部位，可不设置冒口。

（6）铸造工艺图绘制 方案一和方案二的铸造工艺图分别如图 1-44 和图 1-45 所示。图中网格剖面线表示加工余量，实际绘图时网格剖面线可不画。

1.5 常用合金的铸造

常用的铸造合金有铸铁、钢、铝合金、铜合金等，它们的铸造性能差别较大。对铸造性能不好的合金，应采取适当的工艺措施，以保证铸件质量。

1.5.1 铸铁的铸造

1. 灰铸铁的铸造

灰铸铁的主要成分为 $w_C = 2.7\% \sim 3.6\%$，$w_{Si} = 1.0\% \sim 3.6\%$，其成分接近共晶成分，组

织为基体+片状石墨。片状石墨的存在对基体有较大割裂作用,使灰铸铁的力学性能较差,但其铸造性能、切削加工性能、减振耐磨性能优良。灰铸铁广泛用于制造形状复杂、受力不大或承受压应力的零件,如机床床身、箱体、机架、阀体、泵体、缸体等。其牌号有HT150、HT250、HT300等。

灰铸铁的铸造性能优良。由于灰铸铁接近共晶成分、凝固温度范围窄、以逐层凝固方式结晶,故流动性好;在凝固过程中大部分碳以石墨形式析出,发生体积膨胀,抵消了部分收缩,总收缩量较小;灰铸铁熔点较低,浇注温度较低,热应力较小。

灰铸铁的浇注温度低,对铸型耐火度要求不高,一般采用砂型铸造。灰铸铁不易产生各种铸造缺陷,对铸件壁厚均匀性要求不高,铸造工艺简便,一般采用同时凝固工艺,无须设置冒口。

2. 球墨铸铁的铸造

球墨铸铁的主要成分为 $w_C = 3.6\% \sim 4.0\%$,$w_{Si} = 2.0\% \sim 3.1\%$,其碳当量较高,是接近共晶成分的过共晶成分。浇注前需进行球化处理,使金属液中的碳在结晶时以球状石墨的形式析出。球墨铸铁的组织为基体+球状石墨,基体为铁素体或珠光体或铁素体+珠光体。球状石墨对基体的割裂作用大大降低,使球墨铸铁具有较好的力学性能,特别是珠光体基体的力学性能可以与钢媲美。同时,球墨铸铁还具有优良的切削加工性能、减振耐磨性能,较好的铸造性能。珠光体基体的球墨铸铁具有较高的强度、硬度且有一定的塑性,可代替碳钢制造某些受较大交变载荷和摩擦的零件,如曲轴、连杆、凸轮、涡轮等,其牌号有QT600-3、QT700-2等。铁素体基体球墨铸铁强度较低但塑性较好,可用于制造汽车、拖拉机后桥壳、悬挂件等底盘零件、拨叉、阀体、轮毂等,其牌号有QT400-18、QT450-10等。

球墨铸铁的铸造性能较好,介于灰铸铁和钢之间。球墨铸铁虽接近共晶成分,但其共晶凝固温度范围较宽,呈糊状凝固,而且球化处理时易产生氧化物和硫化物夹杂,故流动性较差。球墨铸铁的石墨化膨胀大于灰铸铁,初凝固形成的外壳强度又不够大,易胀大型腔,凝固时若补缩条件不好,则易形成缩孔、缩松缺陷。

为防止球墨铸铁铸造时胀大变形,应提高型砂的紧实度,如采用干砂型或水玻璃自硬砂型等。球墨铸铁大多需设置冒口,采用顺序凝固工艺,其浇冒系统如图1-46所示。浇注时应注意挡渣,应使金属液迅速、平稳充型,以防止夹渣。应减少金属液的硫、镁含量及型砂含水量,以免它们相互作用而使铸件产生皮下气孔。要保证较高的浇注温度,增大内浇道截面面积,以保证其流动性。

3. 可锻铸铁的铸造

可锻铸铁的主要成分为 $w_C = 2.2\% \sim 2.8\%$,$w_{Si} = 1.0\% \sim 1.8\%$,为低碳、低硅的亚共晶成分,以保证铸造时得到白口铸件(组织主要为莱氏体和珠光体,无石墨)。对白口铸件进行长时间高温(900~980℃)退火,可使白口组织中的莱氏体和珠光体内的渗碳体分解为团絮状石墨,得到可锻铸铁。可锻铸铁的组织为基体+团絮状石墨,基体为铁素体或珠光体+铁素体或珠光体。铁素体可锻铸铁应用较多,其具有较高的塑性且有一定的强度和硬度,可用于制造承受冲击、振动和扭转等复杂载荷的零件及形状复杂的小型薄壁件,如弯头、三通等水暖管件、阀门、扳手、连杆、活塞环、建筑扣件等,其牌号有KTH300-16、KTH350-10等。

可锻铸铁的铸造性能差。可锻铸铁为亚共晶成分,距共晶点较远,凝固温度范围较宽,故流动性较差;熔点高,浇注温度较高,而且凝固时无石墨析出,故收缩量较大,易产生缩孔;铸造应力较大,易产生裂纹。

可锻铸铁应设置较大体积的冒口,采用顺序凝固工艺,其浇冒系统如图1-47所示。应采用较高的浇注温度、较大截面面积的浇道,以保证足够的流动性。应提高铸型的退让性,防止裂纹产生。为挡渣,浇注系统中应安放过滤网。

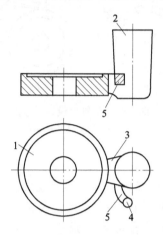

图1-46 球墨铸铁轮毂的浇冒系统
1—铸件 2—冒口 3—冒口颈
4—直浇道 5—横浇道

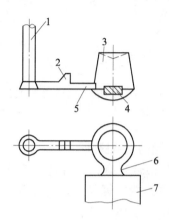

图1-47 可锻铸铁件的浇冒系统
1—直浇道 2—集渣包 3—暗冒口
4、6—内浇道 5—横浇道 7—铸件

1.5.2 钢的铸造

铸钢有碳钢和合金钢,w_C = 0.2% ~ 0.6%,属于亚共析钢,组织为铁素体+珠光体,具有较高的强度、硬度、塑性、韧性等力学性能,且随含碳量的升高,钢的强度、硬度升高而塑性、韧性下降。铸钢主要用于制造形状复杂且力学性能要求较高的零件,如轧钢机和破碎机等的机架、水压机横梁、高压阀门、火车车轮等,其牌号有ZG230-450、ZG310-570等。

铸钢的铸造性能差。由于熔点高、浇注温度高,钢液充型后冷却速度快,保持液态的时间短,且铸钢的凝固温度范围较宽,一般以糊状凝固方式结晶,故流动性较差,易产生浇不足、冷隔等缺陷。铸钢凝固时无石墨析出造成的体积膨胀,且浇注温度高,故收缩量远大于铸铁,易产生缩孔、缩松缺陷。铸钢的收缩量大、铸造应力大,易产生变形及裂纹。此外,铸钢浇注温度高,钢液易氧化和吸气,易产生夹渣、气孔等缺陷。

铸钢件的铸型应有较高的强度、透气性、耐火性,中、大型铸件常采用干砂型或水玻璃自硬砂型,型腔表面应涂耐火涂料,以防止粘砂缺陷。铸钢件常设置冒口(常需要多个冒口)和冷铁,采用顺序凝固工艺,图1-48所示为铸钢齿轮铸件的冒口设置。应采用较高的浇注温度(一般比其熔点高100~150℃)、较大截面的浇口,以提高其流动性。

同样形状的铸件,铸钢件与铸铁件的铸造工艺差别较大。图1-49所示为灰铸铁与铸钢轴承盖的铸造工艺比较,灰铸铁与铸钢的浇冒口设计示意图如图1-49a和1-49b所示。灰铸铁件无补缩冒口,铸钢件有四个补缩冒口,且为便于设置冒口,铸钢轴承盖的端面朝上;铸铁件为实现铸件均匀冷却,内浇道一般沿圆周一边的切线开设,而铸钢件为避免钢液冲击飞溅，不希望钢液在型内旋转，其内浇道沿圆周两边开设；因钢液流动性差，故对铸钢件的形状做了简化。

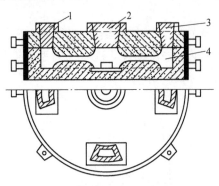

图 1-48 铸钢齿轮铸件的冒口设置
1、3—冒口（共 4 个） 2—浇口 4—铸件

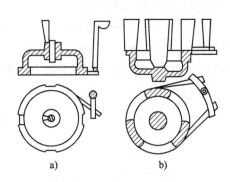

图 1-49 浇冒口设计示意图
a）灰铸铁件 b）铸钢件

1.5.3 铝合金的铸造

铸造铝合金有铝硅合金、铝铜合金、铝镁合金、铝锌合金等，具有比强度大、导热性好、耐蚀性好等优点，适于制造要求重量轻或耐蚀性较好的形状复杂的零件，如活塞、缸体、泵体、叶轮、仪表件、装饰件等。铸造铝硅合金应用最广泛，其产量占铝合金铸件总产量的 80% 以上。铸造铝硅合金一般采用共晶成分，其牌号有 ZAlSi7Mg（ZL101）、ZAlSi9Mg（ZL104）等。

铸造铝硅合金的铸造性能较好，因为铝硅合金为共晶成分，流动性好，但收缩略大于铸铁。其他系列的铸造铝合金铸造性能较差，因为其他铝合金远离共晶成分，结晶温度范围宽，多呈糊状凝固，流动性差，且收缩较大，难以通过补缩获得致密铸件。此外，各种铝合金均易氧化、吸气，易产生夹渣、气孔缺陷。

铝合金铸造可采用各种铸造方法，大批量生产时宜采用压力铸造。采用砂型铸造时应设置冒口，采用顺序凝固工艺；为保证铝液快速、平稳充型，防止氧化和吸气，常采用开放式浇注系统及弯曲的直浇道，有时需较多数量的内浇道。铝合金壳体铸件的浇冒系统如图 1-50 所示。

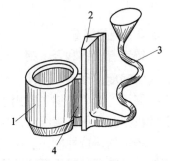

图 1-50 铝合金壳体铸件的浇冒系统
1—铸件 2—冒口
3—直浇道 4—内浇道

1.5.4 铜合金的铸造

铸造铜合金有黄铜和青铜等，它们具有较高的耐蚀性、耐磨性、导热性等，广泛用于制造轴承、涡轮、泵体、管道、阀门等。铸造黄铜为铜锌合金，其牌号有 ZCuZn16Si4 和 ZCuZn31Al2 等。铸造青铜有锡青铜（牌号有 ZCuSn10Pb1 和 ZCuSn3Zn11Pb4 等）和铝青铜（牌号有 ZCuAl10Fe3Mn2 等）等。

锡青铜的铸造性能差。其凝固温度范围宽，呈糊状凝固，流动性差，且收缩较大，易产生缩孔、缩松缺陷，但氧化倾向不大。壁厚较大的重要铸件应设置冒口顺序凝固；对于形状复杂的薄壁铸件，当致密性要求不高时，可采用同时凝固工艺。

铝青铜和铝黄铜等含铝量较高的铜合金，铸造性能较好。其凝固温度范围较窄，呈逐层凝固，流动性好，但收缩较大，易形成集中缩孔，应设置冒口造成顺序凝固，防止缩孔。铜合金金属液极易氧化和吸气，应提高浇注系统的挡渣能力，如采用带过滤网的底注式浇注系统时，应采用敞开式顶冒口，以利于排气。图 1-51 所示为铝青铜涡轮铸件的浇注系统。

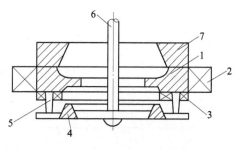

图 1-51　铝青铜涡轮铸件的浇注系统
1—铸件　2、3—冷铁　4—横浇道
5—内浇道　6—直浇道　7—冒口

1.6　铸件的结构工艺性

铸件的结构工艺性是指铸件既方便快捷又满足要求地铸造出来的能力，即铸件铸造的难易程度，它将直接影响铸件的质量和成本。铸件结构设计的原则，一是要便于造型、制芯及清理，简化铸造工艺；二是要利于减少铸造缺陷，提高铸件质量。

1.6.1　从简化铸造工艺考虑的铸件结构设计

简化铸造工艺主要是便于起模和下芯。典型的铸件结构设计及改进见表 1-15。

表 1-15　从简化铸造工艺考虑的铸件结构设计及改进

目的	铸件名称	结构设计原则	不合理结构	改进后结构
便于起模	端盖	减少分型面		
	托架	分型面平直		
	支架	避免活块		
	圆筒支架	避免侧凹		
	圆筒法兰	有结构斜度		

(续)

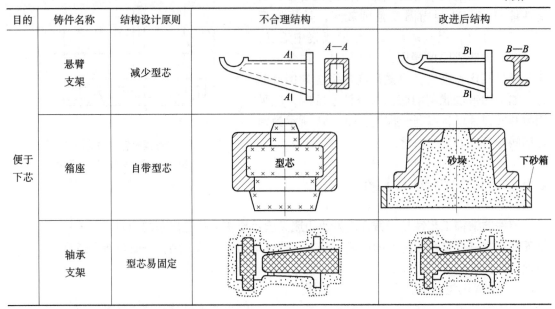

1.6.2 从提高铸件质量考虑的铸件结构设计

设计铸件结构时,为提高铸件质量,应考虑铸造性能,避免铸造缺陷。如改善充型能力,防止浇不足;利于补缩,减少缩孔;减小铸造应力,防止变形和裂纹。特别要注意铸件的壁厚及壁间连接的设计。

1. 铸件的最小壁厚

由于不同铸造合金的流动性各不相同,能浇注出铸件的最小壁厚也不相同。若设计的铸件壁厚小于最小壁厚,则容易产生冷隔、浇不足缺陷。铸件的最小壁厚主要取决于合金种类、铸件大小、浇注温度、铸型条件等。在一般生产条件下,几种常用的铸造合金在砂型铸造条件下的铸件最小允许壁厚见表1-16。

表1-16 砂型铸造条件下铸件的最小允许壁厚　　　　　　　　（单位：mm）

铸件尺寸	合金种类					
	钢	灰铸铁	球墨铸铁	可锻铸铁	铝合金	铜合金
<200×200	8	5~6	6	5	3	3~5
200×200~500×500	10~12	6~10	12	8	4	6~8
>500×500	15~20	15~20	15~20	10~12	6	10~12

2. 铸件的临界壁厚

厚大截面的承载能力并非按其截面积大小成比例地增加。这是因为心部冷却速度缓慢,其晶粒粗大,而且容易产生缩孔、缩松等缺陷。一般来说,每一种合金都有其适应的壁厚范围,几种常用合金砂型铸造的临界壁厚的参考值见表1-17。铸件越大,壁厚应相应地增大一些。为提高壁的承载能力,也可不采用增加壁厚的办法,而常用设置加强筋、选用高强度材料或采用合理截面形状（T字形、工字形、槽形、箱形等）等方法。

第1章 金属材料的铸造成形

表 1-17 常用合金砂型铸造的临界壁厚 （单位：mm）

合金种类	铸件质量/kg		
	0.1~2.5	2.5~10	>10
普通灰铸铁	8~10	10~15	12~18
孕育铸铁	12~18	15~18	20~25
可锻铸铁（黑心可锻铸铁）	6~10	10~12	—
铁素体球墨铸铁	10	15~20	50
珠光体球墨铸铁	14~18	18~20	60
铝合金	6~10	6~12	10~14
锡青铜	—	6~8	—

3. 壁间结构圆角

铸件上除分型面以外，任何两个非加工表面相交的转角处都应具有结构圆角。这是因为直角连接处形成了金属积聚的热节，同时转角内侧散热条件又较差，故较易产生缩孔、缩松；其次，在外载荷作用下将产生应力集中现象。铸造圆角的大小应与铸件的壁厚相适应。铸造内圆角半径可参考表1-18。

表 1-18 铸造内圆角半径 R （单位：mm）

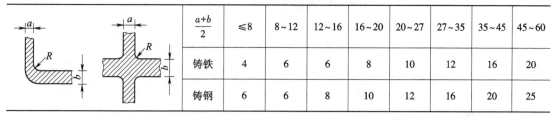

$\dfrac{a+b}{2}$	≤8	8~12	12~16	16~20	20~27	27~35	35~45	45~60
铸铁	4	6	6	8	10	12	16	20
铸钢	6	6	8	10	12	16	20	25

4. 典型的铸件结构设计

从提高铸件质量考虑，典型的铸件结构设计及改进见表1-19。

表 1-19 典型的铸件结构设计及改进

目的	铸件名称	结构设计原则	不合理结构	改进后结构
防止浇不足	搅拌器	壁厚不能过小		
	飞轮	避免大平面		

（续）

目的	铸件名称	结构设计原则	不合理结构	改进后结构
防止缩孔	顶盖	壁厚均匀		
	圆筒	壁厚不能太大		
	台架	下壁厚度不要大于上壁厚度		
	—	避免锐角连接		
	—	避免壁交叉连接		
防止变形、裂纹	—	壁间圆角过渡		
	—	壁间逐渐过渡		
	—	壁间加防裂筋		

(续)

目的	铸件名称	结构设计原则	不合理结构	改进后结构
防止变形、裂纹	阀体	内壁小于外壁	$b=a$	$b>a$
	轮子	减小拉应力		

1.7 铸造成形新技术

随着科学技术的发展和进步，铸造技术正朝着优质、高效、低耗、智能等方面发展，先进的铸造技术不断出现，如数字化快速铸造技术、无模铸造技术、半固态铸造技术等。

1.7.1 数字化快速铸造技术

铸造工艺设计需要繁琐的数学计算和大量的查表选择等工作，要花费大量设计时间，而且设计结果往往因人而异，很难保证铸件质量。20世纪60年代以来，特别是进入80年代后，随着电子计算机技术的迅猛发展，数字化快速铸造技术在工业上得到越来越广泛的应用，也为铸造工艺设计的科学化、精确化提供了良好的工具。近年来，国内外在铸造工艺计算机辅助设计方面研究和开发了一些较为实用的软件，如 AFS Software、FEEDERCALC、DISAMATIC、FTCAD 等软件可进行铸件的浇冒口设计；在铸造工艺辅助设计集成方面，如 CASTCAD、CAE 软件可用于各种铸件的生产。数字化快速铸造技术主要有数字化铸造工艺设计及数值模拟、铸造生产过程的计算机控制等。

1. 数字化快速铸造技术的主要方面

（1）数字化快速铸造工艺设计及数值模拟　数字化快速铸造工艺设计流程图如图1-52所示，主要包括计算机辅助铸造工艺数字化设计、铸造凝固过程的数值模拟等。

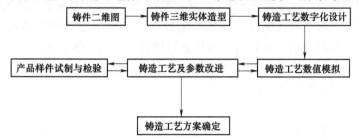

图1-52　数字化快速铸造工艺设计流程图

1）计算机辅助铸造工艺数字化设计。计算机辅助铸造工艺数字化设计一般是采用 Auto-

CAD软件，完成铸件二维图、铸造工艺卡等图形处理功能，然后根据铸件二维图形建立铸件的三维模型。目前3D软件发展很快，如UG、Pro/E、CATIA、SolidEdge、SolidWorks、MDT等，可直接进行铸件的三维实体造型。根据三维实体计算铸件重量，进行铸造工艺分析，对铸件的各部分结构进行分析并计算不同部位的模数，计算浇冒口等工艺数据，进行铸件（包括浇注系统及冒口等）的三维实体及铸造工艺的初步设计。

2）铸造凝固过程的数值模拟。利用FLOW-3D、ProCAST、华铸CAE、AnrCasting等软件，从建立的铸件三维实体中抽取数据进行三维凝固模拟，可以模拟铸造的金属液填充过程，预测气孔、夹渣出现的部位；可以模拟铸件凝固的温度分布，确定铸件最后凝固部位，判断缩孔或缩松出现的部位；可以模拟铸件中的应力分布，预测裂纹或变形出现的部位等。根据模拟结果，可以对铸造工艺的浇注系统设计、冒口设计进行优化，可以对浇注温度、浇注时间、铸型温度等工艺参数进行优化。最终可以修改确定铸件的铸造工艺设计方案及工艺参数，然后自动生成相应的铸型、芯盒或模具图，铸型、芯盒和模具经数控加工程序后，可进行铸造生产。

图1-53所示为一个壳体铸件的数字化快速铸造工艺设计实例。由壳体零件三维实体图设计出初步铸造工艺图，然后进行凝固过程的数值模拟，并根据模拟结果改进浇冒口等工艺设计，对改进的铸造工艺方案再次进行铸造过程模拟，结果显示铸件没有缺陷出现，可作为最终的铸造工艺方案。

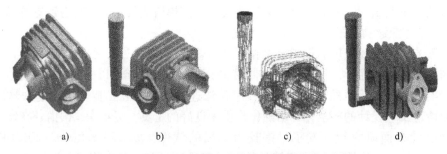

图1-53 壳体铸件的数字化快速铸造工艺设计实例
a）壳体零件图 b）初步铸造工艺图 c）凝固过程模拟图 d）改进的铸造工艺图

（2）铸造生产过程的计算机控制 近年来，铸造生产过程的控制与检测已形成了从单机到系统、从刚性到柔性、从简单到复杂等不同层次的自动化生产技术，将铸造工艺CAD、CAE等工艺设计技术与PDM、ERP等工艺信息管理技术有机结合起来。如在型砂性能检测及型砂处理过程控制方面、在炉料配比及熔炼过程控制方面、在造型生产线的自动化控制等方面，均可进行工艺参数及工艺过程的实时监控。图1-54所示为铜棒连续铸造智能控制系统的人机界面，可实时显示工作过程，监控连续铸造从入料、炉1加热、炉2加热保温，到结晶器中冷却、冷却完成夹动辊夹动铸件等整个工艺流程。

2. 数字化快速铸造技术的特点及应用

数字化快速铸造技术的特点主要有：

1）采用计算机辅助铸造工艺设计，可使铸造工艺设计更加合理，弥补了以经验参数进行铸造工艺设计的不足，从而提高了铸件的成形质量。

2）计算机模拟后可以直接改进工艺设计，能提高铸造工艺设计的效率，而传统的工艺设计则依靠生产实际去不断检验、改进，工艺设计的周期较长。

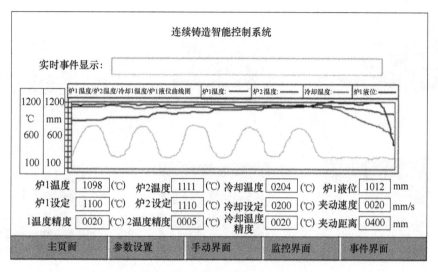

图 1-54 铜棒连续铸造智能控制系统的人机界面

3）计算机辅助工艺设计可以快速地对多种铸造工艺方案进行模拟比较，可择优确定最佳铸造工艺方案。

4）数字化快速铸造技术的工艺准备时间和费用大大减少，生产周期和成本大大降低。

数字化快速铸造技术目前已成为现代模型、模具和零件制造的强有力手段，适合金属零件的单件或小批量灵活制造，适于各种新产品零件的设计及开发，适于结构复杂零件铸造工艺的快速设计及制造，可广泛应用于航空航天、机械制造、汽车摩托车、家电等领域。

1.7.2 无模铸造技术

无模铸造是一种集成计算机、自动控制、新材料、铸造等技术的全新快速制造方法，即通过零件三维 CAD 模型直接驱动专业设备，实现铸型/砂芯的直接制造，在型芯组合后直接浇注出金属零件的铸造方法。1989 年，美国研制成功选择性激光烧结铸型制造工艺（Selective Laser Sintering，SLS），并研制出 SLS 铸型成形机，该技术在德国、日本、中国等国家相继使用。1998 年，德国研发出数控铣床制备砂型的无模铸造技术。

1. 无模铸造的工艺过程

无模铸造的工艺流程如图 1-55 所示。无模铸造在铸型成形机中进行铸型加工，可采用三维堆积法利用选择性激光烧结（SLS）加工出铸型，也可以利用数控机床直接加工出铸型。激光烧结加工铸型属于 3D 打印成形技术，将型砂通过层层堆积烧结成形为三维立体铸型，受工艺设备成形空间和成形速度限制，只适于中、小件；数控机床加工铸型是采用专用刀具对整块固体砂型进行数控铣削加工得到铸型的方法，适合各种大小的铸件。无模铸造加工出的铸型可以通过铸型组合制造大型铸件。

2. 无模铸造技术的特点及应用

无模铸造技术的特点主要有：

1）造型时间短，生产周期短。无模铸造工艺的信息处理过程一般只需花费几个小时至几十个小时，铸型加工时间也较短。

2）无需模具，制造成本低。采用数字化模型驱动铸型制造，不需要传统的模具，节省

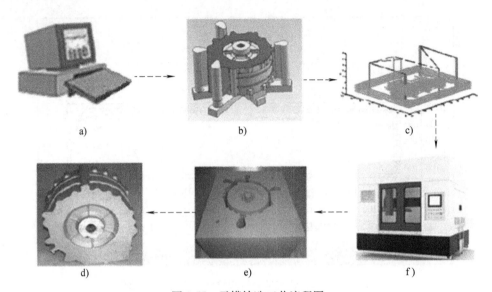

图 1-55 无模铸造工艺流程图
a）计算机设计 b）三维 CAD 模型及优化 c）自动规划路径
d）铸件 e）加工出的铸型（芯） f）成形机中加工铸型（芯）

模具材料及制造时间，成本低。

3）无须分型，上、下铸型一体化制造。传统造型需要起模，一般采用分型造型，往往限制了铸件设计的自由度；某些表面和内腔复杂的铸型不得不采用多个分型面，使造型、合箱装配过程的难度大大增加；分型造型使铸件产生"飞边"，导致机械加工量增大。无模铸造技术可以采用一体化制造方法，即上、下型同时成形，省去了合箱装配的定位过程，减少了设计约束和机械加工量，使铸件的尺寸精度更容易控制。

4）无需型芯，型、芯同时成形。传统工艺出于起模的考虑，型腔内部的一些结构设计成芯，将型、芯分开制造，然后再将二者装配起来，装配过程需要准确定位，还必须考虑芯子的稳定性。而无模铸造工艺制造的铸型，型和芯是同时堆积而成的，无须装配，位置精度更易保证。

5）易于制造含自由曲面的铸型。传统工艺采用普通加工方法制造模样的精度难以得到保证，模样的数控加工编程复杂，另外涉及刀具干涉等问题，不适合制造含自由曲面或曲线的铸件。而基于离散/堆积成形原理的无模铸造工艺，不存在成形的几何约束，因而能够很容易地实现任意复杂形状的造型。

无模铸造技术可实现大型、复杂金属件设计、加工、组装全流程的数字化、精密化、自动化、柔性化、绿色化，适合制造含自由曲面或曲线的铸件，目前已应用到国防军工、航空航天、汽车、船舶、农机、水利电力等领域的箱体、发动机、减速机、底座、机架、支架等关键部件的快速开发。图 1-56 所示为轮毂铸件无模铸造的 CAD 模型、铸型加工和铸件。

1.7.3 半固态铸造技术

半固态铸造是在高压作用下使半固态金属浆料以较高的速度充填压铸型型腔，并在压力下成形、凝固获得铸件的铸造方法。该方法是 20 世纪 70—80 年代开始出现并研究开发的先进铸造技术，目前半固态铸造设备及工艺在国内外已进入实用阶段。

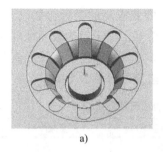 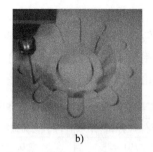 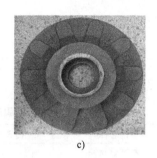

图 1-56　轮毂铸件无模铸造的模型、铸型加工和铸件

a）CAD 模型　b）铸型加工（数控铣削）　c）铸件

在普通铸造过程中，初晶以树枝晶方式长大，当固相率达到 0.2 左右时，树枝晶就形成连续的网络骨架，失去宏观流动性。如果在液态金属从液相到固相的冷却过程中进行强烈搅拌或控制凝固条件以破坏树枝晶或抑制树枝晶的形成，则使普通铸造成形时易于形成的树枝晶网络骨架被打碎，而保留分散的颗粒状组织形态悬浮于剩余液相中，得到均匀细小的等轴晶颗粒分布于液相中的悬浮半固态金属浆料。这种半固态金属浆料的固相率达到 0.5~0.6 时，仍然具有一定的流变性，从而可利用常规的成形工艺如压铸、挤压、模锻等实现金属的成形。但半固态金属的流动性很差，很难进行一般的重力铸造，只能在压力作用下使其充型。因此，半固态铸造一般是指半固态压铸。

1. 半固态铸造的工艺过程

半固态铸造有两种方式：半固态流变铸造和半固态触变铸造。半固态流变铸造是将半固态浆料在半固态温度下直接压铸成形的方法；半固态触变铸造是将半固态浆料先制成坯料，根据产品尺寸下料，再重新加热到半固态温度后压铸成形的方法。其工艺流程如图 1-57 所示。

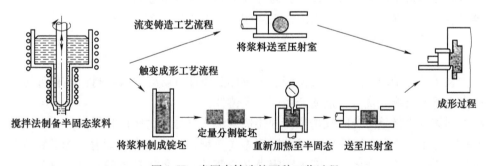

图 1-57　半固态铸造的两种工艺过程

2. 半固态铸造的工艺特点及应用

半固态铸造的工艺特点有：

1）晶粒细小，力学性能好。半固态铸造无须添加任何晶粒细化剂即可获得细晶粒组织，消除了传统铸造中的柱状晶和粗大树枝晶，而且气孔和偏析少、组织致密。

2）凝固收缩小，精度高，表面平整光滑，可实现少、无切削加工。

3）加工温度低，热负荷小，热疲劳强度下降，可节省能源，提高模具寿命。

4）凝固时间短，工艺周期缩短，生产效率高。

半固态铸造适用于凝固温度区间较宽的合金，如铝、镁、铜、镍等有色合金和铁碳合金，特别是铝、镁合金的铸造；适于铸造形状比较复杂、性能要求高的工件，如汽车活塞、轮毂、制动片、转向节、泵体、转向器壳体、阀体、悬挂支架等；适于制造较高精度件和金属基复合材料件。半固态铸造的铝合金铸件代替铸铁用于汽车零件的制造，可降低汽车的自重，提高汽车性能。半固态铸造铝合金汽车悬挂系统零件的减重效果见表1-20。

表1-20 半固态铸造铝合金汽车悬挂系统零件的减重效果比较

零件名称	铸铁零件质量/kg	半固态铸造零件质量/kg	质量减少率（%）
上控制臂前端	0.73710	0.25515	65
上控制臂后端	0.79380	0.31185	61
悬臂	1.84275	0.70785	62
驾驶控制杆	2.09790	1.10565	47
支撑	0.19845	0.11340	43
悬挂支架	0.31185	0.14175	55
万向联轴器	6.95575	3.88395	44
减振器支架梁	0.19845	0.14175	29
驾驶控制杆支撑梁	0.36855	0.28350	23

练习题

1. 铸造包括哪些主要工序？试说明砂型铸造的手工造型与机器造型各自的优、缺点和适用条件。
2. 整模造型、分模造型各适合什么形状的铸件？
3. 挖砂造型适合何种形状的铸件？挖砂造型对分型面有什么要求？
4. 型芯在铸造生产中有哪些作用？为什么型芯上应有型芯头？
5. 典型浇注系统由哪几部分组成？在浇注过程中各起什么作用？
6. 金属型铸造有何特点？与压力铸造相比有什么不同？金属型铸造为何不能广泛代替砂型铸造？
7. 砂型铸造、熔模铸造和消失模铸造的模样及铸型材质有什么不同？各有何利弊？
8. 离心铸造有哪些优点？最适合生产哪类铸件？
9. 下列铸件大批量生产时宜选择何种铸造方法（括号内为所用材料）？
①内燃机缸套（合金铸铁） ②齿轮箱体（灰铸铁） ③煤气管道（球墨铸铁）
④内燃机活塞（铝合金） ⑤车床床身（灰铸铁） ⑥减速器涡轮（铸钢）
10. 合金的铸造性能主要有哪些？对铸件质量有何影响？
11. 如何提高合金的流动性？怎样改善合金的收缩性？
12. 缩孔和缩松有何区别？分别易出现在何种合金铸件中？工艺上用什么措施控制缩孔的产生？
13. 铸造应力和变形是怎样产生的？如何消除残余应力和减小变形？
14. 铸造裂纹是怎样产生的？如何防止冷裂？
15. 比较灰铸铁、球墨铸铁和钢的铸造性能。
16. 铸件壁厚的设计应注意哪些问题？铸件的壁厚为什么不能太薄，也不能太厚，而应尽可能厚薄均匀？

17. 改进图 1-58 所示零件的结构,以提高其铸造工艺性。

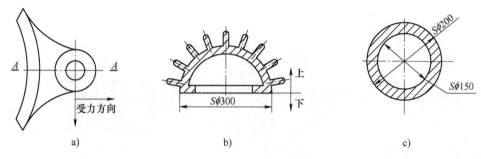

图 1-58　零件图

a) 支架　b) 压缩机缸盖　c) 空心球

18. 图 1-59 所示铸件的左右两列结构示意图,哪一种更合理?为什么?

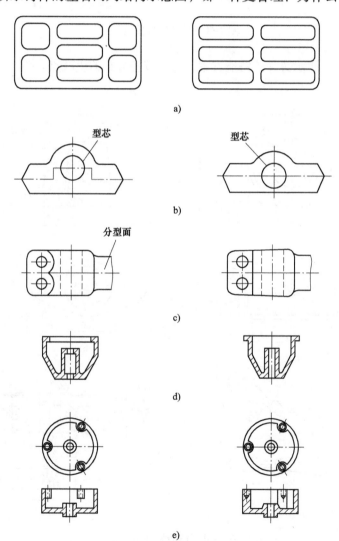

图 1-59　铸件结构示意图

19. 图 1-60 所示铸造零件在单件生产条件下，分别应采用砂型铸造的哪种造型方法？

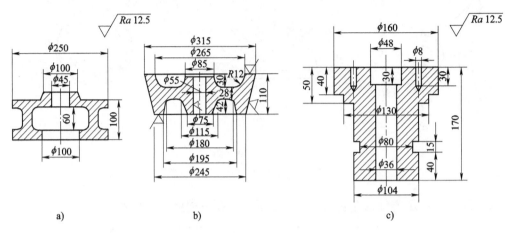

图 1-60 铸造零件图（一）

20. 分析图 1-61 所示铸件的铸造方案，并比较各方案的优缺点。

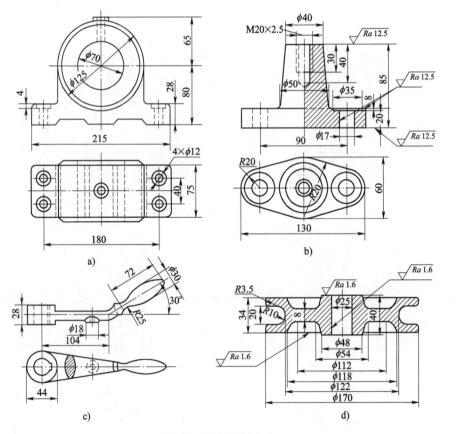

图 1-61 铸造零件图（二）

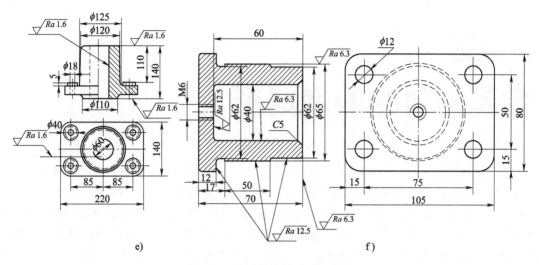

图 1-61 铸造零件图（二）（续）

21. 确定图 1-62 所示铸件大批量生产的造型方法，并绘制铸造工艺图。

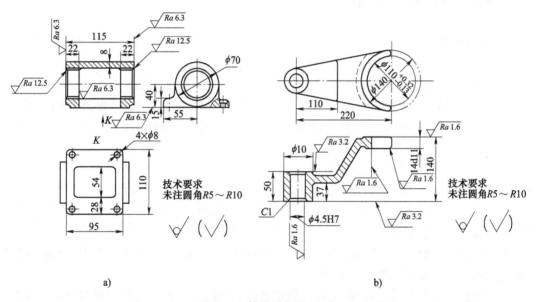

图 1-62 铸造零件图（三）
a）加强管接头（材料 HT150，质量 2kg） b）拨叉（材料 HT200，质量 25kg）

22. 说明数字化快速铸造技术、无模铸造技术对铸造工艺的发展及促进作用。
23. 简述半固态铸造的工艺过程。

第2章
金属材料的锻造成形

锻造是机械制造工业中毛坯成形的主要方法之一，是利用锻压设备，通过工具或模具对高温金属坯料施加外力使其发生塑性变形，获得具有一定形状、尺寸和内部组织工件的塑性成形方法。锻造在改变金属坯料外形的同时可改善内部组织，具有较高的力学性能，是生产重要受力件毛坯的主要方法。锻件一般需经切削加工成为零件，但精密锻件可直接作为零件。除铸铁等少数塑性较差的材料外，钢和大多数有色合金均可锻造成形。锻造与冲压、轧制、挤压等都属于塑性成形加工，也称为压力加工。

2.1 锻造的特点及应用

2.1.1 锻造的特点

锻造具有以下几个特点：

1）锻造是通过固态金属的高温塑性变形（固态流动）而成形的。

2）锻造可使金属内部组织发生改变，可使金属的晶粒细化，可减少铸造组织内部的气孔等缺陷，可改善成分偏析及组织不均匀，从而使组织细小、致密、均匀，可提高工件的综合力学性能。

3）锻造的材料利用率高，成形后坯料的形状和尺寸发生改变而体积基本不变，与切削加工相比，可节约金属材料和加工工时。锻造成形方法的材料利用率可达60%~70%，有的达85%~90%。材料利用率虽然不如铸件，但由于材料性能提高，零件的尺寸可缩小，零件寿命高，也可以节省原材料。

4）锻造工件的尺寸精度高，有的锻造方法可达到少、无切削加工的要求。如精密模锻锥齿轮的齿部可不经切削加工直接使用。

5）锻造工艺灵活，除自由锻外，既可单件、小批量生产，也可大批量生产。有的锻造方法具有较高的劳动生产率。

6）锻造时工件的固态流动比较困难，成形比较困难，工件形状的复杂程度不如铸件，体积特别大的工件成形也较困难。

7）锻造需要加热，而且一般需要模具，因此模具费用高、能耗高、成本高。

8）锻造成形钢件会出现氧化、脱碳、变形、开裂等锻造缺陷，有时会形成"锻造流线"。

2.1.2 锻造的应用

由于锻造具有上述多种优点，因而在机械、交通、电力、电子、国防等行业中被广泛应用。据统计，飞机中的锻造成形件重量占全部零件重量的72%；汽车中锻造成形件重量占72%；坦克中锻造成形件重量占60%。

第2章 金属材料的锻造成形

1) 锻造主要用于制造机械中受力大而复杂的零件或高温、高压下工作的重要零件，如主轴、曲轴、连杆、齿轮、凸轮、叶轮、叶片、炮筒和枪管等。图2-1所示为锻造连杆。锻造成形可制造小至几克的微型锻件，大至几百吨的重型锻件。

图2-1 锻造连杆

2) 锻造适于具有一定塑性的材料，如碳钢、铝合金、铜合金等，铸铁等脆性材料不可锻。

3) 锻造方法中的模锻生产效率高，适于大批量生产，自由锻可用于单件、小批量生产。

2.1.3 我国锻造技术的发展历史

我国的锻造工艺早在商朝就已出现，有3400多年悠久的历史。1972年河北藁城出土的商代（约公元前1400年）铁刃铜钺（见图2-2），经研究分析确定铁刃是用陨铁加热锻造成形（厚2mm），再与青铜钺身铸成一体的。春秋战国时代已经能用锻造技术生产铁质犁、锄、耙、剑、刀、斧、甲等农具和武器。在西安半坡战国墓中出土了一件铁锄，其锻制方法是将熟铁（即铁矿石在约1000℃下固态还原出的"海绵铁"）坯料先加热锻成薄片，折叠后再锻造成形（见图2-3），当时的铁制兵器大都采用热锻工艺。1960年呼和浩特甘家子古城出土的西汉（公元前202—公元8年）铁铠甲，其铁片厚度仅1~2mm，为热锻铁件。

图2-2 商代铁刃铜钺

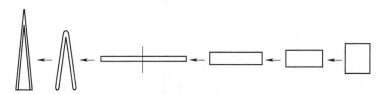

图2-3 战国时期铁锄锻造工艺过程示意图

我国的锻造技术虽然出现较早，但并没有得到较大发展。在近代生产水平较落后，多为手工作坊式生产，仅少数厂家有小型机械设备，最大锻锤仅3t，产量较低。中华人民共和国成立后几十年的时间，随着汽车工业和交通运输行业的发展，我国锻造成形装备和技术有了很大进展，特别是近十几年来随着产品性能要求的提高和计算机技术的进步，出现了许多先进的锻造成形技术，使我国在某些技术方面已进入世界先进行列。

2.2 锻造成形方法

锻造是利用一定的设备、工具、模具使金属块料进行塑性变形而体积重新分配，得到所需形状工件的成形方法，属于体积成形。锻造按成形温度不同分为热锻、温锻和冷锻。一般情况下，锻造是指热锻，锻造时工件的温度在再结晶温度以上，属于热变形加工（热加工）。锻造方法按成形力的来源不同，分为手工锻造和机器锻造，机器锻造是现代锻造的主要方式；按使用的设备和工具不同，分为自由锻、模锻、胎模锻。与锻造类似的热加工方法还有热挤压、热轧等。近年来还出现了许多先进锻造成形技术，如液态模锻、粉末锻造、超塑性锻造等。其特点主要是成形效率高、工件性能好。常用锻造类热塑性成形方法分类如下：

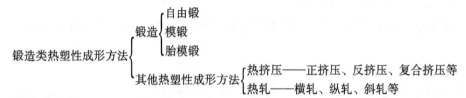

2.2.1 自由锻

自由锻是利用简单的通用性工具或锻造设备的冲击力或压力使金属在上、下砧之间产生变形，从而获得所需形状及尺寸的锻件的方法。

1. 自由锻设备

根据自由锻所用设备对坯料施加外力的性质不同，可分为锻锤和液压机两大类。锻锤是依靠产生的冲击力使金属坯料变形，但由于能力有限，故一般只用于生产1500kg以下的中、小型锻件。图2-4所示为双柱拱式蒸汽-空气自由锻锤的外形和工作原理图，是通过对滑阀

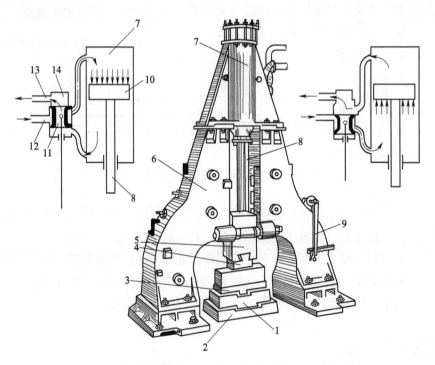

图2-4 双柱拱式蒸汽-空气自由锻锤的外形和工作原理图
1—砧垫 2—底座 3—下砧 4—上砧 5—锤头 6—机架 7—工作汽缸
8—锤杆 9—操纵手柄 10—活塞 11—滑阀 12—进气管 13—排气管 14—滑阀汽缸

的控制,使蒸汽或压缩空气推动活塞从而带动锤头运动。液压机是依靠液体产生的静压力使金属坯料变形,其中水压机可产生很大的作用力,能锻造质量达300t的锻件,是重型机械厂锻造生产的主要设备。图2-5所示为水压机本体的典型结构,是用高压水推动工作缸的柱塞,带动活动横梁上的上砧沿立柱下压,使坯料产生塑性变形的。

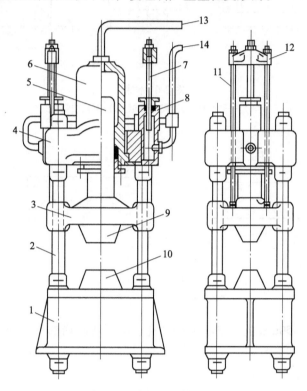

图 2-5 水压机本体结构

1—下横梁 2—立柱 3—活动横梁 4—上横梁 5—工作柱塞 6—工作缸
7—回程柱塞 8—回程缸 9—上砧 10—下砧 11—拉杆 12—回程横梁 13、14—导管

2. 自由锻工序

自由锻的工序可分为基本工序、辅助工序和修整工序三大类。

(1) 基本工序 基本工序是使金属坯料产生一定程度的塑性变形,以达到所需形状和尺寸的工艺过程,如镦粗、拔长、冲孔和弯曲等。

1) 镦粗。镦粗是使坯料高度减小、横截面积增大的工序,如图2-6所示。它是自由锻生产中最常用的工序,适用于饼块类、盘套类锻件的生产。镦粗时坯料的原始高度 h_0 与直径 d_0 之比不宜超过2.5~3,否则易产生镦弯变形。

2) 拔长。拔长是使坯料横截面积减小、长度增大的工序,如图2-7所示。它适用于轴类、杆类锻件的生产。为提高拔长效率,送进量 L 与坯料宽度之比应为0.4~0.5。为充分改变金属内部组织结构,锻制以钢锭为坯料的锻件时,拔长经常与镦粗交替反复使用。

3) 冲孔及扩孔。冲孔及扩孔是使坯料具有通孔或不通孔的工序,如图2-8所示。较厚的锻件需双面冲孔(见图2-8a),较薄的锻件可单面冲孔(见图2-8b)。直径 $d<450mm$ 的孔

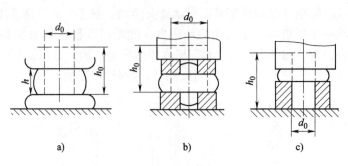

图 2-6 镦粗

a）平砧镦粗 b）局部镦粗 c）漏盘中镦粗

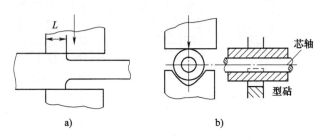

图 2-7 拔长

a）平砧拔长 b）型砧芯轴拔长

用实心冲头冲孔，$d>450$mm 的用空心冲头冲孔。圆环或圆筒的孔，冲孔后还应进行芯轴扩孔（见图 2-8c）。

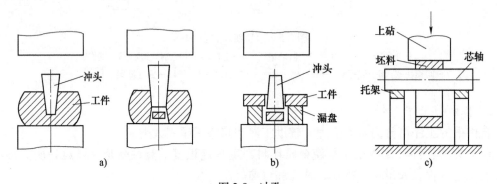

图 2-8 冲孔

a）厚料冲孔 b）薄料冲孔 c）芯轴扩孔

4）弯曲。弯曲是使坯料轴线弯曲产生一定曲率的工序。

5）扭转。扭转是使坯料的一部分相对于另一部分绕其轴线旋转一定角度的工序。

6）错移。错移是使坯料的一部分相对于另一部分平移错开的工序，是生产曲拐或曲轴类锻件所必须的工序。

7）切割。切割是分割坯料或去除锻件余量的工序。

实际生产中最常用的基本工序是镦粗、拔长、冲孔与扩孔三个基本工序，其应用见表 2-1。

第2章 金属材料的锻造成形

表 2-1 自由锻常用基本工序及应用

名称	变形特点	变形形式	应用
镦粗	高度减小，截面面积增大	平砧镦粗（完全镦粗）、局部镦粗、漏盘中镦粗	用于制造高度小、截面积大的工件，如齿轮、圆盘、叶轮等作为冲孔前的准备工序；增加以后拔长的锻造比
拔长	横截面积或壁厚减小，长度增加	平砧拔长、芯轴拔长	用于制造长而截面面积小的工件，如轴、拉杆、曲轴等；制造空心件，如炮筒、套筒等
冲孔与扩孔	形成通孔或不通孔	实心冲孔、空心冲孔、冲头扩孔、芯轴扩孔	制造空心工件，如齿轮坯、圆环、套筒等；质量要求高的大锻件，如大透平轴；可用空心冲孔，以去除质量较低的中心部分

（2）辅助工序　辅助工序是为基本工序操作方便而进行的预先变形工序，如压钳口、压肩、钢锭倒棱等。

（3）修整工序　修整工序是用以减少锻件表面缺陷而进行的工序，如校正、滚圆和平整等。

3．自由锻的特点及应用范围

（1）特点　所用设备简单，吨位小（自由锻是局部变形，坯料上只有锤头作用的部位产生变形）；工具简单、无模具，具有较大的通用性；工艺简单、灵活、成本低。但生产率低，工人的劳动强度大，精度差，噪声大。

（2）应用　自由锻主要用于生产形状较简单、尺寸精度和表面质量要求不高的工件，适于单件、小批量生产。自由锻的锻件质量由不足 1kg 到 300t。在重型机械中，自由锻是生产大型或特大型锻件的唯一成形方法。

2.2.2 模锻

模锻是在高强度金属锻模上预先制出与锻件形状一致的模膛，使坯料在模膛内受压力变形的工序。由于模膛对金属坯料流动的限制，因而锻造终了时能得到和模膛形状相符的锻件。

1．模锻设备

模锻设备主要有蒸汽-空气模锻锤、压力机（曲柄连杆压力机、平锻机等）。

蒸汽-空气模锻锤上模锻是将上模固定在模锻锤头上、下模紧固在砧座上，通过上模对置于下模中的坯料施以直接打击来获得锻件的模锻方法。蒸汽-空气模锻锤的工作原理与自由锻的蒸汽-空气锤基本相同，但其锤头运动精度较高，以保证上、下模具对正。蒸汽-空气模锻锤如图 2-9 所示，锻模如图 2-10 所示。

2．锻模的结构

形状简单的工件可直接用一套模具模锻（终锻）成形。形状较复杂的工件，其模锻工序可分为制坯和模锻，模锻包括预锻和终锻，其模具可分为制坯模膛和模锻模膛两大类。

（1）制坯模膛　对于形状复杂的模锻件，原始坯料进入模锻模膛前，先放在制坯模膛制坯，按锻件最终形状作初步变形，使金属合理分布并很好地充满模膛。制坯模膛有以下几种：

1）拔长模膛。主要用途是减少坯料某部分的横截面积，以增加该部分的长度。操作时一边送进坯料，一边翻转。

2）滚压模膛。用来减少坯料某部分的横截面积，以增加另一部分的横截面积，使其按模锻件的形状来分布。操作时需不断翻转坯料。

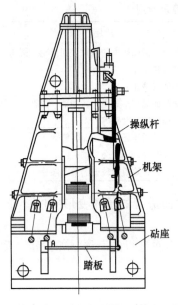

图 2-9 蒸汽-空气模锻锤

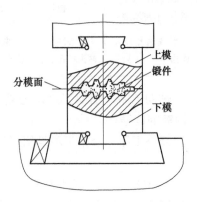

图 2-10 蒸汽-空气模锻锤的锻模

3）弯曲模膛。对于弯曲的杆状锻件需用弯曲模膛来使坯料弯曲。

4）切断模膛。切断模膛使上模的角上与下模的角上组成一对刃口，用它从坯料上切下已锻好的锻件，或从锻件上切下钳口。

几种常用的制坯模膛如图 2-11 所示。

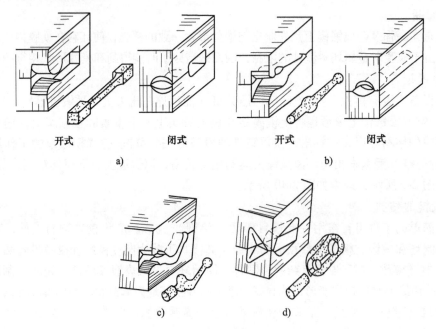

图 2-11 几种常用的制坯模膛
a) 拔长模膛 b) 滚压模膛 c) 弯曲模膛 d) 切断模膛

(2) 模锻模膛　模锻模膛又可分为终锻模膛和预锻模膛两种。

1) 终锻模膛。其作用是使坯料最后变形到锻件所要求的形状和尺寸，因此它的形状应和锻件的形状相同。但是由于锻件冷却时要收缩，终锻模膛的尺寸应比锻件尺寸放大一个收缩量。钢件的收缩量取 1.5%。模膛四周有飞边槽，锻造时部分金属先压入飞边槽内形成毛边，毛边很薄，最先冷却，可以阻碍金属从模膛内流出，以促使金属充满模膛，同时容纳多余的金属。对于具有通孔的锻件，由于不可能靠上、下模的凸起部分把金属完全挤压掉，故终锻后在孔内留下一薄层金属，称为冲孔连皮，如图 2-12 所示。把冲孔连皮和飞边去掉后，才能得到有通孔的模锻件。

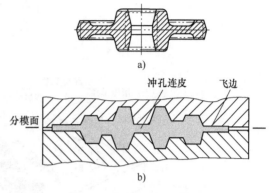

图 2-12　模锻件的冲孔连皮
a) 模锻件图　b) 锻模中的模锻件

2) 预锻模膛。其作用是使坯料变形到接近锻件的形状和尺寸，这样再进行终锻时，金属容易充满终锻模膛，同时减少终锻模膛的磨损，延长锻模的使用寿命。预锻模膛的尺寸和形状与终锻模膛相近似，只是模锻斜度和圆角半径稍大，没有飞边槽。

一般一套模锻模具上只有一个模膛，但形状复杂的小型模锻件，根据需要可在锻模上安排多个模膛。

图 2-13 所示为弯曲连杆锻件的锻模（下模）及模锻工序图。锻模上有 5 个模膛，坯料经过拔长、滚压、弯曲 3 个制坯工序，使截面变化，并使轮廓与锻件相适应，再经预锻、终锻制成带有飞边的锻件，最后在切边模上切去飞边。

3. 模锻的特点及应用

1) 特点。与自由锻相比，模锻的优点是：锻件的尺寸和精度比较高，机械加工余量较小，节省加工工时，材料利用率高；可以锻造形状复杂的锻件；锻件内部流线分布合理；操作简便，劳动强度低，生产效率高。模锻的缺点是：设备结构复杂，且工件体积大时，设备吨位较大；制造锻模成本很高。

2) 应用。模锻适合生产形状较复杂的中、小型锻件的大批量生产，不适合于单件、小批量生产。受模锻设备吨位的限制，锻件质量不能太大，一般在 150kg 以下。

2.2.3　胎模锻

胎模锻是在自由锻设备上使用可移动模具生产模锻件的一种锻造方法。所用模具称为胎模，它结构简单，形式多样，但不固定在上、下砧座上。一般选用自由锻方法制坯，然后在胎模中终锻成形。

1. 胎模的结构

常用的胎模结构主要有以下三种类型：扣模、筒模和合模。

1) 扣模。扣模主要用来对坯料进行全面或局部扣形，多用于生产杆状非回转体锻件，如图 2-14 所示。

2) 筒模。筒模的形状呈套筒形，主要用于锻造齿轮、法兰盘等回转体类锻件，如图 2-15 所示。

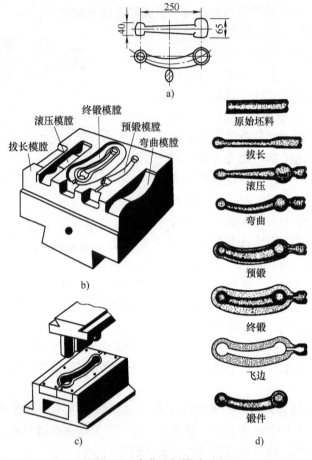

图 2-13 弯曲连杆锻造过程
a）锻件图 b）锻模模膛 c）切边模 d）模锻工序图

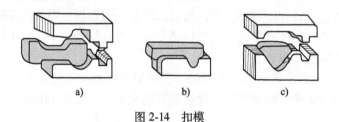

图 2-14 扣模

3）合模。合模通常由上模和下模两部分组成，如图 2-16 所示。为了使上、下模吻合及不使锻件产生错模，经常用导柱等定位。合模多用于生产形状较复杂的非回转体锻件，如连杆、叉形件等锻件。

2. 胎模锻的特点及应用

与自由锻相比，胎模锻具有生产效率高、锻件尺寸精度高、表面粗糙度值小、余块少、可节约金属、降低成本等优点。与模锻相比，胎模锻具有成本低、使用方便等优点。但胎模锻的锻件精度和生产效率不如锤上模锻高，且胎模寿命短。

胎模锻适用于中、小批量生产，在缺少模锻设备的中、小型工厂中应用较广。

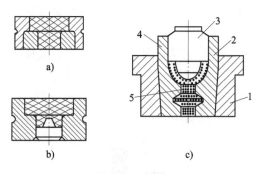

图 2-15 筒模　　　　　　　　　　图 2-16 合模
a）镶块筒模　b）带垫模筒模　c）组合筒模
1—筒模　2—右半模　3—冲头　4—左半模　5—锻件

2.2.4 其他热塑性成形方法（热挤压、热轧）简介

1. 热挤压

挤压是指对挤压模具中的金属坯料施加较大的压力，使其产生塑性变形，从挤压模具的模口中流出或充满模具型腔，从而获得所需形状与尺寸的制品的塑性成形方法。挤压设备为专用挤压机或适当改造后的通用压力机。热挤压是对金属坯料在较高温度（再结晶温度以上）进行挤压的方法。

（1）热挤压方法　按挤压时金属流动方向与凸模运动方向不同，热挤压可分为正挤压、反挤压、径向挤压、复合挤压、镦挤复合法。

1) 正挤压。挤压模出口处金属流动方向与凸模运动方向相同，如图 2-17a 所示。挤压件的断面形状可以是圆形、椭圆形、扇形、矩形或棱柱形，也可以是不对称的等截面挤压件和型材。

2) 反挤压。挤压模出口处金属流动方向与凸模运动方向相反，如图 2-17b 所示。挤压件的断面形状可以是圆形、方形、长方形、"山"形、多层圆形和多格盒形等空心件。

3) 径向挤压。金属流动方向与凸模运动方向呈 90°角，如图 2-17c 所示。可以制造十字轴类挤压件、花键轴的齿形部分、直齿和螺旋齿小模数齿轮的齿形部分等。

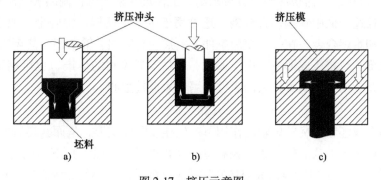

图 2-17 挤压示意图
a）正挤压　b）反挤压　c）径向挤压

4) 复合挤压。挤压模出口处的金属坯料一部分流动方向与凸模运动方向相同，另一部分流动方向与凸模运动方向相反，如图 2-18 所示。复合挤压件的断面形状可以是圆形、方

形、六角形、齿形、花瓣形的双杯类、杯-杆类或杆-杆类挤压件，也可以制造等断面的不对称挤压件。

5）镦挤复合法。将局部镦粗和挤压结合在一起的成形方法，如图2-19所示，主要用于制造带凸缘或粗腰形的杆类挤压件。

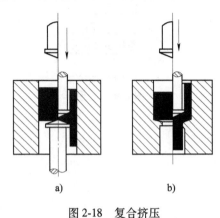

图2-18 复合挤压
a) 双杯类挤压件 b) 杯-杆类挤压件

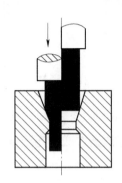

图2-19 镦挤复合法

（2）热挤压的工艺特点及应用　热挤压工艺的主要特点为：

1）热挤压的变形温度高于再结晶温度，是与锻造温度相同的热加工工艺，金属的变形抗力小，挤压时金属坯料变形能力较大，可用于多种材料成形。

2）热挤压时金属坯料变形程度较大，可制出形状复杂、深孔、薄壁和异型断面的零件。

3）热挤压变形后，金属组织改善，且零件内部的纤维组织基本上沿零件外形分布而不被切断，零件力学性能好。

4）材料利用率高，达70%以上，生产效率高。生产灵活，易于实现生产过程的自动化。

5）相对于冷挤压，热挤压对模具要求高，工件尺寸精度低，制品表面质量较差。

热挤压不仅适于低中碳钢、合金钢，还可用于生产不锈钢、铜合金、铝合金、镁合金、镍基高温合金和难熔合金。在一定变形条件下，某些高碳钢、轴承钢，甚至高速工具钢等也可以热挤压成形。热挤压成形主要用于棒材、管材及异型材的生产，也可用于零件的挤压，可制造形状复杂的工件、受力较大的工件，用于大批量生产。

2. 热轧

轧制是指金属坯料在旋转轧辊的作用下产生连续塑性变形，从而获得所要求的截面形状并改变其性能的加工方法。热轧是在较高温度（再结晶温度以上）下的轧制。

（1）热轧方法　按照轧辊轴线与坯料轴线方向的不同，热轧分为纵轧、横轧和斜轧等。

1）纵轧。纵轧是轧辊轴线与坯料轴线互相垂直的轧制方法，大量用于型材轧制，按照轧辊的数量及形式，可分为二辊式、四辊式和行星辊式，如图2-20所示。该法也常用于零件轧制，零件纵轧称为辊锻，使坯料通过装有弧形模块的一对做相反旋转运动的轧辊，受压产生塑性变形，得到所需的形状，如图2-21所示，主要用于扁断面的长杆件，如扳手、链板、连杆和叶片等。

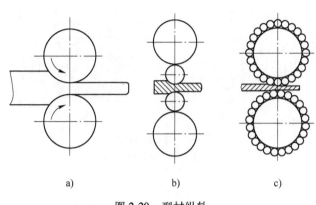

图 2-20 型材纵轧
a) 二辊式 b) 四辊式 c) 行星辊式

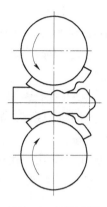

图 2-21 零件纵轧

2) 横轧。横轧是指轧辊轴线与坯料轴线互相平行,且轧辊与工件相对转动的轧制方法。主要用于齿轮轧制、辗环轧制、带环形槽的杆件轧制等。分别如图 2-22～图 2-24 所示。

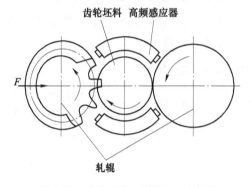

图 2-22 齿轮热轧（横轧）示意图

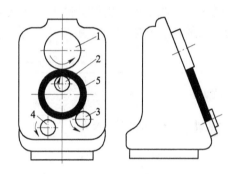

图 2-23 辗环轧制（横轧）示意图
1—主动辊 2—从动辊 3—导向辊 4—控制辊 5—坯料

3) 斜轧。斜轧又称螺旋斜轧,是轧辊轴线与坯料轴线相交成一定角度的轧制方法。采用两个带有螺旋槽的轧辊,互相交叉成一定角度,并做相同方向的旋转运动,使坯料在轧辊间既绕自身轴线转动,又做轴向前进运动,即螺旋运动,坯料受压变形后得到所需产品。产品形状由型槽决定,轧制过程连续进行。可用于钢球轧制、周期轧制、丝杠等。图 2-25a 所示为钢球斜轧示意图,棒料在轧辊间螺旋槽里受到轧制,并被分离成单个球,轧辊每转一圈,可轧出一个钢球。图 2-25b 所示为带有钢球形结构的杆件斜轧示意图。

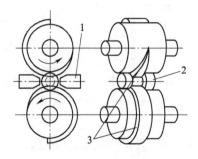

图 2-24 带环形槽的杆件轧制（横轧）
1—导板 2—轧件 3—带楔形凸块的轧辊

(2) 热轧的工艺特点及应用 热轧工艺的主要特点为:

1) 热轧过程中变形金属会发生再结晶，消除加工硬化，因此金属具有很好的塑性和较低的变形抗力，用较少能耗可得到较大的塑性变形。

2) 热轧件属于热加工塑性变形，工件内部组织致密晶粒细小，力学性能较高。

3) 热轧与冷轧相比可显著改善金属的热加工性能，提高生产效率。

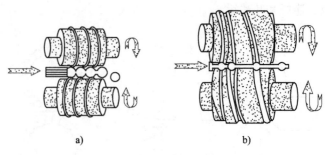

图 2-25 斜轧示意图
a) 斜轧钢球　b) 斜轧杆件

4) 热轧产品表面质量较差、易氧化，精度较低。

热轧工艺适用大多数金属，热轧产品多为冷轧提供坯料。热轧工艺可用于形状较复杂的杆类件、环类件、齿轮类工件等的成形。

2.2.5 锻造类成形方法的比较与选用

重要受力件一般选用锻造成形方法，具体的锻造方法选用原则是根据工件的形状、尺寸、精度、性能要求、生产批量等，既要保证锻件质量，又要提高生产效率。常用的锻造类成形方法的特点及应用比较见表2-2，在选用成形方法时可参考。

表 2-2 常用锻造类成形方法的特点及应用比较

加工方法		制作特点			作用力性质	工模具特点	生产效率	设备费用	劳动条件
		尺寸	形状	精度					
自由锻		各种	简单	较低	冲击力或压力	通用工具	低	低	差
胎模锻		中、小件	较简单	中等	冲击力	模具简单，不固定在设备上	较低	较低	差
模锻	锤模锻	中、小件	较复杂	较高	冲击力	整体模，无导向、顶出装置	较高	较高	差
	锻压机模锻	中、小件	较复杂	高	压力	可采用组合模，有导向、顶出装置	高	高	较好
热挤压		中、小件	较复杂	较高或高	压力	模具可较复杂	高	中~高	较好或好
热轧		各种	中等或较复杂	较高或高	压力	轧辊常带型槽或楔形模	高	中~高	较好或好

2.3 锻造成形理论基础

金属锻造成形是通过金属材料的热塑性变形而得到所需形状，经热塑性变形后材料的组织及性能会发生变化。锻造成形基本理论主要介绍热塑性变形对金属材料组织及性能的影响、金属材料的锻造性能、锻造缺陷及防止、热塑性成形基本规律等。

2.3.1 热塑性变形对金属材料组织及性能的影响

锻造、热轧、热挤压等都属于热塑性变形，是在再结晶温度以上进行的塑性变形，会造成金属组织及性能的变化。

1. 热塑性变形后的组织

热塑性变形时不会像金属低温塑性变形时产生加工硬化，这是由于热变形温度超过再结晶温度，变形使材料产生的加工硬化随时被再结晶消除。金属经热塑性变形后，可使原来金属坯料（铸锭或型材）中存在的粗大的晶粒被破碎，使组织细化；使某些合金钢中不均匀的、粗大的碳化物被打碎并能较均匀地分布，使组织均匀；可以将铸锭组织中的气孔、缩松等压合，使组织更致密。图 2-26 所示为热轧过程中金属组织的变化，可知金属热塑性变形后的组织为细小均匀的等轴晶粒。

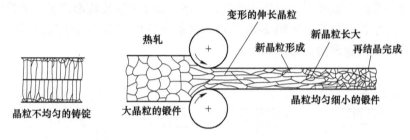

图 2-26 热轧过程中金属组织的变化（动态回复与再结晶）

2. 热塑性变形后的性能

由于热塑性变形后具有细密均匀的再结晶组织，金属的力学性能高；与冷变形相比，热塑性变形金属的塑性良好，变形抗力低，容易加工变形；但高温下金属容易产生氧化皮，所以制件的尺寸精度低，表面质量差。

3. 锻造流线

当变形程度较大时，金属内部的夹杂物将被拉长或破碎，并沿变形方向分布，形成纤维状，这种热变形的纤维组织称为"锻造流线"，如图 2-27 所示。热塑性变形程度可用锻造比 y 表示，如拔长时的锻造比用毛坯变形后长度 L 与变形前长度 L_0 的比值表示，即 $y = L/L_0$；镦粗时的锻造比用毛坯变形前高度 H_0 与变形后高度 H 的比值表示，即 $y = H_0/H$。

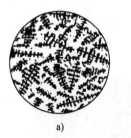

a) b)

图 2-27 金属热塑性变形后的锻造流线
a) 变形前树枝状等轴晶 b) 变形后锻造流线

钢锭的锻造比一般为 2~4，轧材的锻造比一般为 1.1~1.3。

锻造流线使锻件性能呈现各向异性，在纵向（平行于锻造流线方向），塑性、韧性和强度增加，而在横向（垂直于锻造流线方向），塑性和韧性降低。表 2-3 为 45 钢经较大的热塑性变形时纵向与横向的力学性能比较。

锻造流线的化学稳定性很高，只有经过锻压才能改变它的方向和形状，用热处理或其他方法都不能消除或改变，因此锻造流线必须合理。由于锻造流线使金属纵向比横向具有较高的性能，特别是塑性和冲击韧性，故应尽量使锻造流线方向与应力方向一致。对所受应

表 2-3 锻造流线对 45 钢力学性能的影响

流线方向	R_e/MPa	R_m/MPa	A（%）	Z（%）	a_k/J·cm^{-2}
纵向	470	715	17.5	62.8	62
横向	440	672	10.0	31.0	30

力比较简单的零件，如曲轴、吊钩、扭力轴、齿轮、叶片等，应尽量使锻造流线分布形态与零件的几何外形一致。图 2-28 所示为不同成形工艺齿轮的锻造流线，图 2-28a 是用棒料切削而成的齿轮，齿根处的切应力平行于锻造流线方向，力学性能最差，寿命最短；图 2-28b 是用扁钢切削而成的齿轮，齿 1 的根部切应力垂直于锻造流线方向，力学性能好，但齿 2 性能差；图 2-28c 是棒料局部镦粗后再经切削加工而成的齿轮，锻造流线成径向发射状，各齿的切应力方向均与流线近似垂直，力学性能较好；图 2-28d 为热轧成形齿轮，锻造流线完整且与齿廓一致，力学性能最好。如图 2-29 所示为模锻飞轮内部合理的锻造流线分布。图 2-30 为曲轴内部合理与不合理两种锻造流线分布。

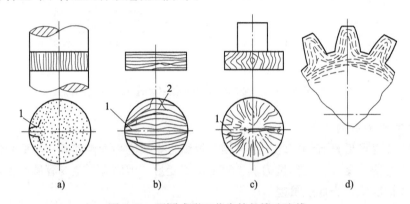

图 2-28 不同成形工艺齿轮的锻造流线
a）棒料经切削成形 b）扁钢切削成形 c）棒料镦粗后切削成形 d）热轧成形

图 2-29 模锻飞轮的锻造流线

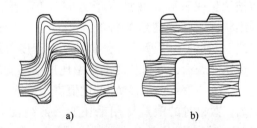

图 2-30 两种不同成形工艺曲轴的锻造流线分布
a）锻造成形合理锻造流线
b）轧材切削成形不合理锻造流线

2.3.2 金属材料的锻造性能

1. 金属的锻造性能

金属的锻造性能是指金属材料经过锻造的热塑性变形而不产生裂纹和破裂并获得所需形状的加工性能，即锻造的难易程度。锻造性能常用金属的塑性和变形抗力来综合衡量，金属的塑性越好，变形抗力越小，则其锻造性能越好；反之则差。

2. 锻造性能的影响因素

（1）化学成分　一般情况下，纯金属的塑性成形性能优于合金。对钢来说，含碳量越高，碳钢的塑性成形性能越差。合金钢中的合金元素种类和含量越多，塑性成形性能越差。这是因为钢中的合金元素溶入固溶体中，具有固溶强化作用；而且合金元素还与钢中的碳形成硬而脆的碳化物（如碳化铬、碳化钨等）；钢中的硫会造成热脆，磷会造成冷脆，这些都造成钢的变形抗力提高、塑性降低。

（2）组织　单相固溶体组织比多相组织塑性好、变形抗力低，塑性成形性能好。由于各相性能不同，使得多相组织变形不均匀。同时，基本相往往被另一相机械地分割，故塑性降低、变形抗力提高，塑性成形性能较差。

组织的细化有利于提高金属的塑性，这是因为在一定的体积内，细晶粒的数量比粗晶粒的数量要多，塑性变形时利于滑移的晶粒就较多。另外，晶粒越细，晶界面越曲折，越不利于微裂纹的传播，这些都有利于提高金属的塑性变形能力。另一方面，组织细化也提高了变形抗力。因为晶粒越细，其数量越多，晶界也越多，滑移变形时位错移动到晶界附近时将会受到阻碍并堆积，若要位错穿过晶界则需要更大的外力，从而提高了塑性变形抗力。但总的来说，细晶粒金属的变形性能好于粗晶粒金属。

（3）变形温度　对于多数金属和合金，随着温度的升高，塑性增加，变形抗力降低。图 2-31 所示为钢的变形温度对其塑性成形性能的影响。这是因为温度升高，会发生回复和再结晶，可部分或完全消除加工硬化；温度升高，可能出现新的滑移系，提高了金属的塑性；在高温下，热塑性作用大为加强，使金属的塑性提高，变形抗力降低。

（4）变形速率　所谓变形速率是指单位时间内金属的变形量。变形速率对钢的塑性成形性能的影响如图 2-32 所示。随着变形速率的提高，金属的回复和再结晶不能及时克服冷变形强化，使塑性下降、变形抗力增加，塑性变形性能变差。但是，当变形速率超过临界值后，由于塑性变形的热效应，使金属温度升高，加快了再结晶过程，使塑性增加、变形抗力减小。变形速率越高，热效应越明显。

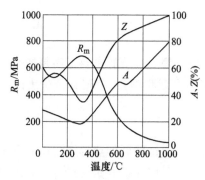

图 2-31　钢的变形温度对其塑性成形性能的影响

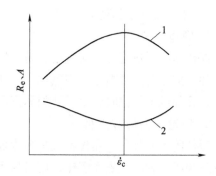

图 2-32　变形速率对钢的塑性成形性能的影响
1—变形抗力曲线　2—塑性曲线

常用的各种锻造设备工作速度都比较低，一般都不可能使材料的变形速率超过临界变形速率，坯料变形过程中产生的热效应不明显，不能提高塑性。普通锻锤上锻造时金属的变形速率接近图中的临界变形速率。高速锻锤的打击速度为20m/s，变形速率高于临界变形速率，金属坯料温度升高，利于锻造变形，但变形速率不宜太高，以防止产生过烧缺陷。

（5）应力状态　不同的塑性成形方法，金属变形时内部产生的应力大小和性质（压或拉）不同，甚至在同一变形方式下，金属内部不同部位的应力状态也可能不同。图2-33所示为不同塑性成形方法时，工件内部的应力状态。

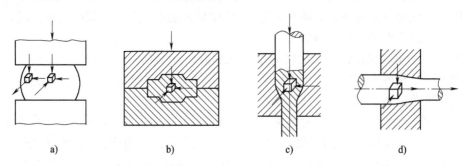

图2-33　不同塑性成形方法时工件内部的应力状态
a) 自由锻　b) 模锻　c) 挤压　d) 拉拔

变形区的金属在三个方向上的压应力数目越多，塑性越好。拉应力数目越多，塑性越差。这是因为拉应力易使滑移面分离，使缺陷处产生应力集中，使裂纹产生并发展，而压应力的作用与拉应力恰恰相反。但压应力增加了金属内部摩擦，使变形抗力增大。

模锻和挤压是三向压应力状态；拉拔是一向拉应力、两向压应力；自由锻镦粗时，锻件中心是三向压应力，而对于侧表面层，水平方向的压应力转化为拉应力。因此加工同样截面的工件，拉拔比挤压省力，自由锻比模锻省力，但模锻和挤压时，金属塑性则分别高于自由锻和拉拔，金属不易出现裂纹等缺陷。

考虑应力状态对塑性成形性能的影响，对本身塑性较差的材料，应尽可能在三向压应力状态下变形，以免加工时产生裂纹；对本身塑性较好的材料，变形时出现一定方向上的拉应力，有利于减少变形力。

2.3.3　锻造缺陷及其防止措施

1. 锻造缺陷

锻造的主要缺陷有表面氧化、晶粒粗大、裂纹和变形等。锻造的主要工序是加热、变形和冷却，加热温度过高会出现氧化（对于铁碳合金还会出现脱碳），变形程度较大时会形成裂纹，冷却速度太快时会出现开裂和变形。

2. 锻造缺陷的防止措施

锻件的表面氧化、晶粒粗大是因为加热温度过高，可通过降低加热温度，使其低于始锻温度来预防。为防止表面氧化，还可采用提高加热速度、采用保护气氛等措施；为改善晶粒粗大缺陷，也可以采用热处理工艺。

锻件裂纹产生的原因主要是变形温度过低（变形抗力较大）、冷却速度较大、工件结构不合理等。防止措施是变形温度要高于终锻温度；对高碳钢及合金钢等成形性能差或结构复杂的工件，热塑性变形后采用冷却速度较慢的坑冷、堆冷、炉冷等冷却方式；对冷却速度较快的材料（如有色合金）应预热模具；对工件上太薄的部分应适当改进，以免其在变形过程中冷却太快使变形温度太低而造成开裂。

锻件变形的原因主要是冷却速度太大或工件壁厚相差太大而造成热应力过大，防止措施是采用较慢的冷却方式或改进工件结构。

2.3.4 锻造成形的基本规律

金属锻造的热塑性变形是按一定规律进行的，依据这些规律，可控制坯料的变形，以保证生产效率和提高产品质量。

1. 体积不变条件

由于金属变形时密度变化很小，可认为变形前后的体积相等，此假设称为体积不变条件，又称为不可压缩条件。常用 $\varepsilon_x+\varepsilon_y+\varepsilon_z=0$ 表示（ε_x、ε_y、ε_z 分别代表 x、y、z 方向的微小应变）。实际上，由于塑性变形会使材料内部气孔、缩松等缺陷减少，体积会略有减小，但可忽略不计。

利用体积不变条件，自由锻拔长时随坯料长度的增加，必有高度的减小和宽度的增加，且每次锻打时高度的减小量等于长度和宽度增量的和。因此，为提高拔长效率应尽量减少宽度的增量，采用 V 形砧或圆形砧拔长，如图 2-34 所示。

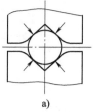 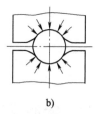

图 2-34　在 V 形砧或圆形砧上拔长
a）V 形砧上拔长　b）圆形砧上拔长

根据体积不变条件，可方便地计算坯料尺寸、工序尺寸及锻模尺寸等。

2. 最小阻力定律

最小阻力定律，即如果物体变形过程中其质点有向各种方向移动的可能性时，则物体各质点将向着阻力最小的方向移动，故宏观上变形阻力最小的方向上的变形量最大。依据该定律，在镦粗时，圆形截面的金属内质点向径向流动，方形及长方形截面内的金属质点则分成四个区域，分别向垂直于四个边的方向流动，最后分别变成圆形和椭圆形，如图 2-35 所示。

 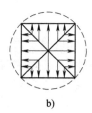 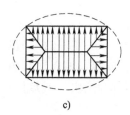

图 2-35　不同截面金属的流动情况
a）圆形截面　b）方形截面　c）长方形截面

最小阻力定律在生产中具有重要的实际意义，例如，上述不同截面金属镦粗时，圆形截面内各质点向各个方向的流动最均匀，故镦粗前总是先将坯料锻成圆柱体；拔长时送进量不同，材料的流动情况不同，如图 2-36 所示。图 2-36a 所示送进量 L 大于毛坯宽度 b，坯料横向展宽多，长度增加少；图 2-36b 所示送进量 L 小于毛坯宽度 b，坯料沿轴向伸长多，横向展宽少，故为提高拔长效率，送进量 L 应小于坯料宽度 b。

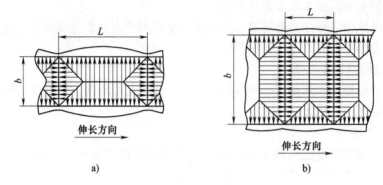

图 2-36 拔长时金属的变形情况
a）伸长量小于展宽 b）伸长量大于展宽
L—送进量 b—坯料宽度

2.4 锻造成形工艺设计

锻造成形方法很多，本节主要介绍生产中常用的自由锻、模锻的锻造工艺设计。锻造成形工艺设计是生产中必不可少的技术工作，是组织生产过程、规定操作规范、控制和检查产品质量的依据。

2.4.1 自由锻工艺设计

进行自由锻工艺设计之前，需要对零件的使用要求、结构形状、生产批量、生产条件等进行分析，在此基础上进行自由锻工艺设计。其主要内容有：绘制锻件图、计算坯料的质量和尺寸、确定锻造工序、选择锻造设备、确定锻造的加热温度和冷却方式等。

1. 绘制锻件图

锻件图是锻造工艺设计和锻件尺寸检验的依据，绘制时以零件图为基础，并考虑锻造余块、加工余量及锻件公差等工艺参数。

（1）锻造余块　某些零件的精细结构，如键槽、齿槽、退刀槽以及小孔（直径 $\phi<25\mathrm{mm}$ 左右）、不通孔、台阶等，难以用自由锻锻出，必须暂时添加一部分金属以简化锻件形状。添加的这部分金属称为余块（或敷料），如图 2-37 所示，余块在切削加工时应去除。

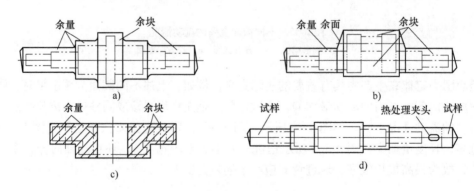

图 2-37 锻件的各种余块

(2) 加工余量 由于自由锻造的精度较低，表面质量较差，一般需要进一步切削加工，所以零件表面要留加工余量。余量大小与零件形状、尺寸等因素有关。

(3) 锻造公差 锻造公差是锻件名义尺寸的允许变动量。公差的数值可查有关国家标准，通常为加工余量的 1/4~1/3。

表 2-4 为台阶轴类锻件的机械加工余量及公差数值。

表 2-4 台阶轴类锻件机械加工余量与锻造公差 （单位：mm）

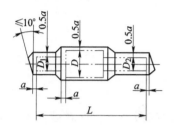 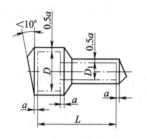 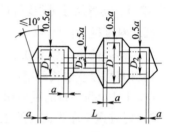

零件总长 L	轴直径 D							
	0~50	51~80	81~120	121~160	161~200	201~250	251~315	316~400
	余量 a 与极限偏差							
0~315	7±2	8±3	9±3	10±4	—	—	—	—
316~630	8±3	9±3	10±4	11±4	12±5	13±5	—	—
631~1000	9±3	10±4	11±4	12±5	13±5	14±6	16±7	—
1001~1600	10±4	12±5	13±5	14±6	15±6	16±7	18±8	19±8
1601~2500	—	13±5	14±6	15±6	16±7	17±7	19±8	20±8
2501~4000	—	—	16±7	17±7	18±8	19±8	21±9	22±9
4001~6000	—	—	—	19±8	20±8	21±9	23±10	—

(4) 绘制锻件图 绘制锻件图时，锻件轮廓用粗实线绘出，零件基本形状用双点画线表示。锻件尺寸和公差一般标注在尺寸线上方，零件尺寸标注在相应锻件尺寸线下方，并加圆括号，如图 2-38 所示。

2. 计算坯料质量及尺寸

(1) 坯料质量的计算公式
坯料质量的计算公式为：

$$m_{坯} = m_{锻} + m_{烧} + m_{芯} + m_{切}$$

式中，$m_{坯}$ 为坯料质量；$m_{锻}$ 为锻件质量，可根据锻件图计算；$m_{烧}$ 为加热时坯料表面因氧化而烧损的质量，燃料炉加热一般烧损量为坯料质量的 2%~

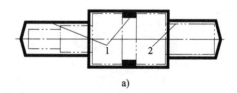

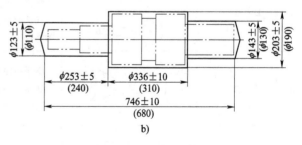

图 2-38 典型的锻件图
a) 锻件的余量及余块 b) 锻件图
1—余块 2—余量

3%，电炉烧损量为 0.5%~1%。以后各次加热坯料，烧损量可减半；$m_{芯}$ 为冲孔时芯料的质量，与冲孔方式、孔径 d、坯料高度 H 有关，$m_{芯}=Kd^2H$，实心冲子冲孔 $K=1.18~1.57$，空心冲子冲孔 $K=6.16$，垫环冲孔 $K=4.32~4.71$；$m_{切}$ 为端部切头损失质量，一般中、小型锻件采用型材，可不考虑此项，但用钢锭作坯料时要考虑切掉的钢锭头部和尾部的金属量。

（2）确定坯料的尺寸 首先根据材料的密度和坯料质量计算出坯料的体积，然后再根据基本工序的类型（如拔长、镦粗）及锻造比计算坯料横截面积、直径、边长等尺寸。

1）对首道工序为镦粗的工件，为避免镦弯且有一定的变形量，要保证坯料高径比为 1.25~2.5。坯料尺寸可由坯料的体积 $V_{坯}$ 计算，计算公式为：

圆坯料直径为：$D_0=(0.8~1.0)V_{坯}^{1/3}$。

方坯料边长为：$A_0=(0.75~0.9)V_{坯}^{1/3}$。

坯料的直径或边长确定后，其高度 H_0 为：$H_0=V_{坯}/F_{坯}$。

（式中 $F_{坯}$ 为坯料的截面积，下同。）

2）对首道工序为拔长的工件，为保证坯料拔长后最大截面的锻造比，坯料截面积 $F_{坯}$ 应为锻件最大截面积的 1.1~1.5 倍，坯料计算公式为：

圆坯料直径为：$D_0=1.13F_{坯}^{1/2}$。

方坯料边长为：$A_0=F_{坯}^{1/2}$。

坯料的直径或边长确定后，其长度 L_0 为：$L_0=V_{坯}/F_{坯}$。

3. 确定锻造工序

根据不同类型的锻件选择不同的锻造工序。一般锻件的大致分类及所用工序可参考表 2-5。

表 2-5 锻件的分类及相应的锻造工序

序号	类别	图例	基本工序方案	实例
1	饼块类		镦粗或局部镦粗	圆盘、齿轮、模块、锤头等
2	轴杆类		拔长 镦粗→拔长（增大锻造比） 局部镦粗→拔长（截面相差较大的阶梯轴）	传动轴、主轴、连杆等
3	空心类		镦粗→冲孔 镦粗→冲孔→扩孔 镦粗→冲孔→芯轴上拔长	圆环、法兰、齿圈、圆筒、空心轴等
4	弯曲类		轴杆类锻件工序→弯曲	吊钩、弯杆、轴瓦盖等

(续)

序号	类别	图例	基本工序方案	实例
5	曲轴类		拔长→错移（单拐曲轴） 拔长→错移	曲轴、偏心轴等
6	复杂形状类		前几种锻造工序的组合	阀杆、叉杆、十字轴、吊环等

4. 选择锻造设备

锻造设备选用时主要考虑锻件材料、锻件形状及尺寸等，并结合实际生产条件确定设备吨位。表 2-6 为中、小型碳钢及低合金钢自由锻时锻锤的生产能力。

表 2-6 自由锻锻锤的生产能力范围

锻件类型		锻锤落下部分质量/t						
		0.25	0.5	0.75	1	2	3	5
圆盘	D/mm	<200	<250	<300	≤400	≤500	≤600	≤750
	H/mm	<35	<50	<100	<150	<200	≤300	≤300
圆环	D/mm	<150	<350	<400	≤500	≤600	≤1000	≤1200
	H/mm	≤60	≤75	<100	<150	<200	≤250	≤300
圆筒	D/mm	<150	<175	<250	<275	<320	<350	≤700
	d/mm	≥100	≥125	>125	>125	>125	>150	>500
	L/mm	≤165	≤200	≤275	≤300	≤350	≤400	≤550
圆轴	D/mm	<80	<125	<150	≤175	≤225	≤275	≤350
	G/kg	<100	<200	<300	≤500	≤750	≤1000	≤1500
方块	$H=B$/mm	≤80	≤150	≤175	≤200	≤250	≤300	≤450
	G/kg	<25	<50	<70	≤100	≤350	≤800	≤1000
扁方	B/mm	≤100	>160	>175	≤200	<400	≤600	≤700
	H/mm	>7	≥15	≥20	≥25	≥40	≥50	≥70
钢锭直径/mm		125	200	250	300	400	450	600
钢坯直径/mm		100	175	225	275	350	400	550

5. 确定锻造的加热温度和冷却方式

（1）加热温度　锻造的加热温度决定材料的锻造性能及锻件质量，常用金属材料的始锻温度和终锻温度范围见表 2-7。

（2）冷却方式　锻件的冷却方式对质量有较大影响，冷却速度大时，锻件易产生变形或开裂缺陷。低、中碳钢的小型锻件锻后常采用空冷或堆冷方式进行冷却；低合金钢锻件及截面较大的锻件需用坑冷或灰砂冷方式进行冷却；高合金钢锻件、大型锻件及形状复杂的重

表 2-7 常用金属材料的锻造温度范围

金属种类		始锻温度/℃	终锻温度/℃
碳钢	$w_C \leq 0.3\%$	1200~1250	800~850
	$w_C = 0.3\% \sim 0.5\%$	1150~1200	800~850
	$w_C = 0.5\% \sim 0.9\%$	1100~1150	800~850
	$w_C = 0.9\% \sim 1.4\%$	1050~1100	800~850
合金钢	合金结构钢	1150~1200	800~850
	合金工具钢	1050~1150	800~850
	耐热钢	1100~1150	850~900
铜合金		700~800	650~750
铝合金		450~490	350~400
镁合金		370~430	300~350
钛合金		1050~1150	750~900

要锻件冷却速度要缓慢,可随炉冷却。

2.4.2 自由锻工艺设计实例

图 2-39 所示为 45 钢台阶轴的零件图,小批量生产,试进行自由锻工艺设计。

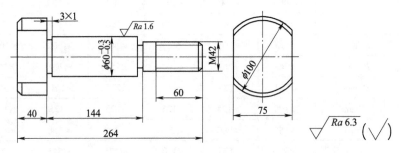

图 2-39 台阶轴零件图

(1) 零件分析 该零件为轴类件,形状较简单,尺寸较小。其生产为小批量,可用普通自由锻锤进行锻造。

(2) 绘制锻件图 台阶轴上的退刀槽、螺纹和头部的削平部位应增加余块。参考表 2-4,确定锻件各尺寸的机械加工余量和公差为 9mm±3mm。绘制的锻件图如图 2-40 所示。

(3) 计算坯料质量和尺寸 (略)

(4) 确定变形工序 参考表 2-5 确定台阶轴的变形工序为:局部镦粗→拔长→切肩→锻台阶。

(5) 选择设备 参考表 2-6 选用 0.25t 的自由锻锤。

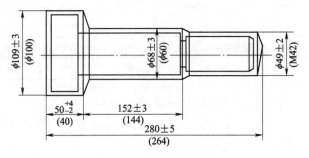

图 2-40 台阶轴锻件图

(6) 加热温度与冷却方式　根据表 2-7，确定始锻温度为 1200℃，终锻温度为 800℃。由于工件形状简单，变形容易，故加热一次即可完成所有工序。冷却方式采用空冷。

2.4.3　模锻工艺设计

模锻工艺设计之前需要对零件的使用要求、结构形状、生产批量、生产条件等进行分析，在此基础上进行模锻工艺设计。其主要内容包括绘制模锻件图、计算坯料质量和尺寸、确定模锻的变形工序、选择模锻设备等。

1. 绘制模锻件图

模锻件图是设计和制造锻模、计算坯料及检验锻件的依据，绘制模锻件图时应以零件图为基础，并考虑分模面、余块、加工余量和公差、模锻斜度、圆角半径、冲孔连皮等。

(1) 分模面　分模面是上、下模的分界面，可以是平面，也可以是曲面。分模面确定的基本原则及图例见表 2-8。

表 2-8　分模面确定的基本原则及图例

不合理	合理	基本原则
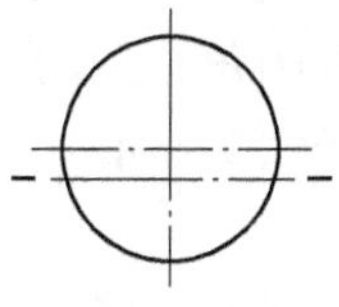	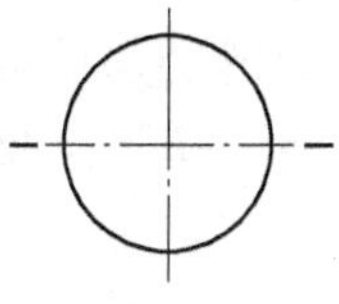	分模面应取在锻件最大截面上，以使锻件能从模膛中取出
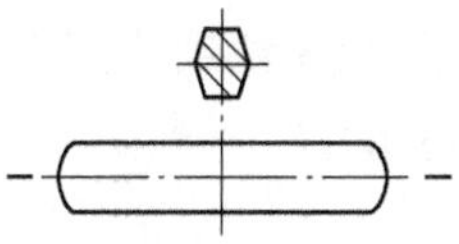	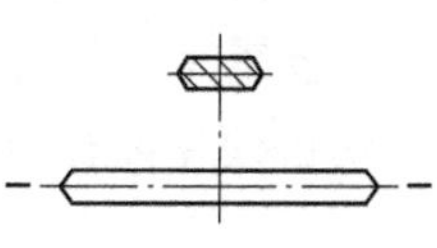	分模面的设计应使模膛尽量浅，以利于金属变形充填和锻件取出
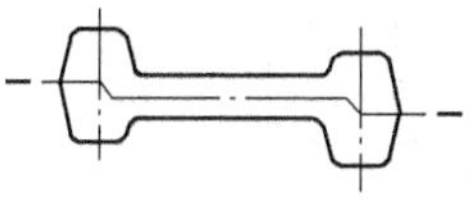	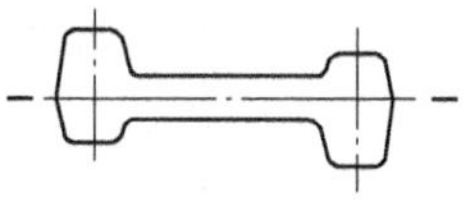	分模面应尽量采用平面，以利于制造模具
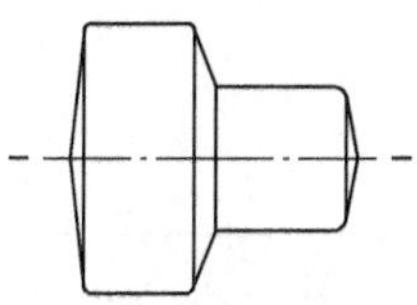	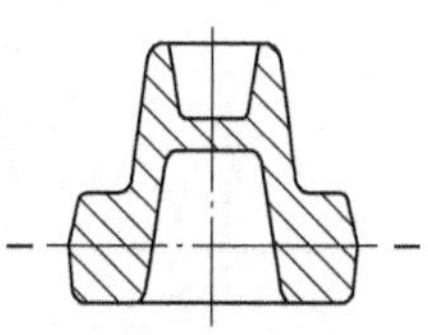	分模面应使余块尽量减少，以减少切削工作量和金属消耗
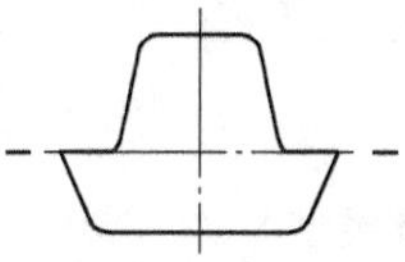	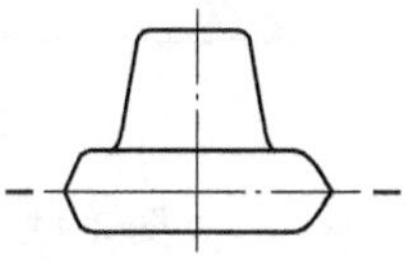	分模面不应取自锻件中部的端面上，以利于检查上、下模的相对错移和切除飞边

图 2-41 所示为齿轮坯模锻件的几种分模方案。根据表 2-8 中的原则可知，a—a、b—b、c—c 分模方案均不太合理，d—d 分模方案最佳。

(2) 加工余量和公差　模锻件加工余量和公差比自由锻要小得多。一般余量为 1~4mm，公差为 ±(0.3~3)mm。其具体数值可查国家标准《钢质模锻件公差及机械加工余量》(GB/T 12362—2016)。

(3) 模锻斜度　为使锻件容易从模腔中取出，垂直于分模面的锻件表面必须有一定斜度，如图 2-42 所示。外斜度 α_1 值一般取 $5°\sim10°$，内斜度 α_2 值为 $7°\sim15°$。

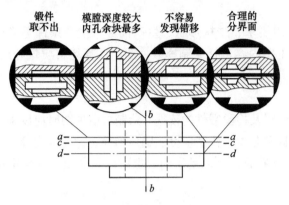

图 2-41　齿轮坯模锻件分模方案的选择

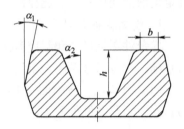

图 2-42　模锻斜度

(4) 圆角半径　为使金属容易充满模腔，避免锻模内的尖角处产生裂纹，减缓锻模外尖角处的磨损，提高锻模的寿命，在模锻件上所有平面的交角处均需做成圆角，如图 2-43 所示。钢的模锻件外圆角半径 r 取 $1.5\sim12mm$，内圆角半径 R 比外圆角半径大 $2\sim3$ 倍。模腔越深，圆角半径的取值就越大。

(5) 冲孔连皮　许多模锻件都具有孔形，当模锻件的孔径大于 25mm 时，应将该孔形锻出。但由于模锻时不能靠上、下模的凸起部分把孔内金属完全挤掉，因此无法锻出通孔，需在孔中留出冲孔连皮，如图 2-44 所示。锻后可利用切边模将冲孔连皮去除。

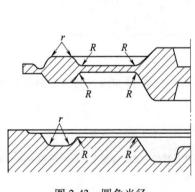

图 2-43　圆角半径

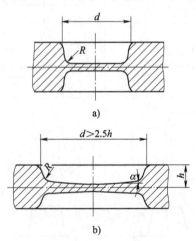

图 2-44　连皮类型
a) 平底连皮　b) 斜底连皮

冲孔连皮的厚度依孔径而定，当孔径为 $25\sim80mm$ 时，冲孔连皮的厚度取 $4\sim8mm$。

(6) 绘制模锻件图　图 2-45 所示为齿轮坯模锻件图。图中双点画线为零件外形轮廓，分模面选在锻件高度方向的中部。零件轮毂部分不加工，故不留加工余量。图中内孔中部的两条直线为冲孔连皮去除后的痕迹线。

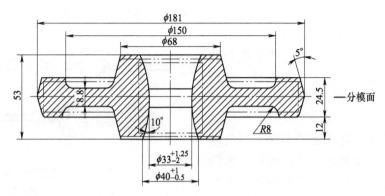

图 2-45　齿轮坯模锻件图

2. 计算坯料质量和尺寸

模锻时，坯料质量包括锻件质量、飞边质量、连皮质量及烧损质量等。坯料质量的计算步骤与自由锻相同。坯料尺寸计算原理与自由锻相似，受工件形状及模具结构影响，具体尺寸计算公式可查相关手册。

3. 确定模锻的变形工序

模锻工序主要是根据模锻件的形状和尺寸来确定的。模锻件按形状可分为两大类：一类是长轴类模锻件，如阶梯轴、连杆等，如图 2-46 所示；另一类是盘类模锻件，如齿轮、法兰盘等，如图 2-47 所示。

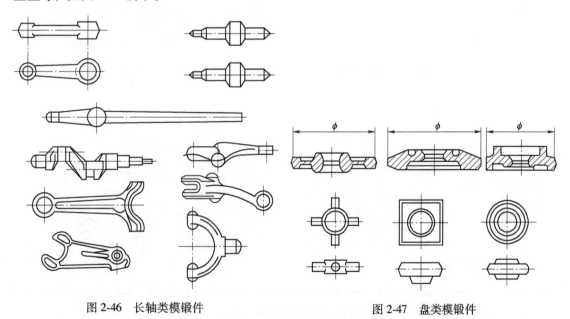

图 2-46　长轴类模锻件　　　　图 2-47　盘类模锻件

（1）长轴类模锻件的变形工序　长轴类模锻件的长度明显大于其宽度和高度。模锻时，坯料轴线方向与锤击方向垂直，金属沿高度、宽度方向流动，长度方向流动不明显。

一般采用拔长、滚压、弯曲等制坯工序、预锻工序、终锻工序。坯料的横截面积大于锻件的最大横截面积时，可选用拔长工序。而当坯料的横截面积小于锻件最大横截面积时，采用滚压工序。锻件的轴线为曲线时,应选用弯曲工序。对于形状复杂的锻件,还需选用预锻工步,最后在终锻模膛中模锻成形。

大批量生产时,可选用周期变截面轧制材料,可省去制坯工序(如拔长、滚挤等),使锻模简化并提高生产效率,如图 2-48 所示。

(2) 盘类模锻件的变形工序 盘类模锻件的长度与宽度相近,高度较小。模锻时,坯料轴线方向与锤击方向相同,金属沿高度、宽度、长度方向同时流动。故常采用镦粗、终锻工序。对于形状简单的盘类锻件,可只用终锻工序成形。

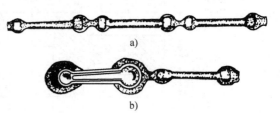

图 2-48 用轧制坯料模锻
a) 周期轧制材料 b) 模锻后形状

锤上模锻时,几种典型工件的模锻工序见表 2-9。

表 2-9 锤上模锻的模锻工序确定

锻件类型	主要模锻工序	示例
盘类	镦粗、(预锻)、终锻	下料 → 镦粗 → 终锻
直轴类	拔长、滚压、(预锻)、终锻	下料 → 拔长 → 滚压；预锻 → 终锻
弯轴类	拔长、(滚压)、弯曲、(预锻)、终锻	下料 → 拔长；弯曲 → 终锻

(3) 模锻的修整工序 常用的修整工序有切边、冲孔、精压等。

1) 切边和冲孔。模锻件上的飞边和冲孔连皮,可以在压力机上用切边模和冲孔模将其切去(冲掉),如图 2-49 所示。

2) 精压。对于某些要求平行平面间尺寸精度的锻件,可进行平面精压;对要求所有尺寸精确的锻件,可用体积精压,如图 2-50 所示。

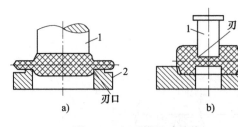 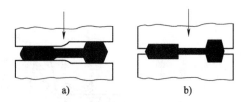

图 2-49 切边模及冲孔模　　　　　　　图 2-50 精压
a) 切边模 b) 冲孔模　　　　　　　　a) 平面精压 b) 体积精压
1—凸模 2—凹模

4. 选择模锻设备

锤上模锻设备吨位的选择见表 2-10，其他模锻设备的选择可查有关手册。

表 2-10　模锻锤的锻造能力范围

模锻锤吨位/t	1	2	3	5	10	16
锻件质量/kg	2.5	6	17	40	80	120
锻件在分模面处投影面积/cm²	13	380	1080	1260	1960	2830
能锻齿轮的最大直径/mm	130	220	370	400	500	600

5. 确定模锻的加热温度

模锻加热温度范围与自由锻相似，见表 2-7。

2.4.4　模锻工艺设计实例

图 2-51 所示为 45 钢齿轮的零件图，中等批量生产，试进行模锻工艺设计。

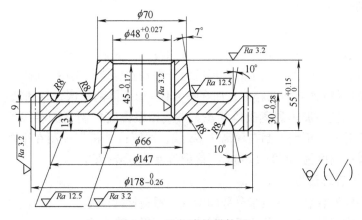

图 2-51　45 钢齿轮零件图

（1）**零件分析**　该零件为尺寸较小的盘类模锻件，非加工面上有结构斜度和圆角，工件的厚度基本均匀，结构合理。

（2）**绘制锻件图**　齿轮齿部应增加余块，轮毂中心孔内应有连皮，连皮厚度取 6mm。分模面选在齿轮轮缘的中部，并有模锻斜度。参考有关资料，确定各加工部位的余量为 4mm，确定各部位的适当公差，确定凸圆角半径为 4mm，凹圆角半径为 8mm。绘制出的齿轮坯锻件图如图 2-52 所示。

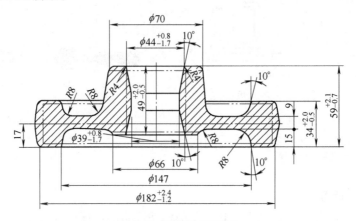

图 2-52　齿轮坯锻件图

（3）计算坯料的质量和尺寸（略）

（4）确定变形工序　该齿轮坯为盘类锻件，参考表 2-9，应采用镦粗→终锻变形工序。模锻完成后，应进行切边、冲连皮、精整、热处理（正火或退火）、清理等修整工序。

（5）确定模锻设备　根据表 2-10，选用 2t 的模锻锤。

（6）加热温度与冷却方式　根据表 2-7，确定始锻温度为 1200℃。锻件起模后采用空冷的冷却方式。

2.5　常用合金的锻造

2.5.1　钢的锻造

1. 碳钢的锻造

低碳钢的锻造性能良好，随着碳质量分数的提高，锻造性能变差。

为了使钢具有好的塑性、较小的变形抗力，在铁碳合金相图中，钢处于单相奥氏体区最合适；其次为奥氏体+铁素体两相区；而在铁素体+渗碳体两相区，钢的塑性、韧性均较差。因此，锻造时要把坯料加热到奥氏体状态。一般始锻温度控制在固相线下 100~200℃ 范围内；而终锻温度对亚共析钢控制在稍高于 GS 线，对于过共析钢控制在稍高于 ES 线。通常，各种碳素钢的始锻温度为 1250~1150℃，终锻温度为 850~750℃。

2. 合金结构钢的锻造

合金结构钢随着合金元素质量分数的增大，锻造性能变差。

低合金结构钢与低碳钢成分相近，锻造性能较好。高合金钢中合金元素质量分数高、组织较复杂、再结晶温度较高，且再结晶速度慢。因此，高合金钢锻造时易产生加工硬化，变形抗力大，塑性降低，锻造性能差，容易锻裂，不易控制锻件的质量。另外高合金钢的热导率比碳钢低，加热速度快时，因热应力大易引起开裂。图 2-53 所示为高合金钢锻件内部的锻造裂纹。为防止裂纹产生，加热高合金钢时需进行预热；加热速度不宜过快；加热温度不宜过高，防止因晶粒粗大及夹杂物的析出使材料脆性增加而开裂；锻后冷却速度不宜过快。高合金钢的始锻温度一般比碳钢低，而终锻温度比碳钢高，因此高合金钢锻造温度范围比碳钢的窄，一般碳钢的锻造温度范围为 350~400℃，而有些高合金钢仅为 100~200℃。

3. 不锈钢的锻造

不锈钢是耐蚀材料，又是耐热材料，还可作为低温材料和无磁材料。从化学成分上看，不锈钢中铬的质量分数一般大于 12%，另外还含有一种或多种其他合金元素。各种合金元素的综合作用，形成三种基本类型的不锈钢：奥氏体型不锈钢、马氏体型不锈钢和铁素体型不锈钢。不锈钢具有与碳钢、低合金钢类似的锻造性能，不同的只是在相同锻造温度下，不锈钢比碳钢和低合金钢有更高的流动应力。不锈钢的锻造方法有自由锻、模锻、辊锻、辗锻和径向锻造等。不锈钢的锻造温度范围较窄，始锻温度较低，所以需要较大的锻造载荷。

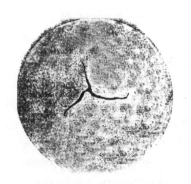

图 2-53 高合金钢锻件内部裂纹

(1) 奥氏体型不锈钢　奥氏体型不锈钢在加热时不发生相变，不能用热处理强化，只能通过热锻成形和再结晶获得高的强度。奥氏体型不锈钢的始锻温度主要受到晶粒长大的限制，始锻温度一般控制在 1150~1200℃，对于普通 18-8 型不锈钢，始锻温度取 1200℃，当含钼或含硅量高时，则始锻温度取 1150℃。奥氏体型不锈钢的终锻温度主要受碳化物析出敏化温度（480~820℃）的限制。由于碳化物析出会增大钢的变形抗力、降低塑性，锻造时可能开裂，所以终锻温度不应低于敏化温度，一般取 825~850℃。不锈钢导热性差，加热时要严格按照温度和速度进行，800℃ 以下缓慢加热（0.3~0.5mm/min），到 920℃ 后可快速加热。锻件在高温区停留时间不宜过长，一般为 10~20min，否则易造成严重氧化、元素贫化和晶粒粗化。为避免奥氏体型不锈钢沿晶界析出 $Cr_{23}C_6$ 而增加晶间腐蚀倾向，要求锻后快冷，特别是在敏化温度范围内必须快冷，空冷、坑冷均可。

(2) 铁素体型不锈钢　铁素体型不锈钢在加热和冷却过程中无同素异构转变，锻件晶粒度的控制主要取决于始锻温度、终锻温度以及终锻时的变形量。铁素体型不锈钢比奥氏体型不锈钢具有更大的晶粒生长倾向，如果晶粒粗大，钢的脆性增大，锻造时会因塑性下降导致变形困难，切边时也容易产生裂纹。为了获得细晶组织，减轻晶间腐蚀和缺口敏感性，这类钢的始锻温度不宜过高，均应低于 1200℃，特别是毛坯最后火次的加热温度最好不要超过 1120℃。铁素体型不锈钢的终锻温度由铁素体再结晶温度决定，铁素体的再结晶温度比较低，故铁素体型不锈钢的终锻温度可以低至 700℃，生产上常定为 720~800℃，而且不允许高于 800℃。

(3) 马氏体型不锈钢　马氏体型不锈钢的始锻温度受高温铁素体形成温度和铁素体形态的限制和影响，如锻造时有带状铁素体形成，则容易产生裂纹，如铁素体呈细小球状颗粒分布时，塑性明显提高。铁素体一般在 1100~1270℃ 时大量形成，生产中确定始锻温度一般为 1100~1150℃。马氏体型不锈钢的终锻温度不宜太低，否则钢的塑性下降较快，易产生锻造裂纹。终锻温度随含碳量而异，含碳量高的一般取 925℃，含碳量低的一般取 850℃。马氏体型不锈钢的导热性差，为防止坯料开裂，坯料的入炉温度应低于 400℃，而且 850℃ 前应缓慢加热，之后才能快速加热到始锻温度。马氏体型不锈钢对冷却速度很敏感，空冷即可出现马氏体组织，而使锻件内部出现较大的热应力、组织应力，容易造成工件裂纹，因此锻后应缓慢冷却。

2.5.2 铝合金的锻造

铝是具有面心立方晶格的金属,室温下进行塑性变形时,沿着晶格中原子排列最密的八面体面和对角线方向优先滑移,具有很高的塑性。在工业上用作结构材料的一般是在铝中加了各种元素的铝合金。根据其成分和生产工艺特点,铝合金分为铸造铝合金和变形铝合金。变形铝合金根据其性能和工艺分为防锈铝合金、硬铝合金、超硬铝合金和锻造铝合金四类。变形铝合金的主要合金元素是铜、镁、硅、锰、镍、锌、铬、钛等。随着合金成分的复杂化,合金的塑性一般都会降低。铝合金的比强度高,导电性和导热性好、耐腐蚀。几乎所有的锻造铝合金都有良好的塑性。铝合金的塑性受合金成分和温度的影响较大,随着合金元素含量的增加,随着变形温度的下降,合金的塑性不断下降。除某些高强度铝合金外,大多数铝合金的塑性对变形速率不十分敏感。

铝合金的自由锻能制造出形状较简单的制品,如简单的圆形、方形、矩形和不太复杂轮廓的锻件。铝合金的自由锻制品常作为模锻的预成形件。大多数铝合金锻件由模锻生产。铝合金锻造温度范围窄、导热性好,在锻造过程中与模具直接接触的锻件表面温度降低快,易导致铝合金塑性降低,变形抗力增大,充型不好,造成锻件开裂。并且当毛坯与模具之间的温差过大时,毛坯表面温度迅速降低,在锻造过程中会形成较厚的粗晶层,在随后的热处理中不能消除,成为粗晶缺陷,降低锻件性能。因此铝合金锻造时需要将模具预热到较高温度,

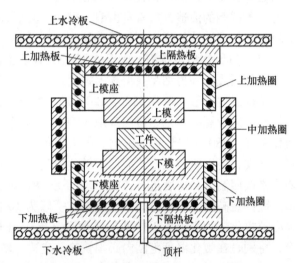

图 2-54 铝合金等温模锻模具加热系统示意图

或采用等温锻造工艺。等温锻造时,将模具和毛坯加热到始锻温度,在整个锻造成形过程中,温度保持恒定,锻件在较低的变形速率下成形。恒温可使坯料保持很好的塑性和较小的变形抗力,较低的变形速率可为动态再结晶提供足够的时间,提高动态再结晶程度,细化动态再结晶晶粒;同时也可保证坯料在锻造过程中各部位发生变形的温度及温升基本一致,使锻件的晶粒组织均匀,从而保证锻件整体性能优异。等温模锻模具加热系统如图 2-54 所示。

2.6 锻件的结构工艺性

如果锻件的结构设计不合理,有可能给锻造成形带来困难或无法成形,从锻造成形工艺、锻件质量等方面分析锻件结构的合理性,称为锻件的结构工艺性。设计锻件结构时,除保证工件质量外,还要考虑锻造成形设备和工具,以达到便于成形、保证质量、节约金属、提高生产效率等目的。本节主要介绍自由锻件、模锻件的结构工艺性。

2.6.1 自由锻件的结构工艺性

自由锻件的结构工艺性见表 2-11。

表 2-11 自由锻件的结构工艺性

不合理	合理	设计原则
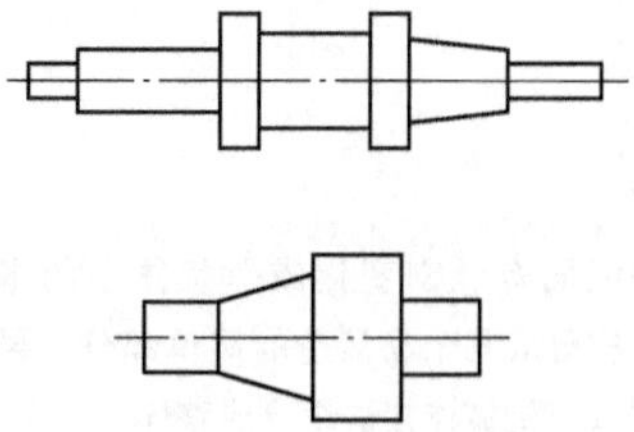	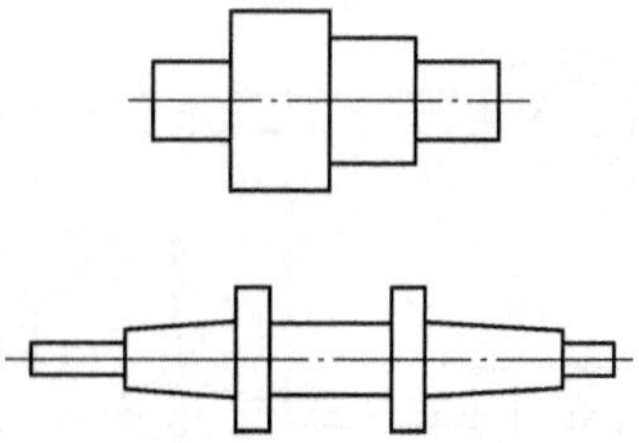	锻件上的圆锥体、斜面等锻造需要专门的工具，锻造比较困难，应尽量避免
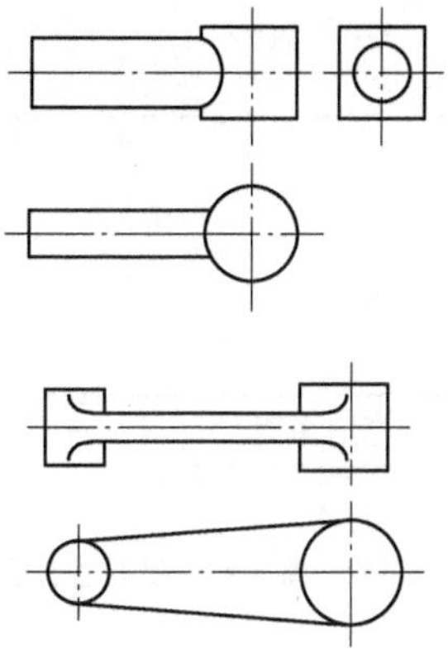	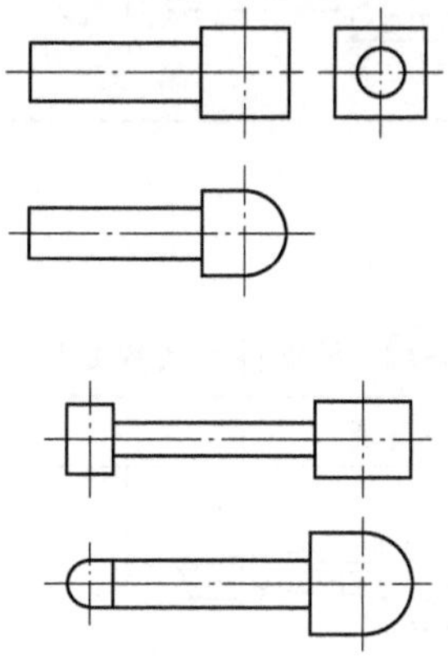	圆柱体与圆柱体的交接处锻造困难，应改成平面与圆柱体交接或平面与平面交接
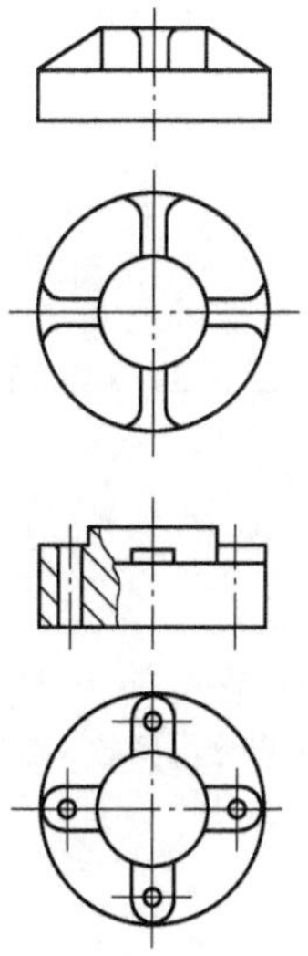	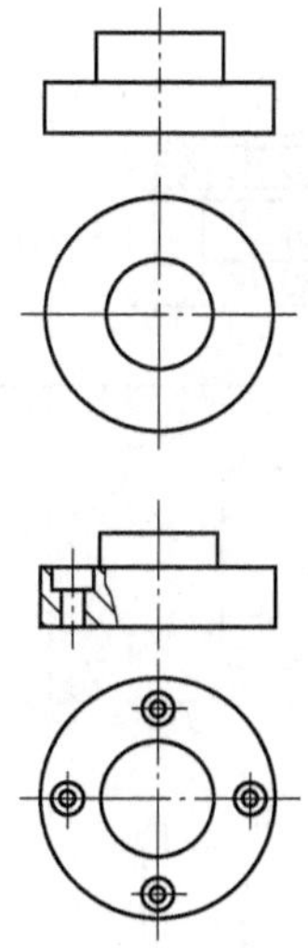	加强筋、表面凸台、椭圆形或工字形截面、弧线及曲线形表面等用自由锻难以锻出，应避免这种设计

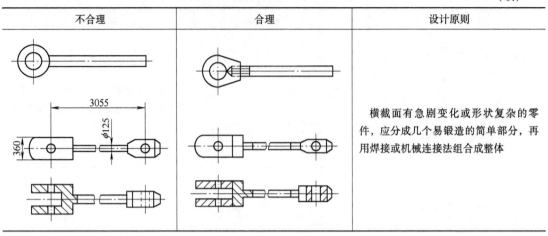

2.6.2 模锻件的结构工艺性

模锻件的结构工艺性见表2-12。

表2-12 模锻件的结构工艺性

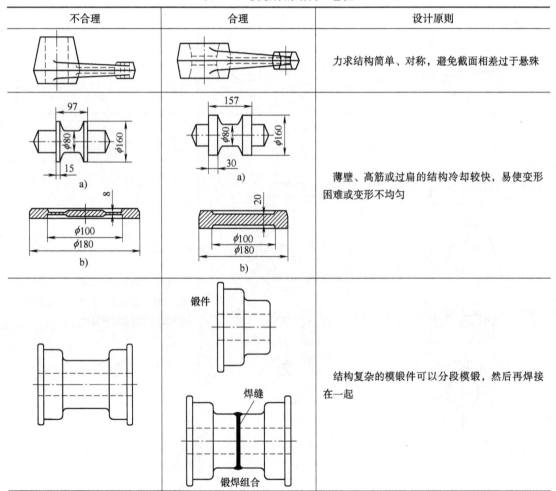

第 2 章 金属材料的锻造成形

(续)

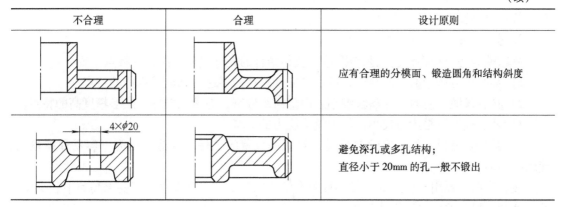

不合理	合理	设计原则
		应有合理的分模面、锻造圆角和结构斜度
		避免深孔或多孔结构; 直径小于 20mm 的孔一般不锻出

2.7 锻造成形新技术

近几十年来,锻造成形技术不断发展,出现了许多新的锻造成形技术,这些新技术在某些方面具有较大优势。例如,可以提高工件的内在质量,组织更致密、晶粒更细化,从而力学性能得到提高;可以提高工件的精度和表面质量,实现近净成形、净终成形加工,节省金属,降低切削加工成本;可以使用较小的成形力得到较大的变形量,降低能耗;可以突破材料的限制,对难变形的材料及复合材料进行塑性成形等。本节主要介绍液态模锻和超塑性锻造。

2.7.1 液态模锻

液态模锻是将熔融金属直接浇注到锻模模腔内,然后在液态或半固态的金属上施加压力,使之在压力下流动充型和结晶,并产生一定程度的塑性变形,从而获得所需锻件的方法,也称为挤压铸造。液态模锻是 20 世纪 30 年代苏联最早开始研究的,20 世纪 60—70 年代在日本、美国、中国成熟地应用于各种零件的锻造,如汽车活塞、齿轮坯、涡轮、电磁铁壳体、风扇带轮、生活用的高压锅、拉丝机的收线盘、货车铲板、法兰、电动机端盖、汽车的轮毂、模具坯等。近几年来,在军品生产中采用液态模锻研制气缸尾翼座、迫击炮底座等。

1. 液态模锻的工艺过程

液态模锻通常在液压模锻机上进行,其工艺流程为:原材料配制→熔炼→浇注→合模、加压→开模、取出锻件→灰坑冷却。如图 2-55 所示为液态模锻的主要工艺过程。锻造时先将熔融的金属液体倒入凹模内,凸模下行,对金属施加压力;经过短时间保持压力后,金属成形,凸模上行返回,通过顶杆顶出锻件。

液态模锻的模具在使用前应充分

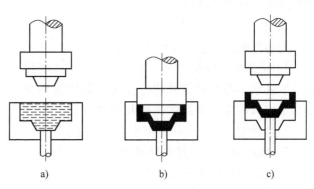

图 2-55 液态模锻的主要工艺过程
a) 浇注 b) 加压 c) 脱模

预热,并涂抹润滑剂,以便于脱模及减少模具的磨损,在使用过程中应及时对模具进行冷却,防止模具发生龟裂及变形。

2. 液态模锻的特点及应用

液态模锻是一种将铸造工艺与锻造工艺相结合的先进成形方法,其特点主要有:

1)具有压力铸造的工艺简单、可生产复杂形状的零件、制造成本低的特点。
2)具有模锻工艺的工件晶粒细小、内部组织致密、力学性能好、成形精度高的特点。
3)液态模锻所需压力较小,仅为模锻压力的20%。
4)其缺点是模具的热腐蚀较严重;对壁厚较薄的工件,内部的压力不容易保持均匀,使组织不均匀。

液态模锻主要用于生产形状复杂且对力学性能要求高,对尺寸精度要求高的中、小型零件,如柴油机活塞、发动机连杆等。

2.7.2 超塑性锻造

高温合金及钛合金在飞行器及宇航工业中的应用日益广泛,但这些合金的锻造性能非常差,即变形抗力大,塑性极差。自20世纪70年代以来迅速发展的超塑性锻造为解决上述问题提供了强有力的手段。超塑性锻造一般是指超塑性模锻,是一种少无切削的精密锻造成形新技术,先对金属或合金进行适当的预处理,以获取具有微细晶粒的超塑性毛坯,然后将毛坯在超塑性温度及变形速率下进行等温模锻,最后对锻件进行热处理。

1. 超塑性锻造工艺流程

先将模锻料(合金)在接近正常再结晶温度下进行热变形,如挤压、轧制和锻造等,以获得超细的晶粒组织,然后在超塑性变形温度下将坯料放入预热的模具中进行模锻成形,最后对锻件进行恢复组织的热处理,得到合金应有的强度指标。图2-56所示为超塑性锻造的模具结构示意图。超塑性锻造必须保证坯料在成形过程中保持恒温,即所谓"等温模锻",并同时要求变形速率较低。因此,必须在可调速的慢速水压机或油压机上进行锻造,以控制成形速度,获得良好的充型效果。

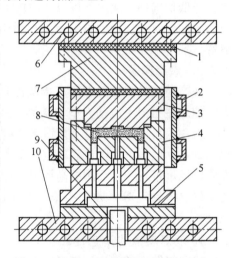

图2-56 超塑性锻造的模具结构示意图
1—隔热垫 2—感应圈 3—凸模
4—凹模 5—隔热板 6、10—水冷板
7—模座 8—工件 9—顶杆

2. 超塑性锻造工艺的特点及应用

超塑性锻造工艺的特点主要有:

1)金属的变形抗力小。超塑性变形进入稳定阶段后,几乎不存在应变硬化,金属材料的流动应力非常小,只相当于普通锻造的几分之一到几十分之一,适合在中、小型液压机上生产大锻件。

2)流动应力对应变速率的变化非常敏感。随着应变速率的增加,流动应力急剧上升。超塑性变形时的应变速率很低。

3)形状复杂的锻件可以一次成形。超塑性状态下,金属的流动性好,适合薄壁高肋锻件的一次成形,如飞机的框架和大型壁板等,也适合成形复杂的钛合金叶轮和高温合金的整体涡轮。

4）超塑性锻件的精度高，可实现少无切削加工的精密成形。超塑性锻造变形温度稳定，变形速度缓慢，锻件基上没有残余应力，变形很小，尺寸精度较高。超塑性精密锻件一般只需加工装配面，其余为非加工表面。超塑性锻造与普通锻造毛坯相比，可节约机械加工工时，节省材料，使产品成本大大降低。图 2-57 所示为同一个钛合金涡轮盘锻件用普通锻造和超塑性锻造的工艺对比，可以看出超塑性锻造的锻件更精细，更节约原材料。

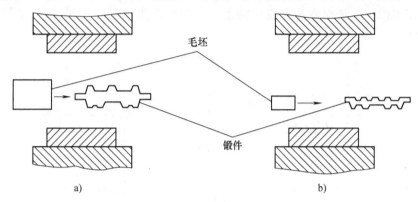

图 2-57　普通锻造和超塑性锻造的工艺对比
a）普通模锻　b）超塑性模锻

5）超塑性锻件的组织细小、均匀，且性能良好、稳定。超塑性锻造的变形程度大，而且变形温度比普通锻造的温度低，因此锻件的晶粒始终保持均匀、细小。故超塑性锻件的组织与性能比普通锻件更稳定。

6）扩大锻造的材料范围。过去认为只能采用铸造成形而不能锻造成形的镍基合金，也可进行超塑性锻造成形，扩大了可锻金属的种类。

超塑性锻造主要用于航天、仪表、模具等行业的中高强度材料、高温合金以及钛合金等难加工材料制备高精度零件、形状复杂件、晶粒均匀细小的薄壁制件，如飞机起落架、涡轮盘、注塑模等。超塑性锻造需要使用高温合金模具及加热装置，投资较大，不适于中、小批量锻件的生产。

───── 练习题 ─────

1. 金属锻造成形的温度特点是什么？怎样确定？锻造后金属的内部组织及性能发生了什么变化？
2. 金属锻造性能的影响因素有哪些？
3. 什么叫锻造比？锻造比对锻件质量有何影响？
4. 简述自由锻的特点和应用。为什么重要的巨型锻件必须采用自由锻的方法来制造？
5. 简述模锻的特点和应用。为什么模锻生产中不能直接锻出通孔？确定锤上锻模分模面时，应考虑哪些因素？为什么？
6. 绘制模锻件图应考虑哪些方面的问题？为什么要考虑模锻斜度和圆角半径？
7. 试比较下面三种齿轮的内部锻造流线分布及齿轮性能。
①拔长坯料切削加工齿轮；②镦粗坯料切削加工齿轮；③精密模锻齿轮。

8. 图 2-58 所示套筒在小批、中批、大批生产时应分别选用哪种锻造方法？为什么？

9. 确定图 2-59 所示台阶轴自由锻时的余块、加工余量及锻造公差，并画出自由锻锻件图。

10. 图 2-60 所示锻件的结构是否符合模锻的工艺要求？为什么？试修改不合适的部位。

11. 液态模锻与普通模锻相比有何特点，可用于哪些零件的成形？

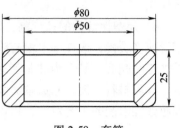

图 2-58 套筒

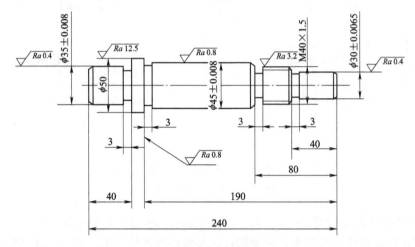

图 2-59 台阶轴

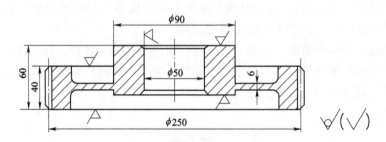

图 2-60 齿轮锻件

12. 简述超塑性锻造的条件、特点及主要应用。

13. 图 2-61 所示零件是否适于自由锻的工艺要求？如不适合，应如何修改？

14. 图 2-62 所示零件采用锤上模锻制造，试确定合适的分模面位置。

15. 图 2-63 所示带头部的轴类锻件，单件小批生产时，若头部法兰直径 D 较小，轴杆长度 l 较长（见图 2-63a），应如何锻造？若头部法兰直径 D 较大，轴杆长度 l 较短（见图 2-63b），应如何锻造？

16. 简述液态模锻与普通模锻的区别。

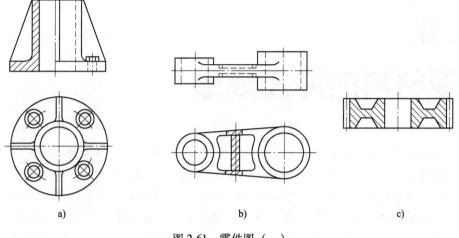

图 2-61 零件图（一）

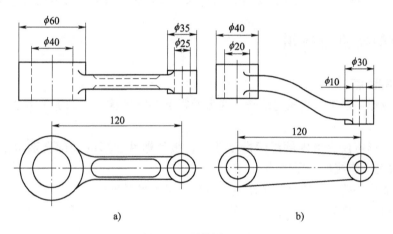

图 2-62 零件图（二）

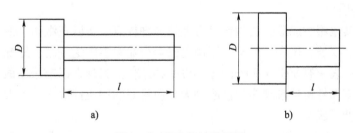

图 2-63 带头部轴类锻件

第3章
金属材料的冲压成形

冲压是通过模具对毛坯施加外力，使之产生塑性变形或分离，从而获得一定尺寸、形状和性能工件的加工方法。冲压是机械制造业中毛坯成形的主要方法之一。它主要用于加工金属板料零件，所以也叫板料冲压，冲压的坯料主要是热轧和冷轧的钢板和钢带。由于冲压加工通常是在室温下进行的，无需加热，故又称为冷冲压。板料厚度超过 8~10mm 时，才用热冲压。冲压所用设备主要为压力机，冲压加工主要有冲裁、拉深、弯曲、胀形和翻边等，冲压件一般精度较高，可直接作为零件，钢和大多数有色金属板材均可进行冲压成形。

3.1 冲压的特点及应用

3.1.1 冲压的特点

1）冲压成形是通过金属板材的塑性变形而得到一定形状坯件的加工方法，一般需借助模具来成形。

2）冲压成形可使金属内部组织发生改变，板料塑性变形的局部会造成晶粒形状的拉长、破碎等改变，造成加工硬化。

3）冲压成形一般具有较高的劳动生产效率，可大批量生产。

4）冲压模具精度较高，保证工件的尺寸及形状精度，一般可达到少无切削加工的要求，节约材料。

5）冲压成形的模具（冲模）结构复杂，模具费用高，成本高。

3.1.2 冲压的应用

由于冲压与其他塑性成形方法相比具有上述多种优点，所以在汽车、拖拉机、航空、航天、军工、机械、仪器、仪表、电子、家用电器等行业中被广泛应用。据统计，自行车、缝纫机、电视机、手表中有80%~90%的零部件是冲压件。另外，以前采用锻造、铸造、切削加工方法制造的零部件也越来越多地被刚度大、质量好的冲压件取代，大大提高了生产效率和生产质量，降低了成本。

1）冲压主要用于壁厚较薄工件的加工，如汽车车身、风机外壳、仪表壳、容器件、钩状件、环状件等。

2）冲压可加工出尺寸范围较大、形状较复杂的零件，如小到钟表的秒针，大到汽车、火车等的覆盖件。

3）冲压成形适合塑性较好的材料，如碳钢、铝合金、铜合金等，用于冲压的钢材大多为低碳钢或低碳合金钢。

4）冲压模具是一种专用装备，模具的形状比较复杂、精度高、技术要求高。所以，冲压成形加工一般应用于大批量生产。图 3-1 所示为汽车覆盖件冲压模具。

3.1.3 我国冲压技术的发展历史

早在 2000 多年前，我国已有冲压模具，并用于制造铜器。利用冲压机械和冲压模具进行的冲压技术已经有 200 年的历史。随着汽车行业的发展，近现代冲压技术得到快速进步，20 世纪 50 年代，我国汽车企业首次建立冲模车间、开始制造汽车覆盖件模具，到 20 世纪 60 年代开始生产精冲模具，模具的产量及质量得到了极大提高。20 世纪 80 年代以来，我国自

图 3-1 汽车覆盖件冲压模具

行开发应用模具 CAD/CAM 系统及计算机绘图技术，模具数控加工的应用也越来越多。进入 21 世纪后，冲压技术得到飞速发展，许多新工艺、新技术在生产中得到广泛应用，如板料的数字化柔性成形、板料液压拉深、板料超塑性成形等，人们对冲压技术的认识与掌握程度有了很大提高。

3.2 冲压方法及模具类型

冲压是板料冷塑性成形的主要方法之一，工序主要有冲裁、拉深、弯曲、胀形、翻边等，板料冷塑性成形的方法还有旋压成形等。板料冲压的重要装备是冲压模具，对冲压加工质量有较大影响。

3.2.1 冲压的工艺方法

1. 冲裁

冲裁是利用模具将冲压件沿一定的轮廓线与板料分离的冲压工艺。其特点是沿一定边界的材料被破坏而使板料的一部分与另一部分分开。常见的冲裁工序有落料和冲孔等，主要用于制造具有一定形状的平板工件，如垫片、仪表盖板、挡板等，也用于为拉深、弯曲、翻边等其他冲压工序制作毛坯。

落料和冲孔都是将板料沿封闭轮廓分离的工序，它们的模具结构与坯料变形过程完全相同，只是用途不同。落料时落下的部分为成品或坯料，周边部分是废料；冲孔时落下的部分为废料，而周边部分为带孔的成品。落料和冲孔如图 3-2 所示。

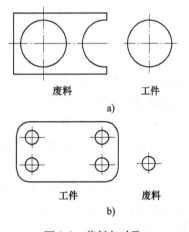

图 3-2 落料与冲孔
a) 落料　b) 冲孔

2. 弯曲

弯曲是在模具中把金属板材、型材或管材弯成一定角度和曲率，形成一定形状工件的冲压工艺。图 3-3 所示为板料在模具中的弯曲情况。有的零件只需一次弯曲，有的零件需多次弯曲。弯曲工艺可加工 U 形件、V 形件及其他带有弯曲形状的零件。各种弯曲方法实例如图 3-4 所示。

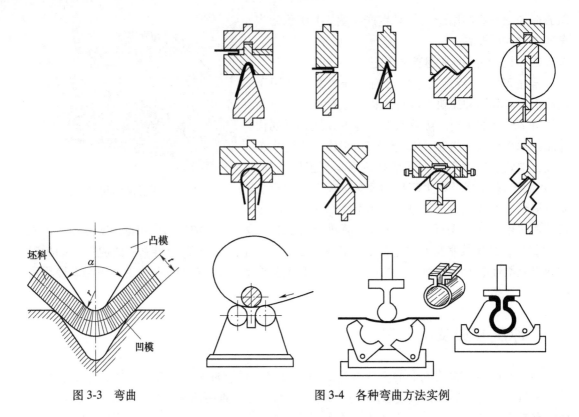

图 3-3 弯曲   图 3-4 各种弯曲方法实例

3. 拉深

拉深也称拉延，是利用模具将一定形状的平板坯料冲制成各种形状的开口空心零件的冲压工艺。拉深时板料厚度基本不变。拉深工艺如图 3-5 所示。用拉深方法可以制成筒形、矩形、锥形、阶梯形、球面形和其他不规则形状的薄壁零件。若与其他冲压成形工艺结合，可制造形状极为复杂的零件，如汽车覆盖件、仪表壳体等。图 3-6 所示为汽车覆盖件拉深过程示意图。

4. 其他冲压工艺

其他冲压工艺还有缩口、起伏、翻边和胀形等，如图 3-7 所示。

（1）缩口 缩口是将管件或空心件的端部沿径向加压使径向缩小的冲压方法，如图 3-7a 所示。常用于弹壳、管件等的收口。

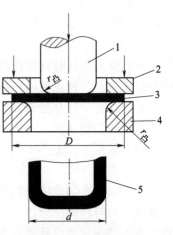

图 3-5 拉深
1—凸模 2—压边圈 3—板料
4—凹模 5—拉深的筒形件

（2）起伏 起伏是在板坯表面通过局部变薄获得各种形状的凸起与凹陷的冲压方法，如图 3-7b 所示。常用于在工件上制出肋、花纹和文字等。

（3）翻边 翻边是在成形毛坯的平面部分或曲面部分，使板料沿一定的曲线翻成竖立边缘的冲压方法，如图 3-7c 所示。常用于提高工件的刚度或形成配合面。

（4）胀形 胀形是将空心件或管状毛坯沿径向往外扩张的冲压方法，如图 3-7d 所示。

用这些方法可以制造如高压气瓶、波纹管、自行车三通接头及火箭发动机上的一些异形空心件等工件。

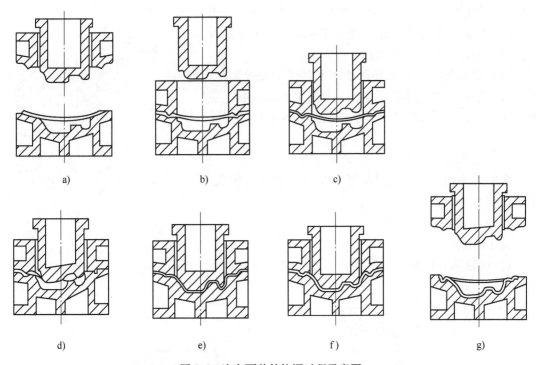

图 3-6　汽车覆盖件拉深过程示意图
a）坯料放入　b）压边　c）板料与凸模接触　d）拉深开始　e）拉深过程中　f）拉深结束　g）卸载

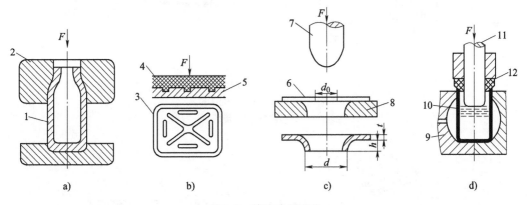

图 3-7　其他冲压工艺
a）缩口　b）起伏　c）翻边　d）胀形
1、3、6、10—工件　2—缩口模　4—橡胶凸模　5、8—凹模　7、11—凸模　9—拼分凹模　12—橡胶

3.2.2　其他冷塑性成形方法（旋压成形）简介

旋压成形是一种适应多品种生产的少无切削工艺，它综合了挤压、拉深、环轧和横轧等工艺特点。

1. 旋压的工艺过程

旋压是将毛坯压紧在旋压机（或供旋压用的车床）的芯模上，使毛坯与旋压机的主轴一起旋转，同时操纵旋轮（或赶棒、赶刀）作进给运动，在旋转中加压于毛坯，使毛坯产生连续的局部塑性变形，逐渐紧贴芯模，从而得到所要求形状与尺寸的工件。按金属的变形特征，旋压分为普通旋压（不变薄旋压）和强力旋压（变薄旋压）。

（1）普通旋压　普通旋压基本上是靠弯曲成形的，毛坯的壁厚和表面积基本不变，只改变毛坯的形状。主要包括拉深旋压（见图3-8）、扩径旋压和缩径旋压（见图3-9）。

（2）强力旋压　强力旋压是使毛坯形状改变的同时，厚度减薄的工艺，主要包括剪切旋压和挤出旋压，如图3-10所示。

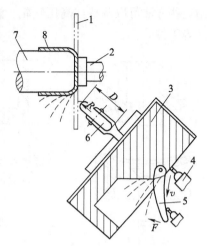

图 3-8　拉深旋压
1—毛坯　2—压杆　3—固定靠模板
4—仿形触头　5—可动靠模板
6—旋轮　7—成形芯模　8—制品

2. 旋压的特点及应用

旋压的特点主要有：

1）旋轮和毛坯的接触区很小，材料只在局部产生塑性变形，变形抗力小。

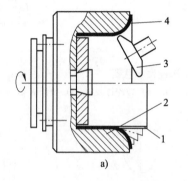
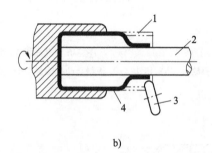

图 3-9　扩径和缩径旋压
a）扩径旋压　b）缩径旋压
1—毛坯　2—成形芯模　3—旋轮　4—制品

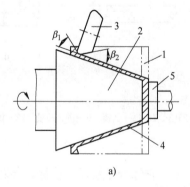
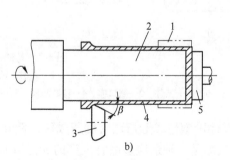

图 3-10　剪切旋压和挤出旋压
a）剪切旋压　b）挤出旋压
1—毛坯　2—成形芯模　3—旋轮　4—制品　5—压杆

2) 旋轮不仅对毛坯有压延作用,而且还有整平作用,工件尺寸精度高,表面质量好。

3) 材料在变形的同时,组织发生改变,力学性能好。

4) 材料利用率高,节省工时,当批量生产形状较复杂的零件时成本低。

5) 模具简单,只需要一块芯模,且对模具材质要求低、更换方便,模具磨损少、寿命高。

6) 其缺点是只限于加工回转形状的制品,大批量生产形状简单的工件时,比其他冲压成形的生产效率低。

旋压成形可用于加工圆筒形、圆锥形、阶梯形,以及由这些形状组成的复合形状制品;加工的材料可以为碳钢、不锈钢、铝、铜、镁合金,以及钛、锆、钨、钼、银等高强度难变形的材料。普通旋压成形多用于压制各种薄壁的铝、铜、不锈钢等日用品,如灯罩、炊具及手工艺品等。

3.2.3 冲压等板料冷塑性成形方法的比较与选用

冲压等板料冷塑性成形主要用于生产薄板、薄壳状零件,其成形方法选用的原则是根据工件的形状、尺寸、精度、性能要求及生产批量等,既要保证工件质量,又要提高生产效率。常用的几种塑性成形方法的特点及应用比较见表3-1,在成形方法选用时可参考。

表3-1 冲压等板料冷塑性成形方法的特点及应用比较

加工方法		制作特点			作用力性质	工模具特点	生产效率	设备费用	劳动条件
		尺寸	形状	精度					
冲压	冲裁	各种	较简单	高	压力	模具有刃口、模间隙较小	高	较高	较好
	拉深	各种	较简单	较高	压力	模具带圆角、模间隙较大	较高	较高	较好
	弯曲	各种	较简单	较高	压力	模具有较大圆角	较高	较高	较好
旋压成形		各种	较复杂	高	压力	模具简单,一个芯模	较低	低	较好

3.2.4 冲压模具类型

冲压模具按组合方式分为简单模、连续模、复合模三种,其示意图及特点见表3-2。

表3-2 冲压模具的基本类型

类型	示意图	特点
简单模		一次行程中,只能完成一道工序(如冲孔、弯曲、拉深等)。模具结构简单,生产效率低

(续)

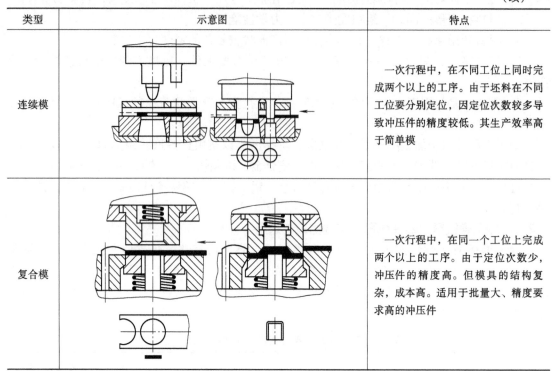

类型	示意图	特点
连续模		一次行程中,在不同工位上同时完成两个以上的工序。由于坯料在不同工位要分别定位,因定位次数较多导致冲压件的精度较低。其生产效率高于简单模
复合模		一次行程中,在同一个工位上完成两个以上的工序。由于定位次数少,冲压件的精度高。但模具的结构复杂,成本高。适用于批量大、精度要求高的冲压件

3.3 冲压成形理论基础

冲压成形是通过金属材料的冷塑性变形而得到所需形状的成形工艺,经冷塑性变形后材料的组织及性能会发生变化。冲压成形基本理论主要介绍冷塑性变形对金属材料组织及性能的影响、金属材料的冲压性能、常见冲压缺陷及防止等。

3.3.1 冷塑性变形对金属材料组织及性能的影响

冷塑性变形是指在再结晶温度以下(一般为常温下)的塑性成形。如钢在常温下进行的冲压成形、旋压成形以及冷挤压、冷轧等。

1. 冷塑性变形后的组织变化

金属在外力作用下发生塑性变形后,其内部晶粒沿变形方向拉长,出现晶粒破碎、晶格扭曲等,并伴随着内应力的产生。金属塑性变形是通过其内部每个晶粒沿滑移面滑移进行的,图 3-11 所示为金属塑性变形前后晶粒的拉长和滑移面方向的变化示意图。变形后滑移面附近的晶格产生畸变,并出现许多小碎晶,如图 3-12 所示。当变形量较大时,晶粒被显著拉长成纤维状,这种组织称为冷加工纤维组织,图 3-13 所示为工业纯铁冷塑性变形前的等轴晶粒组织和变形后的纤维组织。

2. 冷塑性变形后的性能变化

冷塑性变形后,金属内部晶格发生畸变和碎晶等,使变形阻力增加,从而使金属的强度和硬度提高,塑性和韧性下降,称为冷变形强化(加工硬化)。

冷塑性变形强化在生产中具有重要的意义,它是提高金属材料强度、硬度和耐磨性的重

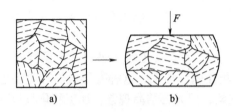
图 3-11 多晶体的塑性变形
a) 变形前 b) 变形后

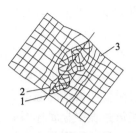
图 3-12 滑移面附近的晶格畸变和碎晶
1—滑移面 2—碎晶 3—晶格畸变

要手段之一。如冷拉高强度钢丝、冷卷弹簧、坦克履带、铁路道岔等产品的生产,其冷变形强化作用十分明显。

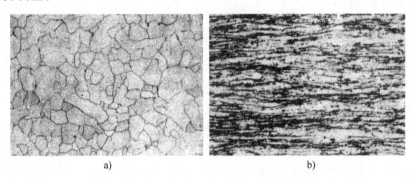

图 3-13 工业纯铁冷塑性变形前后的纤维组织
a) 未变形 b) 变形度 70%

冷塑性变形的纤维组织内部晶格位向有趋于一致的倾向,会造成金属性能的各向异性。

3. 冷塑性变形后的再结晶退火

由于冷塑性变形后材料的塑性和韧性降低,造成进一步变形困难,甚至导致开裂和断裂,冷变形后的纤维组织,还会引起材料的不均匀变形。可通过再结晶退火消除纤维组织,提高塑性和韧性。经再结晶退火,即金属经过回复过程(晶格畸变消除)和再结晶过程(拉长的晶粒经重新形核及晶粒长大)后成为细小的等轴晶粒,如图 3-14 所示。回复温度约为 $(0.25 \sim 0.30) T_{熔}(K)$,再结晶温度一般为 $0.4 T_{熔}(K)$。

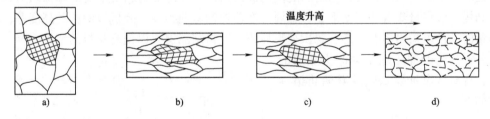

图 3-14 冷塑性变形后金属的回复与再结晶过程
a) 原始组织 b) 冷塑性变形后的组织 c) 回复组织 d) 再结晶组织

4. 冷塑性变形成形的特点

冷塑性变形成形具有冷变形强化现象而无再结晶组织,工件的强度和硬度较高;冷变形工件没有氧化皮,可获得较高的公差等级,较小的表面粗糙度值,工件的表面质量高;由于冷变形金属存在残余应力和塑性差等缺点,变形程度不宜太大,以免裂纹产生;大变形量成形时常常需要中间退火(再结晶退火)。

冷塑性变形的变形抗力较大。为提高变形效率,可将金属坯料加热到一定温度(一般是介于回复温度和再结晶温度之间),再对其进行塑性变形加工,这种变形方法称为温塑性变形。在变形过程中金属坯料有加工硬化及回复现象,但无再结晶现象,加工硬化只得到部分消除。与冷塑性变形相比,温塑性变形金属的塑性高,变形抗力低;与热塑性变形相比,温塑性变形可降低加热缺陷,提高产品尺寸精度及表面质量,而且能够降低能耗。温塑性变形的加工方法有温锻、温挤压、温拉深等。对于在室温下难加工的材料,如不锈钢、钛合金、镁合金等,温塑性变形更具有实用意义。

3.3.2 金属材料的冲压性能

1. 冲压性能

金属材料的冲压性能是指材料经冲压成形不产生裂纹和破裂并获得所需形状的加工性能,即冲压的难易程度。金属的塑性越好,变形抗力越小,故冲压性能好;反之则冲压性能差。

2. 冲压性能的影响因素

(1) 化学成分 一般情况下,纯金属的塑性成形性能优于合金。对钢来说,含碳量越高,碳钢的塑性成形性能越差。合金钢中合金元素种类和含量越多,塑性成形性能越差。

(2) 组织 单相固溶体组织比多相组织塑性好、变形抗力低,塑性成形性能好。组织细化有利于提高金属的塑性。

(3) 变形速率 所谓变形速率是指单位时间内金属的变形量。对大型复杂零件的冲压成形,变形量大且极不均匀,易引起局部拉裂和起皱。为了便于塑性变形的扩展,促进金属的流动,宜采用低速的压力机或液压机。小型零件的冲压,一般不考虑变形速率对塑性和变形抗力的影响,变形速率主要从生产效率来考虑。

3.3.3 冲压缺陷及其防止措施

冲压属于冷塑性变形成形,会出现加工硬化,使材料的塑性下降,冲压时常见的缺陷是裂纹。裂纹产生的主要原因是冲压过程中材料所受的应力过大或变形程度较大,因此,应尽量选用塑性好、强度高的材料,如低碳钢、低合金钢等;应增大模具圆角以降低模具对材料变形运动的阻力;应改善模具与材料之间的润滑情况;应降低材料变形时的摩擦阻力;设计工件结构时应尽量降低冲压变形量,如增大弯曲件的弯曲半径、降低拉深件的高度等;对大变形量的工件可采用多次变形,每次变形后应采用再结晶退火以提高材料的塑性。

各种具体的冲压加工会产生相应的缺陷,现对各种冲压缺陷及其防止措施简述如下:

1. 冲裁缺陷及防止

冲裁缺陷主要是毛刺。可通过修整去除毛刺以提高尺寸精度,如图3-15所示。也可通过适当减小冲裁间隙以减轻毛刺倾向。

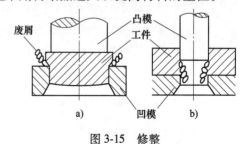

图3-15 修整
a) 修整外圆 b) 修整内孔

2. 拉深缺陷及防止

拉深件的主要缺陷是起皱和拉裂。拉深过程中凸缘变形区的主要变形是切向压缩,当切向压应力较大而板料又较薄时,板料会失稳形成褶皱,如图 3-16a 所示。拉深后筒壁靠上的部位,压缩变形较大、壁厚较大;靠下的部位切向压缩小、变形程度小,加工硬化程度小,材料的屈服强度低,壁厚变小。筒壁与筒底之间的过渡圆角处壁厚减薄最严重,最容易产生破裂,如图 3-16b 所示。拉裂是筒形件拉深时最主要的破坏形式,硬、薄板料拉深时最易拉裂。

(1) 拉裂的防止　拉深系数 $m(m=d/D)$ 是指工件直径 d 与板料直径 D 的比值,即变形程度。变形程度不能太大,即拉深系数不能太小,m 应不小于极限拉深系数 m_{min},即 $m \geqslant m_{min}$。一般 m_{min} 取 0.5~0.8。拉深系数较小时,可多次拉深,每两次拉深之间穿插再结晶退火,以提高板料的塑性;凸、凹模的工作部分必须做成圆角,且圆角半径尽量取大些;适当增加凸、凹模间隙;模具涂润滑剂以减少摩擦,降低拉深件壁部的拉应力,同时可提高模具寿命。

(2) 起皱的防止　生产中常采用压边圈把毛坯压紧,以增加径向拉应力,减小切向压应力,防止起皱;增大拉深系数,以减轻拉深变形程度,减小切向压应力的数值;增大板料厚度,以提高变形区抗失稳能力;采用锥形拉深凹模,毛坯的过渡形状应使变形区具有较大的抗失稳能力,如图 3-17 所示。

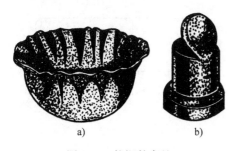

图 3-16　拉深件废品
a) 起皱　b) 拉裂

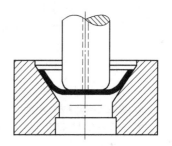

图 3-17　锥形拉深凹模

3. 弯曲缺陷及防止

弯曲缺陷主要是弯裂和弹复。

弯曲时,材料内侧受压应力,长度缩短;而外侧受拉应力,长度伸长;板料中间的中性层长度不变。当外侧拉应力超过坯料的抗拉强度时,就会造成弯裂。坯料越厚,内弯曲半径 r 越小,应力越大,越容易弯裂。一般,最小弯曲半径 $r_{min}=(0.25~1)t$(t 为板厚)。材料塑性好,则最小弯曲半径可小些。

弯曲结束,外载荷去除后,被弯曲材料的形状和尺寸发生与加载时变形方向相反的变化,从而消去一部分弯曲变形的效果,这种现象称为弹复(也称回弹),如图 3-18

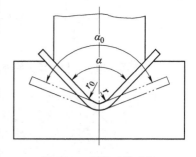

图 3-18　弯曲时的弹复

所示。弹复角 $\Delta\alpha$ 为弯曲件的弯曲角 α_0 与凸模弯曲角 α 之差,即 $\Delta\alpha=\alpha_0-\alpha$。弹复角通常小于 10°,材料的屈服强度越高,弹复角越大,弯曲半径一定时,板料越薄,弹复角越大。

(1) 防止弯裂的措施　设计弯曲件结构时,应使弯曲半径大于最小弯曲半径;选用塑性好的材料；对经过变形已产生加工硬化的板材或坯料进行再结晶退火以提高其塑性；轧制的板材具有纤维组织，沿纤维组织方向强度较高，不易弯裂，应使弯曲线方向与纤维组织方向垂直等，如图3-19所示。

（2）防止弹复的措施　在弯曲件转角处压制加强筋，可减轻弹复，减少回弹量，且可以增加工件刚度，如图3-20所示；设计凸模时，使弯曲半径比工件弯曲角小一个回弹角；设计模具时，调整模具结构，使不同部位的弹复变形相互补偿，如图3-21所示；用软凹模（橡胶或聚氨酯）代替刚性凹模，排除不变形区的影响，同时可利用凸模的压入深度控制弯曲角度，如图3-22所示；把弯曲模具做成局部突起的形状，使变形区变为三向受压的应力状态，如图3-23所示；还可以增加板料的厚度等。

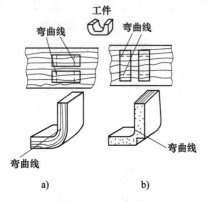

图3-19　弯曲时的纤维方向
a）弯曲线与纤维方向垂直
b）弯曲线与纤维方向平行

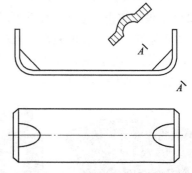

图3-20　压制加强筋减少回弹

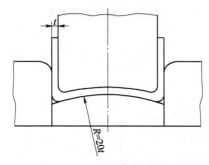

图3-21　补偿法减少回弹

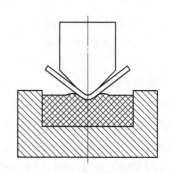

图3-22　软凹模弯曲减少回弹

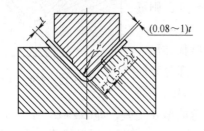

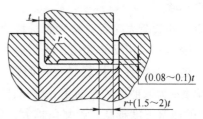

图3-23　局部凸起弯曲模具减少回弹

3.4 冲压成形工艺设计

冲压成形工艺设计的主要内容包括冲压工序的确定，冲裁、拉深、弯曲等工序的工艺设计以及模具的选择及确定等。

3.4.1 冲压工序的确定

1. 冲压主要工序

根据工件的形状，确定冲压的主要工序。表 3-3 为典型工件冲压的主要工序。

表 3-3 典型工件冲压的主要工序

冲压件类型	主要工序	简图	冲压件类型	主要工序	简图
平板件	（冲孔）、落料、（切口）、（起伏）	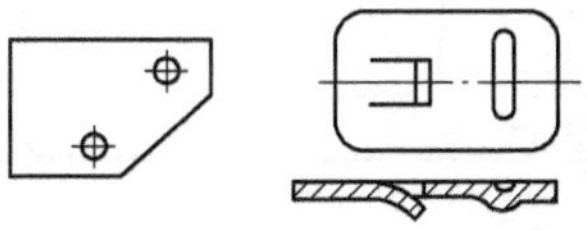	凸肚形件	落料、拉深、胀形	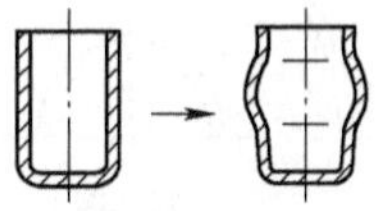
弯曲件	落料、弯曲、（冲孔）	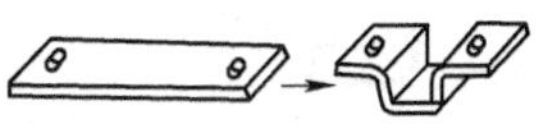	翻孔件	冲孔、翻孔、落料、（弯曲）	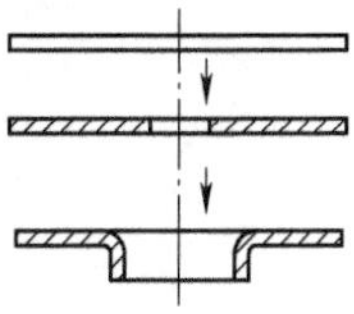
空心件	落料、拉深、（冲孔）	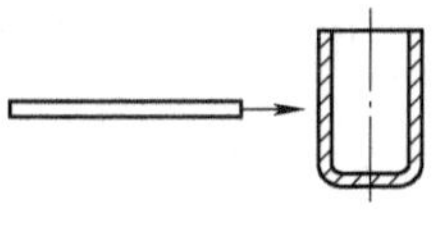	无底空心件	落料、拉深、冲底孔、翻边	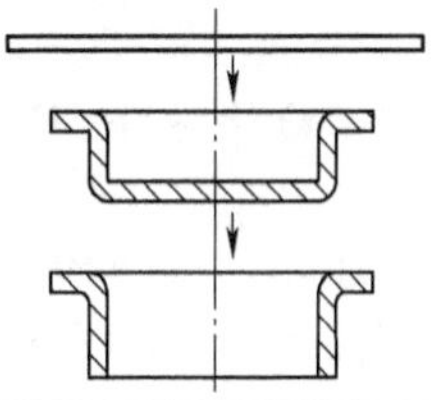

2. 冲压工序顺序确定

（1）带孔或缺口的冲裁件　采用单工序模时，一般先落料，后冲孔或冲缺口；采用连续模时则落料排为最后工序。

（2）带孔的弯曲件　冲孔工序应参照弯曲件的工艺性进行安排，一般先弯曲，后冲孔，防止孔变形。

（3）带孔的拉深件　一般先拉深，后冲孔，以防止孔变形。但当孔的位置在工件底部，且孔径尺寸精度要求不高时，也可先冲孔，后拉深。

图 3-24 所示为汽车消声器零件图及冲压工序顺序。

3.4.2 冲裁工艺设计

1. 冲裁过程

冲裁的变形过程可分为三个阶段：弹性变形阶段、塑性变形阶段和断裂分离阶段，如图 3-25 所示。冲裁的凸模与凹模都有锋利的刃口，两者之间留有间隙 Z。

（1）弹性变形阶段　当凸模接触板料并下压时，在凸、凹模压力作用下，板料开始产

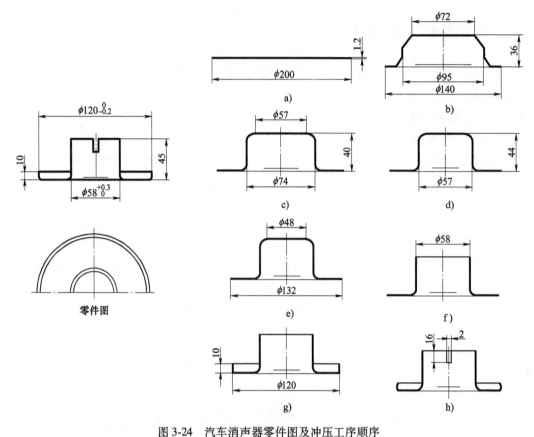

图 3-24 汽车消声器零件图及冲压工序顺序
a) 毛坯 b) 第一次拉深 c) 第二次拉深 d) 第三次拉深 e) 冲孔 f)、g) 翻边 h) 切槽

生弹性压缩、弯曲和拉深等复杂变形。此时，凸模下的板料略有拱弯，凹模上的板料略有上翘。间隙越大，拱弯和上翘越严重，如图 3-25a 所示。

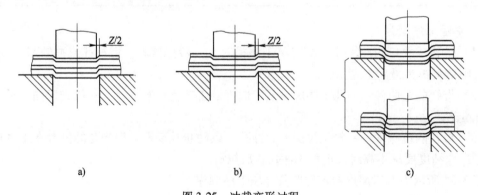

图 3-25 冲裁变形过程
a) 弹性变形阶段 b) 塑性变形阶段 c) 断裂分离阶段

（2）塑性变形阶段　当凸模继续下压，板料内的应力达到屈服极限时，开始塑性变形。随着材料塑性变形程度增加，变形区材料硬化加剧，变形抗力不断上升，冲裁力也相应增大。应力达到抗拉强度时，凸模和凹模的刃口附近产生微裂纹，塑性变形结束，如图 3-25b

所示。

(3) 断裂分离阶段　随着凸模继续下压,已产生的微裂纹沿最大剪应力方向不断地向板料内部扩展,上下裂纹相遇重合后,板料就被剪断分离,如图 3-25c 所示。剪断会使断面上形成一个粗糙的区域,当凸模再下行,凸模将冲落部分全部挤入凹模洞口,冲裁过程就此结束。

冲裁件被剪断分离后,形成的断裂面分为两部分。塑性变形时,冲头挤压切入形成的表面很光滑,表面质量最佳,称为光亮带;剪断分离时形成的断裂表面较粗糙,称为剪裂带。

2. 冲裁工艺设计

冲裁工艺设计包括冲裁间隙的确定、凸模和凹模尺寸的计算、冲裁力的计算、冲裁件的排样设计、冲裁后的修整等。

(1) 冲裁间隙的确定　冲裁间隙 Z 是指冲裁的凹模直径 $D_凹$ 与凸模直径 $D_凸$ 之差,如图 3-26 所示,即:

$$Z = D_凹 - D_凸$$

间隙 Z 不仅影响冲裁件质量,且直接影响模具寿命。间隙过小,冲裁挤压加剧,模具刃口压力大,模具易磨损、崩刃;间隙过大,板料受拉深和弯曲作用大,易使工件出现拉断毛刺。间隙大小主要根据板厚来确定,冲裁低碳钢、铝合金、铜合金等时,模具间隙约为板厚的 6%~8%;冲裁硬度较高的钢时,模具间隙约为板厚的 8%~12%。

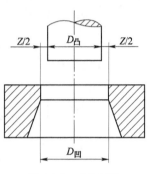

图 3-26　冲裁间隙

(2) 模具刃口尺寸的确定　落料件尺寸由凹模决定,故凹模应为设计基准,其尺寸应接近落料件的最小极限尺寸;凸模刃口尺寸比凹模缩小一个间隙量。冲孔件以凸模尺寸为基准,凸模尺寸接近冲孔件的最大极限尺寸,凹模刃口尺寸比凸模放大一个间隙量。

(3) 冲裁力的计算　冲裁力是选择压力机的依据,也是设计模具的依据。冲裁力与板料材质、厚度、冲裁件周边长度等有关。普通平刃口冲裁模的冲裁力为:

$$F_冲 = KLt\tau$$

式中,$F_冲$ 为冲裁力 (N); L 为冲裁件周边长度 (mm); K 为系数,常取 1.3; t 为板料厚度 (mm); τ 为材料的抗剪强度 (MPa)。

根据经验,一般取抗剪强度 τ 为抗拉强度 R_m 的 80%,即 $1.3\tau \approx R_m$,所以上式简化为:

$$F_冲 \approx LtR_m$$

(4) 冲裁件的排样设计　排样指冲裁件在板料上的布置,合理排样可提高材料利用率,且可保证工件质量。落料时常用的排样形式有搭边排样和少、无搭边排样两种,如图 3-27 所示。有搭边排样的模具受力均匀、落料尺寸准确、毛刺少、工件质量高,但材料利用率低;少、无搭边排样的模具材料利用率高,但尺寸不易保证准确、毛刺大,对落料件质量要求不高时可采用。

(5) 冲裁后的修整　冲裁后出现毛刺或对冲压件的断面质量和尺寸精度要求较高时,冲裁后可用精密冲裁模具进行修整,以去除毛刺或提高尺寸精度。对冲压件的平面度要求较高时,冲裁后采用校平工序进行精压修整。

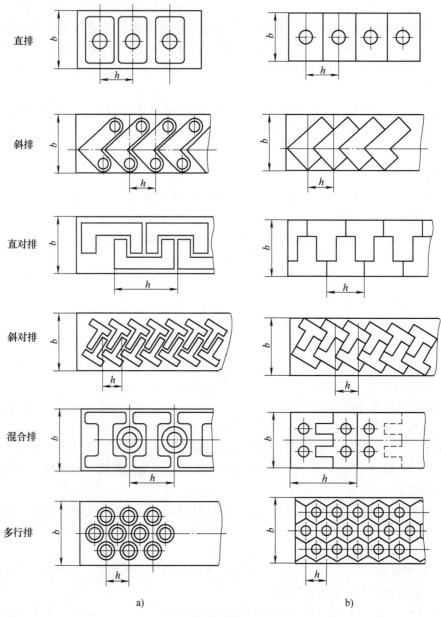

图 3-27 常用排样方式
a) 有搭边排样 b) 少、无搭边排样

3.4.3 拉深工艺设计

1. 拉深过程

以圆筒件为例,其拉深变形过程如图 3-28 所示。直径为 D、厚度为 t 的毛坯经拉深模拉深,变成直径为 d、高度为 h 的开口圆筒形工件。在拉深变形过程中,毛坯的中心部分形成圆筒形件的底部,基本不变形。毛坯的凸缘部分(即 $D-d$ 的环形部分)是主要变形区。拉深过程的实质是将凸缘部分的材料逐渐转移到筒壁部分。在转移过程中,凸缘部分的材料由于拉深力的作用,在其径向产生拉应力,而凸缘部分材料之间的相互挤压,使其切向又产生压应力,在这两种应力作用下,凸缘部分产生塑性变形。随着凸模的下压,凸缘部分的材料不断地被拉入凹模内,形成圆筒形拉深件。

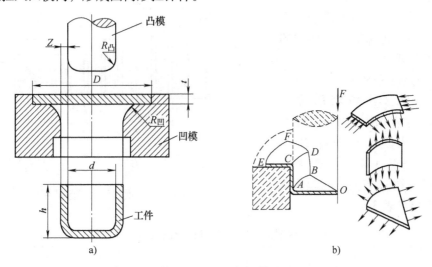

图 3-28 圆筒形件的拉深过程
a) 圆筒形件 b) 拉深过程

2. 拉深工艺设计

拉深工艺设计的主要内容包括拉深模具尺寸确定、毛坯尺寸计算、拉深系数及拉深次数确定、拉深力计算等。

(1) 拉深模具尺寸确定 要求拉深件外形准确时,凹模直径应等于拉深件外径,凸模直径为凹模直径减去间隙值 Z;要求拉深件内部形状准确时,凸模直径应等于拉深件内径,凹模直径为凸模直径加上间隙值 Z。拉深模具间隙远比冲裁模大,一般取 $Z=(1.0\sim1.2)t$(t 为板厚)。对于钢制拉深件,凸、凹模的工作部分圆角半径 $r_{凹}=10t$,$r_{凸}=(0.6\sim1.0)r_{凹}$,其中,t 为板厚。

(2) 毛坯尺寸计算 毛坯尺寸是根据变形前后面积相等的原则进行计算的,如图 3-29 所示的圆筒形拉深件,可分解为三个简单的几何形状,分别计算它们的面积 A_1、A_2、A_3,其和为毛坯的面积,再利用毛坯面积计算出毛坯的直径。计算面积时,拉深件的高度应考虑加上修边余量(拉深后工件上口周边会不齐,需修边将不齐部分切去),余量可通过查阅相关手册确定。

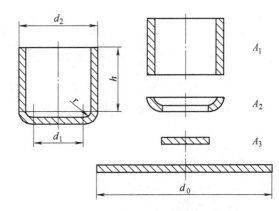

图 3-29 圆筒形拉深件毛坯尺寸计算

(3) 拉深系数及拉深次数确定 当拉深系数小于极限拉深系数 m_{min} 时需采用多次拉深,如图 3-30 所示。总拉深系数等于各次拉深系数的乘积,即 $m_{总}=m_1 m_2 \cdots m_n$。根据板料的相对厚度 t/D 值,由表 3-4 查出 m_1,m_2,$\cdots$,m_n,当其乘积等于或略小于 $m_{总}$ 时即可得到拉深次数,并可以计算出各次拉深的半成品

直径 d_1, d_2, $\cdots$, d_n。

（4）拉深力计算 拉深力计算比较复杂，通常由经验公式进行简略计算。采用压边圈的圆筒形件的拉深力计算公式为：

$$F_i = \pi d_i t R_m K$$

式中，F_i 为第 i 次拉深的拉深力（N）；d_i 为第 i 次拉深后工件直径（mm）；t 为板厚（mm）；R_m 为材料的抗拉强度（MPa）；K 为系数，与拉深系数 m 有关，m 越大 K 值越小，K 值见表3-5。

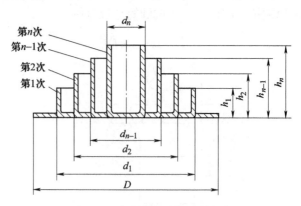

图3-30 多次拉深时筒径的变化

表3-4 低碳钢多次拉深时的拉深系数值（带压边时）

拉深次数	拉深系数	t/D					
		0.08~0.15	0.15~0.3	0.3~0.6	0.6~1.0	1.0~1.5	1.5~2.0
1	m_1	0.63	0.60	0.58	0.55	0.53	0.50
2	m_2	0.82	0.80	0.79	0.78	0.76	0.75
3	m_3	0.84	0.82	0.81	0.80	0.79	0.78
4	m_4	0.86	0.85	0.83	0.82	0.81	0.80
5	m_5	0.88	0.87	0.86	0.85	0.84	0.83

表3-5 修正系数 K 值

m_1	0.55	0.57	0.60	0.62	0.65	0.67	0.70	0.72	0.75	0.77	0.80
K_1	1.00	0.93	0.86	0.79	0.72	0.66	0.60	0.55	0.50	0.45	0.40
m_2	0.70	0.72	0.75	0.77	0.80	0.85	0.90	0.95	—		
K_2	1.00	0.95	0.90	0.85	0.80	0.70	0.60	0.50	—		

注：表中 m_1、K_1 分别为首次拉深的拉深系数和修正系数，m_2、K_2 分别为以后各次拉深的拉深系数和修正系数。

不采用压边圈时，也可采用上述公式计算拉深力 F_i，其中 $K_1 = 1.25$，$K_2 = 1.3$。

采用弹性压边圈时，还需要计算压边力 F_Q，计算公式为：

$$F_Q = Ap$$

式中，A 为压边面积（mm^2）；p 为单位面积的压边力（MPa）。p 值为：硬铝1.2~1.8，黄铜1.5~2.0，低碳钢2.0~3.0，高合金钢及不锈钢3.0~4.0。

3.4.4 弯曲工艺设计

1. 弯曲过程

图3-31所示为V形件弯曲变形过程。开始弯曲时，板料的弯曲内侧半径大于凸模的圆角半径，随着凸模下压，板料内侧半径逐渐减小，同时弯曲力臂也逐渐减小。当凸模、板料、凹模三者完全压合，板料的内侧半径及弯曲力臂达到最小时，弯曲过程结束。

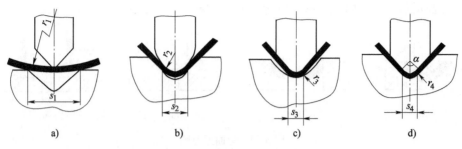

图 3-31 V 形件弯曲变形过程

2. 弯曲工艺设计

弯曲工艺设计主要包括弯曲模具尺寸确定、弯曲件毛坯尺寸计算、弯曲力计算和弯曲工序确定等。

（1）弯曲模具尺寸确定 一般凸模的圆角半径应等于或略小于工件内侧圆角半径 r，当工件的圆角半径较大（$r/t>10$）且精度要求较高时，要进行回弹计算。

（2）弯曲件毛坯尺寸计算 弯曲件毛坯长度为弯曲件的直线部分和弯曲部分的中性层长度之和，即：

$$L = \sum l_{直} + \sum l_0$$

式中，L 为弯曲件毛坯长度（mm）；$\sum l_{直}$ 为弯曲件直线部分各段长度（mm）；$\sum l_0$ 为弯曲件弯曲部分各段中性层长度（mm）。

每一个弯曲部分的中性层长度为：

$$l_0 = \pi\varphi(r + xt)/180°$$

式中，l_0 为弯曲部分中性层长度（mm）；φ 为弯曲部分中心角（°）；r 为弯曲半径（mm）；t 为板厚（mm）；x 为中性层系数，一般取 0.1~0.5，见表 3-6。

表 3-6 中性层系数

r/t	0~0.5	0.5~0.8	0.8~2	2~3	3~4	4~5	>5
x	0.16~0.25	0.25~0.30	0.30~0.35	0.35~0.4	0.40~0.45	0.45~0.50	0.5

（3）弯曲力计算 弯曲力是设计弯曲模具和选择压力机的主要依据，由于影响因素较多，弯曲力很难准确计算，生产中常用经验公式进行概略计算。

冲模弯曲时，如果最后不进行校正，则为自由弯曲，如图 3-32a、b 所示；若在弯曲变形的最后阶段对弯曲件进行校正，则为校正弯曲，如图 3-32c、d 所示。

V 形自由弯曲力计算公式为：

$$F_{弯} = 0.6Cb\,t^2R_m/(r + t)$$

U 形自由弯曲力计算公式为：

$$F_{弯} = 0.7Cb\,t^2R_m/(r + t)$$

式中，$F_{弯}$ 为弯曲力（N）；b 为弯曲宽度（mm）；C 为系数，常取 1~1.3；t 为板料厚度（mm）；r 为弯曲半径（mm）；R_m 为材料的抗拉强度（MPa）。

校正弯曲力计算公式为：

$$F_{弯} = Aq$$

式中，A 为校正部分投影面积（mm^2）；q 为单位面积上的校正力（MPa），q 值见表 3-7。

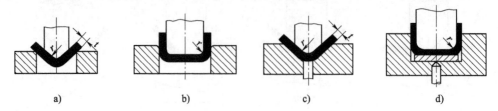

图 3-32 弯曲示意图

a) 自由弯曲 b) 自由弯曲 c) 校正弯曲 d) 校正弯曲

表 3-7 单位面积校正力 q 值

材料	板料厚度 t/mm			
	<1	1~3	3~6	6~10
铝	15~20	20~30	30~40	40~50
黄铜	20~30	30~40	40~60	60~80
10 钢、15 钢、20 钢	30~40	40~60	60~80	80~100
25 钢、30 钢	40~50	50~70	70~100	100~120

（4）弯曲工序确定 形状简单的弯曲件，如 V 形、U 形、Z 形工件等，只需一次弯曲即可成形。形状复杂的弯曲件，要两次或多次弯曲成形，一般是先弯曲两端的形状，再弯曲中间的形状，如图 3-33 所示。对于精度要求较高或形状特别小的弯曲件，应尽可能在一副模具上多次弯曲。

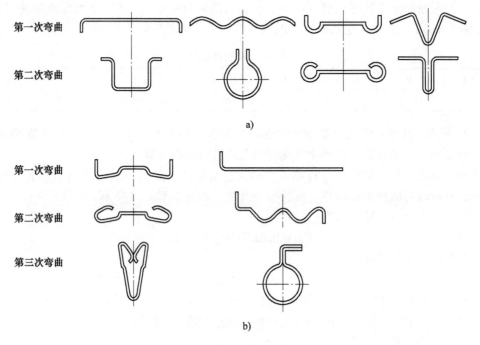

图 3-33 两次或多次弯曲成形

a) 两次弯曲成形 b) 多次弯曲成形

3.4.5 冲压工艺设计实例

如图 3-34 所示的托架零件，材料为 08 钢，年产 2 万件，要求表面无划伤，孔不能有变形。试进行冲压工艺设计。

1. 零件分析

该零件为弯曲件，各弯曲半径均大于最小弯曲半径。工件上有一个中心轴孔和四个连接孔，孔的精度要求不高，各孔可冲出。材料为 08 钢，塑性好，可以冲压成形。

2. 冲压工序确定

根据托架的形状，其基本工序为落料、冲孔和弯曲三种。各工序顺序为：复合冲 $\phi 10 mm$ 孔与落料→弯两边外角和中间两 45°角→弯中间两角→冲 $4\times\phi5mm$ 孔，如图 3-35 所示。

3. 计算毛坯尺寸（略）
4. 确定模具尺寸（略）
5. 计算冲压力、选择设备（略）

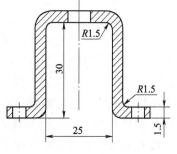
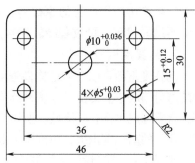

图 3-34 托架零件图

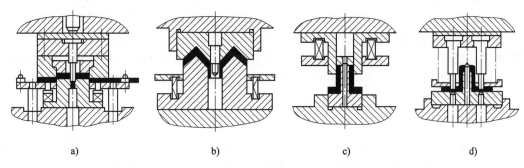

图 3-35 托架冲压工艺

a) 冲孔落料　b) 弯外角　c) 弯中间角　d) 冲孔

3.5 常用合金的冲压

常用的冲压原材料主要是钢、铝合金和铜合金等，应根据原材料的性能与特点采用不同的冲压工艺方法、工艺参数和模具参数，从而保证冲压件质量。

3.5.1 钢的冲压

1. 普通钢板

钢板是冲压生产中应用数量最多的原材料，它用于汽车、拖拉机、火车等交通工具以及电气、石油化工机械、建筑等多种工业产品。由于产品使用目的与功能要求不同，在冲压生产中所用的钢板种类与形式也各不相同。这里主要介绍热轧钢板和冷轧钢板的冲压。

（1）热轧钢板　热轧钢是含碳的质量分数为 0.1%～0.15% 的优质碳素结构钢，属于低碳钢。热轧钢板的供应状态有两种形式：一种是热轧后直接供应的钢板，其表面有厚度为 10 μm 左右的黑色氧化皮，该氧化皮脆而硬，在冲压成形中，尤其是剥落时，易损坏模具；另外一种是去除氧化皮的热轧钢板，这种钢板可用于冲压成形。

热轧钢板不具有冷轧钢板的织构组织，它的冲压性能不如冷轧钢板，而且热轧钢板的厚度与性能波动大，对冲压加工较为不利。由于热轧钢板的价格便宜，因此开发冲压性能好、可用于深拉深成形的热轧钢板具有较大意义。

（2）冷轧钢板　冷轧钢是含碳的质量分数为 0.08%～0.12% 的优质碳素结构钢，属于低碳钢。冷轧钢板表面质量好、冲压性能优异，且板材的各种性能和厚度精度等都比较稳定，是冲压生产中应用广泛的原材料。通过调整冷轧钢板的化学成分，控制轧制中的变形与退火中的再结晶过程，可改善冷轧钢板的拉深性能、曲面零件成形时的贴模性能等冲压性能。

2. 高强度钢板

高强度钢板可以在保证构件强度与刚度要求的条件下降低所使用钢板的厚度，从而降低结构的重量与成本。目前已有多种高强度钢板代替普通钢板成功应用于汽车工业的案例，可使汽车的自重与成本都有所降低。所用高强度钢板主要包括以下几种：①加磷高强度钢板，它是固溶强化型的高强度钢板，在汽车工业中的应用较早，也较成熟。加磷后，钢板的抗拉强度达到 350～440MPa。②烘烤硬化型高强度钢板（BH 钢板），具有良好的冲压性能，且在冲压成形后，经喷漆和低温烘烤，它的强度因 BH 型硬化（BH 型硬化是由于烘烤而强硬度升高的硬化类型）而提高。③双相高强度钢，具有软的铁素体与硬的马氏体组织，所以其同时具有较高的强度和较好的塑性。目前，这种钢板主要用于加工汽车结构件，如立柱、底盘中的构件等。

在成形过程中使用传统的冷冲压工艺时容易产生破裂现象，无法满足高强度钢板的加工工艺要求。目前，国际上多在研究超高强度钢板的热冲压成形技术，主要是利用高温奥氏体状态下板料的塑性增加、屈服强度降低的特点，通过模具进行成形的工艺。但是热成形需要对工艺条件、金属相变、CAE 分析技术进行深入研究。

3. 表面处理钢板

为了防止钢板制件在使用过程中发生严重的腐蚀问题，通常钢板在冷轧或热轧后电镀或热浸镀，制成表面处理钢板。常用的有镀锡钢板、镀锌钢板和镀铝钢板。

由于表面处理钢板的镀层厚度很小，所以它对冲压性能的影响不大。例如热镀锌钢板，其硬度较高，耐蚀性强，冲压成形性好，焊接性和涂装性较好，应用比较广泛，通常用于耐蚀性较高的钣金场合。图 3-36 所示为热镀锌钢板冲压的汽车左侧外围板。但是在采用拉深筋等靠摩擦阻力控制冲压件的成形时，表面摩擦条件对冲压成形的成败起决定作用，当表面处理钢板的摩擦系数增大时，对成形条件与参数的要求更加严格。

图 3-36　热镀锌钢板冲压的汽车左侧外围板

4. 复合金属板

复合金属板是利用轧制复合或其他复合方法（如爆炸复合法等）把两种金属板复合成

牢固结合在一起的双层或三层板材。通常都是在厚度较大（相对敷层板）的基板表面复合厚度较薄的敷层板。复合板兼有两种金属板的力学性能与物理性能，是一种功能性材料。冲压加工中常用的复合金属板材包括钢-铜、钢-铝、钢-不锈钢、不锈钢-铝等复合板，也有在钢板或铝板的两表面各复合一层不锈钢板，形成三层复合钢板。又如，在铝板的双侧表面各复合一层不锈钢后，使复合板在外观上更加美观，而且具有良好的耐腐蚀和耐划伤性能。

复合板材的冲压成形性能取决于组分材料的性能和厚度比例。目前还无法用纯数学分析的方法确切地表示复合板材的冲压性能，只能运用定性分析方法来处理某些实际问题。

5. 不锈钢板

不锈钢是指铬质量分数达到11%以上的高合金钢，其主要特征是耐腐蚀性及耐热性。常用的有铁素体型不锈钢（铬系不锈钢）与奥氏体型不锈钢（铬镍系不锈钢）。

铁素体型不锈钢板的冲压性能接近冷轧钢板，具有良好的拉深性能。但是铁素体不锈钢板的硬化倾向较大，伸长率及胀形性能低于奥氏体型不锈钢板，所以其伸长类冲压成形性能较差。奥氏体型不锈钢板的拉深性能稍差，但是其具有良好的伸长类冲压成形性能。在塑性变形过程中，奥氏体型不锈钢中的奥氏体相会转变成强度很高的马氏体组织，具有相变强化作用。因此，奥氏体相变的稳定程度高时，奥氏体型不锈钢具有良好的冲压性能，适用各种冲压成形。

3.5.2 铝合金的冲压

冲压加工中常用的铝合金类型主要有防锈铝 5A03 及硬铝 2A11、2A12 等。防锈铝合金板与低碳钢板在拉深比、翻边系数、胀形深度和弯曲半径等方面大致相同。但铝合金板比较软，拉深时易起皱（见图 3-37）、开裂、刮伤，而且回弹量大、零件精度控制困难。另外，铝合金板材表面氧化层黏性强，在板料拉延过程中，与模具表面摩擦较大，易剥落并粘在模具表面造成模具损伤。铝合金冲压件修边后毛刺较大且碎屑堆积严重，导致零件表面质量受到影响，模具维护成本增加。为防止起皱，当皱纹在制件四周均匀产生时，可通过增加压边力消除；当皱纹在制件周边局部产生时，可通过调整板料定位消除；当拉深锥形件和半球件时，应通过增加拉深筋来增大板内径内的拉应力，以消除皱纹；通过局部刷油并保证刷油量和刷油位置正确，也可避免起皱。

汽车工业中应用冲压成形技术制备的铝合金零件有很多，如后横臂、后横梁支架、尾灯支架和顶盖内外板等。图 3-38 所示为铝合金汽车后横梁冲压件。

图 3-37 铝合金冲压件的起皱

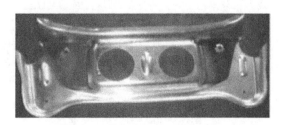

图 3-38 铝合金汽车后横梁冲压件

3.5.3 铜合金的冲压

铜及铜合金也是冲压加工中应用较多的非铁金属，如纯铜 T1、T2、T3 等，黄铜 H68、H62 等，青铜 QSn4-4-2.5、QBe2 等。通常采用拉伸试验鉴定铜材的冲压成形性能，也有采用晶粒度来鉴定其冲压成形性能。

纯铜的抗压缩失稳能力较差，且其拉深性能较差。因此，纯铜的冲压必须采用压边圈。一般情况下，青铜的加工硬化较为严重，冲压成形性能较差，往往需要经过中间退火才能继续进行变形。因此，青铜用于冲压成形加工的情况相对较少。黄铜的冲压成形性能，特别是拉深性能与晶粒尺寸有密切关系，可按表 3-8 适当选择黄铜板的晶粒度。黄铜拉深件常发生时效开裂，通常采用退火方法消除内应力以解决此问题。

表 3-8 黄铜板的晶粒度与用途

晶粒大小/μm	拉深场合
15	很浅的拉深件
25	浅拉深件
35	深拉深且表面质量好的工件
50	一般深拉深件
100	壁厚大的深拉深件

3.6 冲压件的结构工艺性

冲裁件、拉深件、弯曲件和其他冲压件的结构工艺性见表 3-9。

表 3-9 冲压件的结构工艺性

	冲压件结构设计原则	简图	说明
冲裁件	冲裁件的形状要尽量简单、对称，凹凸部位不能过深和太狭窄；孔间距不宜过小，孔离边缘不宜太近；孔的直径不宜过小	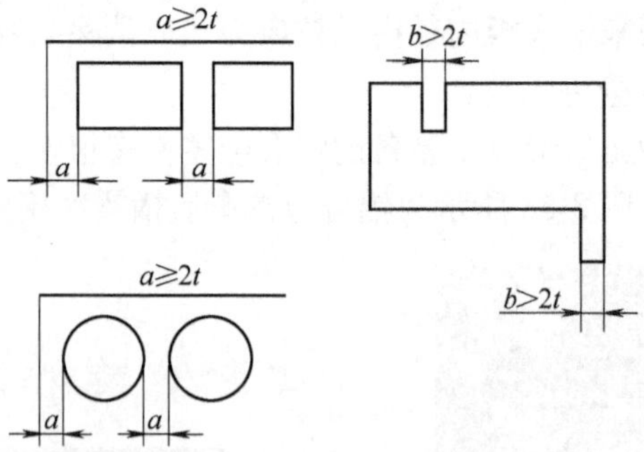	凹凸部位太窄，模具制作困难；孔间距过小或孔离边缘太近，坯料冲裁处附近易变形；孔直径过小，冲头制作困难，且冲头强度不易保证
	冲裁件的外形要利于充分利用材料	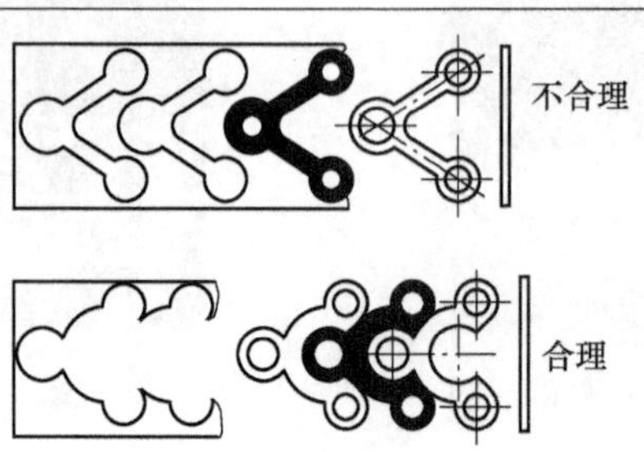	设计冲裁件时要注意材料的利用率

(续)

	冲压件结构设计原则	简图	说明
冲裁件	避免细臂、窄槽	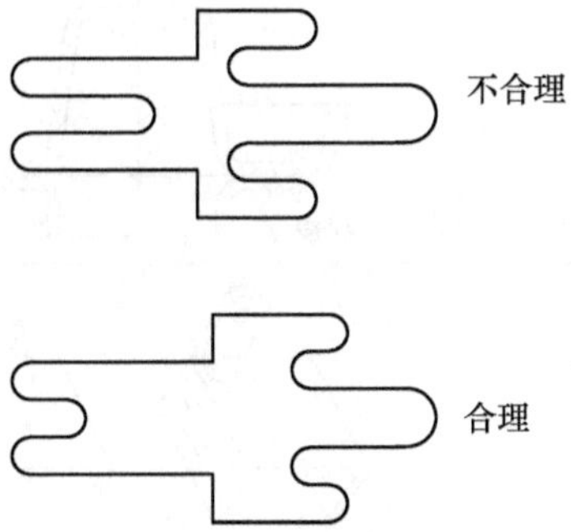 不合理 合理	细长悬臂和窄槽结构的制模成本较高，模具寿命较短
拉深件	拉深件的形状要简单、对称，不宜过深；拉深件的转弯处要有过渡圆角	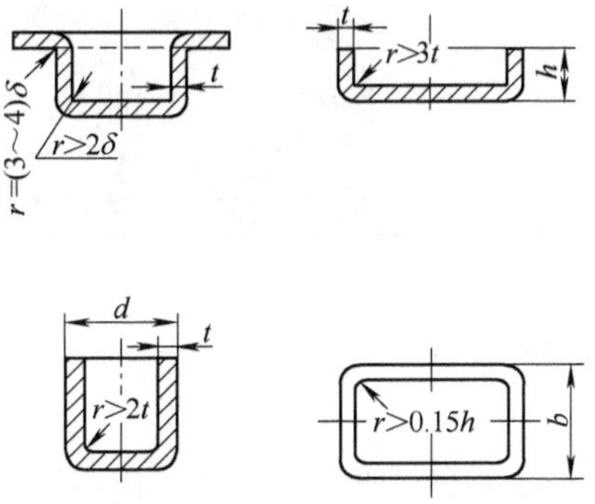 $r=(3\sim4)\delta$，$r\geqslant2\delta$，$r\geqslant3t$；$r\geqslant2t$，$r\geqslant0.15h$	不对称结构的变形不均匀，易产生拉穿；深度过大时，拉深困难，需多次拉深
弯曲件	局部弯曲件在交接处切槽	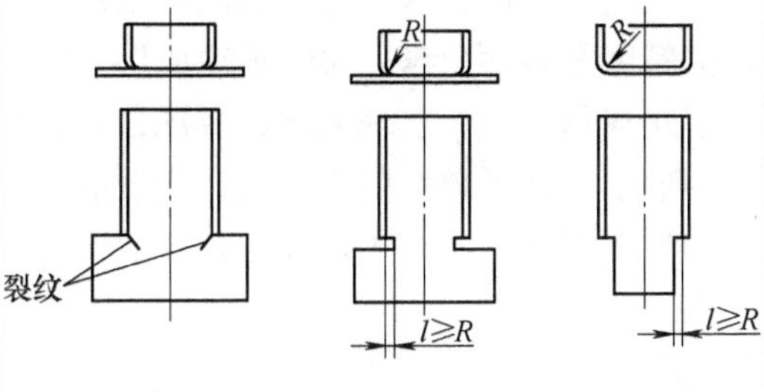 裂纹 不合理　　合理　　$l\geqslant R$	在交接处冲孔、切槽可使交接处避开变形区，以避免应力集中而撕裂
	弯曲件的弯曲半径不要小于"最小弯曲半径"；弯曲时的弯曲轴线应垂直于坯料的纤维方向	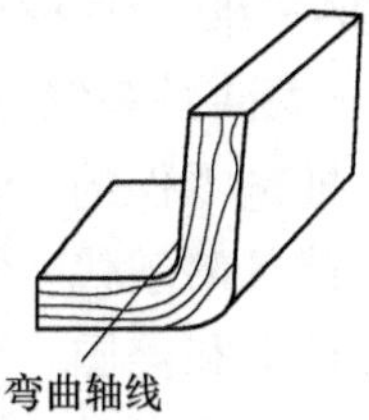 弯曲轴线	弯曲半径过小，弯曲处的外沿易开裂；热轧板材的纤维存在各向异性，弯曲时要充分利用材料的各向异性
	弯曲件上的孔不能离弯曲部位太近；弯曲边高不宜太小	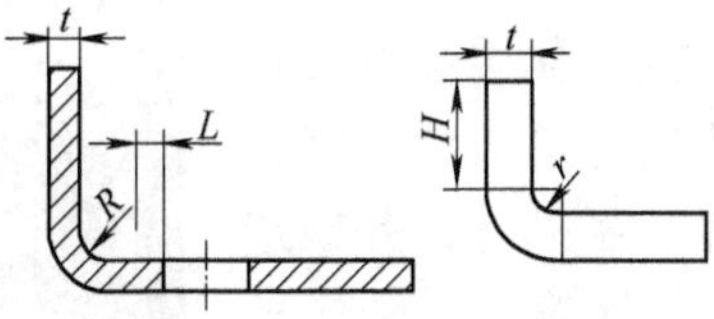 L，H	孔离弯曲部位太近易变形；弯曲边高过小时弯曲困难，边高必须小时，应先弯成较大的边高，再剪切掉多余部分

(续)

冲压件结构设计原则	简图	说明
其他冲压件	对复杂冲压件采用组合方案,以简化工艺	将复杂件分成几个冲压件分别冲出,再焊接为一个整体
	合理采用冲口工艺	冲口工艺可减少材料消耗,简化工艺,提高工件的一致性
	合理采用加强筋结构	采用加强筋可使板料厚度减薄,避免使用厚板

3.7 冲压成形新技术

随着冲压成形技术的不断发展,近几十年来,出现了许多新的冲压成形工艺。这些新工艺具有以下特点中的一个或几个方面:提高工件的内在质量,组织更致密、更细化,力学性能得到提高;提高工件的精度和表面质量,实现近净成形、净终成形加工,节省材料,降低切削加工成本;采用数字化成形方法,实现无模具成形,简化成形工艺,缩短成形周期,提高成形效率;使用较小的成形力获得较大的变形量,降低能耗;突破材料的限制,对难变形的材料及复合材料进行塑性成形等。本节主要介绍板料数字化柔性成形、板料液压拉深成形和板料超塑性成形。

3.7.1 板料数字化柔性成形

板料数字化柔性成形是将柔性成形与计算机技术结合为一体的数字化设计与制造技术,是基于产品的数字化信息,由产品的三维 CAD 模型直接驱动,通过形状简单的工具包络面,实现三维曲面零件成形的技术。在一套柔性装置上可实现不同厚度、不同形状、不同大小的三维曲面件成形,适合多品种、小批量零件的生产及新产品的试制。它是一种无模具的现代板料成形新技术,20 世纪 80 年代日本和美国开始研究用于船体外板的三维曲面件成形以及飞机蒙皮的成形。20 世纪 90 年代后,随着计算机技术的飞速发展,板料数字化柔性成形技术的应用越来越广泛。目前国外的板料数字化柔性成形设备已实现产业化、系列化,并制造出汽车覆盖件、流线型车头覆盖件、船体外板、人脑颅骨修复体等大型件、复杂件。图 3-39

图 3-39 板料数字化柔性成形动车头覆盖件

所示为板料数字化柔性成形的动车头覆盖件。

1. 板料数字化柔性成形工艺过程

板料数字化柔性成形技术主要有两种形式,增量成形与多点成形。

(1) 增量成形　增量成形是在旋压成形的基础上发展起来的新技术,它通过一个成形工具头沿 x、y 轴方向的运动及 z 轴方向的进给,逐层形成零件的三维包络面,从而实现板料的渐进成形。其成形示意图如图 3-40 所示。成形时被加工板料置于支撑座上,其四周用压板夹紧,数控系统按设定的程序控制成形工具下降一个步距,再沿事先设定的轨迹运动,同时板料随压板一起下降一个步距。完成一层的成形后,成形工具沿 x 轴移动一个步距,然后沿 z 轴下降一个步距,进行下一层的成形,如此循环,最后将板料逐步压靠在模芯上,得到所需形状的工件。

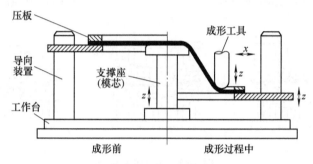

图 3-40　增量成形系统结构成形示意图

增量成形可以在数控车床上加工轴对称的板壳类零件,如图 3-41 所示;也可以在数控铣床上加工非轴对称的板壳类零件,如图 3-42 所示。

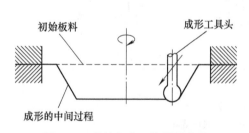

图 3-41　数控车床上的增量成形

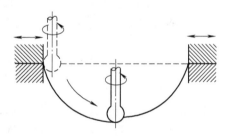

图 3-42　数控铣床上的增量成形

增量成形可制作形状较复杂的零件,适用的板料厚度较小,所用设备简单。但增量成形生产效率较低,成形件尺寸受压边结构限制,且不能制作 90°倾角的直壁零件。

(2) 多点成形　多点成形是用规则排列的基本体阵列代替传统的冲压模具,通过计算机控制基本体上、下方向的位置坐标,构造出所需的成形曲面,按照该曲面使板料在上、下基本体阵列之间成形,得到所需形状工件的新技术。多点成形的基本体阵列照片如图 3-43 所示,多点成形示意图如图 3-44 所示。

多点成形分为多点模具成形和多点压机成形。多点模具成形前就调整好上、下各基本体的位置,在成形过程中,各基本体位置不变,如图 3-45 所示。多点压机成形可实时控制各基本体的位置,形成随时变化的瞬时成形曲面,每一个基本体都相当于一个微型压机,如

图 3-46 所示。

图 3-43 多点成形基本体阵列

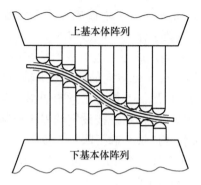

图 3-44 多点成形示意图

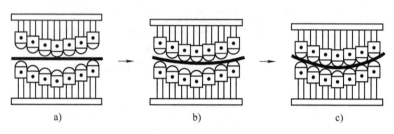

图 3-45 多点模具成形
a) 成形开始 b) 成形中 c) 成形结束

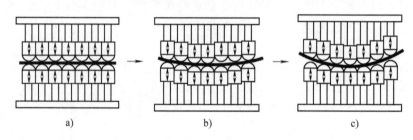

图 3-46 多点压机成形
a) 成形开始 b) 成形中 c) 成形结束

多点成形可用于中、厚板成形，通过压边技术也可用于薄板件成形。成形效率高，不仅适用于单件、小批量的新产品试制，也可用于大批量生产。但多点成形设备较复杂、造价高，成形件形状不能太复杂。

2. 板料数字化柔性成形的特点及应用

板料数字化柔性成形的特点主要有：

1) 可实现板料的无模具成形，节约模具材料及设计、制造费用。

2) 可实现板料的快速成形，大大缩短新产品开发周期，降低产品成本。

3) 通过计算机对产品形状进行数字化控制，在一台设备上可生产多种不同形状的零件。

4) 可方便地对成形路径进行数值模拟，确定最佳成形工艺。

5) 易于实现 CAD/CAE/CAM 一体化及板料成形自动化。

6) 可实现小设备生产大工件。利用多点形面可变的特点来实现板材的分段、分片成形，能加工大于其工作台面数倍甚至数十倍的大尺寸板料。

板料数字化柔性成形适于各种曲面形零件的制造，非常适合单件、小批量的产品试制，多点成形也可用于大批量生产。可广泛用于车辆覆盖件、飞机蒙皮、船体外板、压力容器、鼓风机和汽轮机叶片等，也可用于建筑装饰、城市雕塑、家用电器、厨房用具及其他轻工产品中的各种金属曲面的制造。

3.7.2 板料液压拉深成形

液压拉深是利用液态的水、油或黏性物质作为传力介质，代替刚性的凹模或凸模，使坯料在传力介质的压力作用下贴合凸模或凹模而成形。该技术是 20 世纪 50 年代日本最早研究的，20 世纪 70—80 年代不少国家已进入实用化阶段。近年来，随着汽车和航空工业的快速发展，大量冷成形性能差的新材料和结构复杂的零件得到了越来越多的应用，进一步促进了板料液压成形技术的发展。

1. 液压拉深的工艺过程

图 3-47 为液压拉深成形示意图。拉深时，为凸模下行，液压室中的液体被压缩产生相对压力将坯料紧紧压在凸模的表面上，增大了拉深件侧壁与凸模的摩擦力，形成有力的摩擦保持效果，从而减轻了侧壁的拉应力，使工件完全按凸模形状成形。此外，高压液体进入凹模与坯料之间产生流体润滑，会大大降低坯料与凹模的摩擦阻力，减少拉深过程中侧壁的载荷。这样不仅使板料的成形极限大

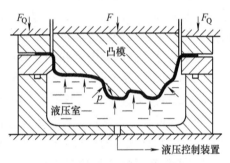

图 3-47 液压拉深成形示意图

大提高，而且减少了传统拉深时可能产生的局部缺陷，从而显著提升了零件的精度和表面质量。因此液压拉深的极限拉深系数比普通拉深小得多，可达 0.4~0.45。

2. 液压拉深的特点及应用

液压拉深的特点主要有：

1) 成形极限高。液压的作用会使坯料与凸模紧紧贴合，产生"摩擦保持效果"，提高传力区的承载能力。液压的作用形成"软拉深筋"，消除悬空区，坯料与模具之间建立起有益摩擦，使得凸模底部圆角处坯料的径向拉应力减小，从而显著提高了成形极限。

2) 尺寸精度和表面质量高。液体从板材与凹模表面间溢出形成流体润滑，利于板材进入凹模，减少零件的表面划伤。

3) 道次少。可实现复杂薄壳零件的成形，减少中间工序、退火等耗能工序。

4) 成本低。成形极限高，拉深工序少，可减少模具，降低成本。

5) 与传统拉深技术相比，由于凹模中存在液体，所以凸模受的反作用力较大，需要公称压力大的成形设备。此外，由于成形时需要液体，所以必须考虑相应的密封装置，一般设备较复杂，生产效率较低。

液压拉深主要用于质量要求较高的深筒形、锥形、抛物线形等旋转体零件，以及具有复杂曲面的非旋转体零件，用于盒形件及带法兰的零件的成形。在汽车覆盖件、航空发动机、运载火箭整流罩等复杂零件中也有应用。成形材料包括低碳钢、不锈钢、铝合金，以及各种

难成形材料如高强钢、高温合金、镁合金、钛合金等。适于小批量、多品种产品的生产。图 3-48 所示为液压成形件复杂形状深腔零件。

3.7.3 板料超塑性成形

超塑性是指在一定的内部（组织）条件（如晶粒形状及尺寸、相变等）和外部（环境）条件下（如温度、应变速率等），材料呈现出异常低的流变抵抗力、异常高的流变性能（如大的延伸率）的现象，即材料在一定的条件下产生较大变形的现象。其伸长率 δ 可超过 100%，甚至 1000% 以上，如钢的伸长率超过

图 3-48 液压成形件复杂形状深腔零件

500%，纯钛超过 300%，铝锌合金超过 1000%。超塑性现象在 20 世纪 20 年代被发现，20 世经 60 年代以后各国进行了深入的研究及应用。近几十年来金属超塑性成形已在工业生产领域中得到了较为广泛的应用。超塑性金属主要有共晶型、共析型金属，如 Zn-Al 共析合金，低熔点金属如 Pb 基、Sn 基、Mg 基、Al 基、Cu 基、Ni 基和 Ti 基等有色金属，Fe 基合金、碳钢、低合金钢及铸铁等黑色金属。

超塑性分为细晶超塑性和相变超塑性。细晶超塑性的条件：采用形变或热处理方法得到 $0.5 \sim 5\mu m$ 的超细等轴晶粒；成形温度一般为 $(0.5 \sim 0.7)T_{熔}(K)$；变形速度应保证 $10^{-5} \sim 10^{-2} m/s$ 的低应变速率；成形压力一般为十分之几兆帕至几兆帕。相变超塑性的条件：在金属相变点附近经过多次温度循环或应力循环。实际生产中细晶超塑性应用较多。利用金属的超塑性可以对难成形的板料进行成形，也可以制造出复杂的薄板件。

1. 板料超塑性成形的工艺过程

板料超塑性成形的方式较多，有板料成形（如真空成形、气压成形）和板料拉深等。

（1）超塑性板料成形　超塑性板料置于模具中，将板料加热至超塑性温度后，抽出模具内的空气（真空成形法，见图 3-49a），或向模具内吹入压缩空气（吹塑成形法，见图 3-49b），模具内产生的压力使板料紧贴在模具上，从而获得所需形状的工件。真空成形法最大气压为 10^5Pa，成形时间仅为 20~30s，主要用于厚度为 0.4~4mm 薄板零件的成形。吹塑成形法压力大小可变，可产生较大的变形，适用于厚度较大、强度较高的板料成形。

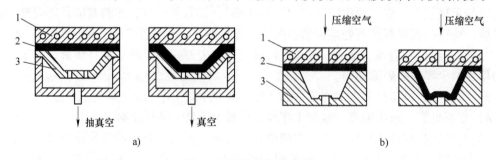

图 3-49 超塑性板料成形
a）真空成形法　b）吹塑成形法
1—加热板　2—坯料　3—模具

（2）超塑性板料拉深　板料的超塑性拉深是在具有特殊加热和加压装置的模具中进行

的。将超塑性板料的法兰部分加热到一定温度,并在外围加油压,可一次拉深出薄壁深筒件,如图3-50所示。超塑性拉深件的深冲比(H/d_0)是普通拉深的10倍以上,且工件壁厚均匀,筒口边缘平齐,无各向异性。

2. 板料超塑性成形的特点及应用

板料超塑性成形的特点主要有:

1)成形力小。成形载荷比常规锻造低得多(超塑性成形的流动应力可降低1~2个数量级,对模具的损耗大大减小,可在公称压力较小的设备上完成较大工件的成形)。

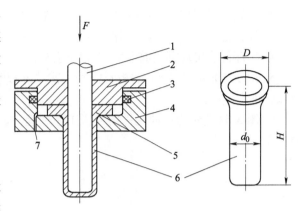

图3-50 超塑性板料深冲
1—凸模 2—压板 3—加热元件 4—凹模
5—板料 6—制品 7—高压油孔

2)成形件精细、复杂。超塑性成形可制出高质量、高精度的薄壁件,可制造长轴锻件、异形锻件(常规锻造主要应用于轴对称件,精度等级可达IT8~10,表面粗糙度Ra值可达0.2~0.8 μm)。

3)变形抗力小,无或少加工硬化,易变形。成形后工件尺寸稳定,耐腐蚀能力、屈服强度、疲劳强度等,力学性能均显著提高。

4)金属的晶粒细小、组织均匀,力学性能高,而且具有各向同性。

5)模具磨损少,寿命长,但模具温度高、应变速率低、摩擦系数高、模具润滑要求高。

板料超塑性成形技术在航空航天及汽车的零部件生产,工艺品制造,仪器仪表壳罩件和一些复杂形状构件的生产中有较多应用;主要用于形状复杂或变形量较大的零件的一次直接成形。图3-51所示为板料超塑性成形的航天零件。

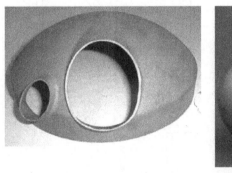

a)   b)

图3-51 板料超塑性成形航天零件
a)双相不锈钢超塑性成形的航天器件 b)吹塑成形的钛合金球形卫星燃料箱

———— 练习题 ————

1. 试述板料冲压的特点和应用。板料冲压有哪些主要工序?

2. 比较冲裁与拉深工序的凸模、凹模结构及模具间隙各有什么不同，为什么？

3. 什么是弯曲弹复？减少弹复的措施有哪些？

4. 拉深件易出现哪些成形缺陷？如何防止？

5. 用 φ250mm×1.5mm 的板料能否一次拉深成直径为 φ50mm 的拉深件？应采取什么措施保证正常生产？

6. 图 3-52 所示为一冲压件的冲压工序过程，试说明各加工工序的名称，应采用哪种冲模加工？

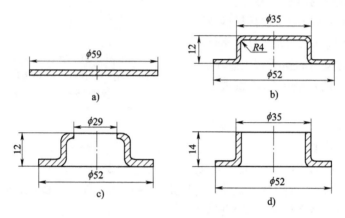

图 3-52　冲压工序过程

7. 图 3-53 所示冲压件的结构设计是否合理？为什么？试修改其不合理的部位。

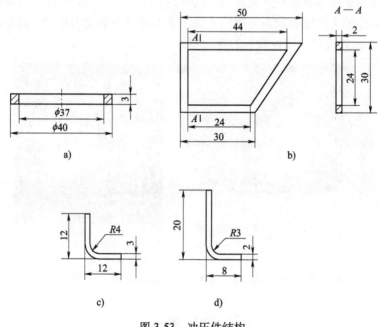

图 3-53　冲压件结构
a)、b) 冲裁件　c)、d) 弯曲件

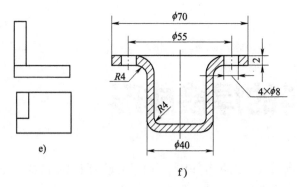

图 3-53 冲压件结构（续）
e）弯曲件 f）拉深件

8. 什么是超塑性？超塑性成形有哪些优点？
9. 简述板料液压拉深的工艺过程及成形特点，试说明其成形极限高的主要原因。
10. 说明板料数字化成形在现代成形技术中的作用及发展趋势。

第4章
金属材料的焊接成形

焊接是通过加热或加压，或两者并用，并且用或不用填充材料，使金属材料之间达到原子间结合的永久性连接而成为焊件的成形方法。焊件可作为毛坯，经过机械加工制成零件，也可直接作为零件。

4.1 焊接的特点及应用

4.1.1 焊接的特点

与螺纹连接、铆接等机械连接成形方法相比，焊接具有以下特点：
1) 焊接是通过不同金属材料之间的原子扩散而连接成形的。
2) 焊接接头具有良好的力学性能及使用性能，可用于锅炉等工作温度较高的压力容器成形。
3) 能保证容器件具有较好的密封性，如气密性、水密性等。
4) 便于以小拼大，以简单拼复杂，使较大形状或复杂形状的工件可以简单方便地制造出来。如采用铸-焊复合或锻-焊复合工艺，可用较小的铸造设备或锻造设备生产出大型零、部件。
5) 可制造双金属结构或金属与非金属材料结构，如制造复合层容器。
6) 能减轻结构重量，节约大量金属材料。
7) 生产周期短、生产效率高。
8) 焊接结构不可拆，更换修理不方便。
9) 易出现焊缝组织粗大、焊接应力、焊接变形及开裂等焊接缺陷。

4.1.2 焊接的应用

焊接是毛坯成形的主要工艺方法之一，在机械制造业中应用广泛。据统计，占全世界总产量45%左右的钢材是通过焊接制成构件或产品后使用的。
1) 焊接主要用于制造金属结构件，在锅炉、压力容器、船舶、桥梁、建筑、管道、车辆、起重机、海洋构件、冶金设备等方面应用广泛。如车辆的车身、车门、车架、油箱等。
2) 用于生产机器零件（或毛坯），如重型机械和冶金设备中的机架、底座、箱体、轴、齿轮等；对于一些单件生产的特大型零件（或毛坯），可通过焊接以小拼大，简化工艺。
3) 修补铸、锻件的缺陷和局部损坏的零件，在生产中具有较大的经济意义。
4) 电子产品的芯片和印刷电路板之间要求导电并具有一定的强度，为减少对电路板的不利影响，只能用钎焊的方法连接。
5) 常用的焊接材料主要为碳钢及合金钢、铝合金、铜合金等，特别是低碳钢最常用。

通过特殊的工艺措施或特种焊接方法，也可以对铸铁、陶瓷材料、高分子材料进行焊接。

6）焊接适于各种生产类型，既可用于单件生产，也可批量生产。

4.1.3 我国焊接技术的发展历史

我国最古老的青铜器是出自距今约 5000 年马家窑文化遗址的青铜刀，从那时起人们开始使用青铜器，焊接技术也随着青铜的应用而出现。古代的焊接方法主要是铸焊、钎焊和锻焊。图 4-1 所示为夏代晚期云纹鼎，其腹部和足部的铸造缺陷采用了焊接修补。1978 年出土了战国早期曾侯乙墓中的建鼓铜座（见图 4-2），其上的许多盘龙（十六条大龙和数十条攀附其身的小龙）是通过分段钎焊连接而成的。经分析，其中，所用的焊料与现代软钎料成分相近。战国时期制造的刀剑，刀刃为钢，刀背为熟铁，一般是经过加热锻焊而成的。古代焊接技术长期停留在铸焊、锻焊和钎焊的水平上，使用的热源都是炉火，温度低、能量不集中，无法用于大截面、长焊缝工件的焊接，只能用于制作装饰品、简单的工具和武器。

图 4-1　夏代晚期云纹鼎

图 4-2　钎焊建鼓铜座

工业化的发展和两次世界大战对焊接技术的发展起到了很大的推动作用。20 世纪早期，气焊在制造、维修方面虽占主导作用，但技术水平不高，当时的船舶、锅炉、飞机等制造行业基本上还是用铆接的方法，生产效率极低，而且连接质量也不能满足这些产品的发展要求。焊接方法的快速发展是以 1930 年前后电弧焊、电阻焊的产业化应用为起点的。1930 年后，由于焊条药皮的发明提高了焊接质量，焊接技术才代替了铆接。我国机械行业从 20 世纪 50 年代开始使用埋弧焊和电渣焊。随着我国汽车工业的发展，生产量大、自动化程度高、焊接质量高的电阻焊、气体保护焊、钎焊在汽车工业中应用也越来越多。近二三十年来，激光焊接、电子束焊接、等离子弧焊等高能束焊接方法的出现，在焊接过程中能实现其他焊接工艺较难实现的深熔焊、快速焊等。特别是激光焊接设备工作灵活，并可实时在线检测，使焊接效率和焊接质量进一步提高，扩大了焊接在精密机械、仪器仪表、电子信息等行业的应用。

目前焊接技术正向高效、自动、智能化方向发展，焊接机器人和全方位遥控焊接机的使用，促进了我国大型焊接钢结构的发展及应用。如长江三峡水电站中，直径达 10.7m、重量达 440t 的不锈钢焊接转轮，采用高强度管线钢 X70（美国标准钢号）制造的西气东输全长

4300km、直径1.016m的油气管道均采用自动化焊接技术。近年来为适应21世纪新型工程材料发展趋势的焊接工艺、焊接设备和焊接材料不断出现，并正在解决具有特殊性能材料的焊接问题。如超高强度钢、不锈钢等特种钢及有色金属、异种金属及复合材料的焊接。另外，焊接在节能、环保等方面也有较大发展，能够自动调节焊接参数的智能逆变电焊机，使得焊接操作更加简单化、智能化。

4.2 焊接成形方法

焊接方法很多，根据焊接过程的特点可分为熔化焊、压力焊、钎焊等。

（1）熔化焊　焊接过程中，将焊件接头加热至熔化状态，不加压力完成焊接的方法，称为熔化焊。这类方法的特点是把焊件局部连接处加热至熔化状态形成熔池，待其冷却凝固后形成焊缝，将两部分材料焊接成一体。因两部分材料均被熔化，故称为熔化焊。熔化焊应用最广泛，按焊接热源可分为电弧焊、电阻焊、电渣焊、气焊等。

（2）压力焊　焊接过程中对焊件施加压力（加热或不加热），以完成焊接的方法，称为压力焊。

（3）钎焊　采用比母材熔点低的金属材料作为钎料，将焊件和钎料加热到高于钎料熔点、低于母材熔点的温度，利用液态钎料润湿母材，填充接头间隙，并与母材互相扩散，实现连接焊件的方法，称为钎焊。

近几十年来，在熔化焊和压力焊方面还出现了一些先进的焊接方法，如激光焊、电子束焊、等离子弧焊、机器人焊接、扩散焊、摩擦焊、爆炸焊等。

焊接方法分类如下：

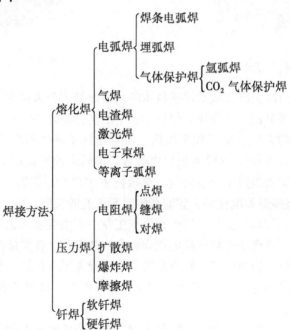

本节主要介绍焊条电弧焊、埋弧焊、气体保护焊、电渣焊、气焊、电阻焊和钎焊。其他焊接技术如等离子弧焊、真空电子束焊、激光焊和扩散焊等将在后面焊接成形新技术一节作

简单介绍。

4.2.1 焊条电弧焊

焊条电弧焊是利用焊条与工件间的电弧热使工件连接处及焊条熔化进行焊接的方法。焊接时使用手工操纵焊条的移动。

1. 焊接电弧

焊接电弧是在电极与工件之间的气体介质中长时间放电的现象，即局部气体介质中有大量电子流通过的导电现象。产生电弧的电极可以是金属丝、钨丝、碳棒或焊条。一般焊条电弧焊都使用焊条。

焊接电弧如图4-3所示。焊接时，电极与工件瞬时接触后，产生很大的短路电流，在短时间内产生大量的热，使电极与工件间形成了由高温空气、金属及药皮蒸气所组成的气体空间，这些高温气体极易被电离。在电场力的作用下，自由电子奔向阳极，正离子奔向阴极，它们不断发生碰撞与复合，便形成了电弧。

引燃电弧后，弧柱中就充满了高温电离气体，并放出大量的热能和强烈的弧光。电弧热量

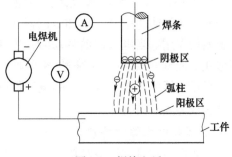

图4-3 焊接电弧

与焊接电流和电弧电压的乘积成正比。电弧电压指电弧稳定燃烧时的电压，电弧长度（即焊条与工件间的距离）越长，电弧电压就越高，一般情况下电弧电压为16~35V。

一般，在阳极区产生的电弧热量较多，约占总热量的43%；阴极区因放出大量的电子，消耗了一部分能量，所以产生的热量较少，约占36%；其余21%左右的热量是在弧柱中产生的。焊条电弧焊只有65%~85%的热量用于加热和熔化金属，其余的热量则散失在电弧周围和飞溅的金属滴中。

电弧中阳极区和阴极区的温度不同，如用钢焊条焊接钢材时，阳极区温度约为2600K，阴极区温度约为2400K，电弧中心区温度最高，可达6000~8000K。由于阳极区与阴极区温度不同，在用直流电源焊接时，在不同的焊接要求下，可采用正接和反接两种接线方法。正接是将电源正极接工件，负极接焊条（或电极），反接接法则与之相反，如图4-4所示。正接时工件的温度相对高些。焊接厚板时，可采用正接，将工件接在阳极，使工件有足够的熔深；而焊接薄板时，应采用反接，将工件接在阴极，防止因熔深过大而烧穿。

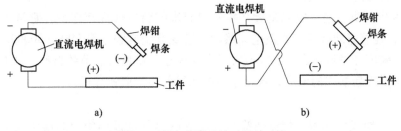

图4-4 直流电源时的正接与反接
a) 正接 b) 反接

焊接时，若使用的为交流焊机，则两电极的温度一样，均为2500K左右，不存在正接和反接问题。

2. 焊条电弧焊的焊接过程

焊条电弧焊的焊接过程如图4-5所示。电弧在焊条与被焊工件之间燃烧，电弧热使工件和焊条的焊芯熔化形成熔池，同时也使焊条的药皮熔化和分解。药皮熔化后与液态金属发生物理化学反应，所形成的熔渣不断地从熔池中浮起；药皮受热分解产生大量的CO_2、CO和H_2等气体，围绕在电弧周围。熔渣和气体能防止空气中氧和氮的侵入，起保护熔化金属的作用。当电弧向前移动时，工件和焊条不断熔化汇成新的熔池。原来的熔池则不断冷却凝固，形成连续的焊缝。覆盖在焊缝表面的熔渣也逐渐凝固成为固态渣壳。

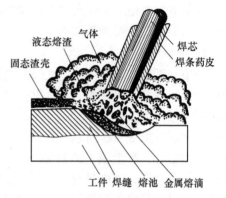

图4-5 焊条电弧焊的焊接过程

3. 焊条电弧焊的特点及应用

焊条电弧焊具有设备简单、操作灵活、成本低等优点，对焊接接头的装配尺寸要求不高，可在各种条件下进行各种位置的焊接，是目前生产中应用最广的焊接方法。但焊条电弧焊进行焊接时，有强烈的弧光和烟尘，劳动条件差，生产效率低，对工人的技术水平要求较高，焊接质量也不够稳定。一般用于单件小批量生产中焊接碳素钢、低合金结构钢、不锈钢及铸铁的补焊等，适宜板厚为3～20mm。

4. 焊条电弧焊电源

常用焊条电弧焊电源的种类有交流弧焊机、直流弧焊机和逆变电焊机等。

（1）交流弧焊机　它是一种特殊的降压变压器，具有结构简单、噪声小、成本低等优点，但电弧稳定性较差。

（2）直流弧焊机　直流弧焊机主要有弧焊发电机（由一台三相感应电动机和一台直流弧焊发电机组成）和焊接整流器（整流式直流弧焊机）两种类型。弧焊发电机具有电弧稳定、容易引弧、焊接质量较好等优点；但结构复杂、噪声大、成本高、维修困难，且在无焊接负载时也要消耗能量，现已被淘汰。

与弧焊发电机相比，焊接整流器结构简单、重量轻、噪声小，制造维修方便，是近年来发展起来的一种弧焊机。

（3）逆变电焊机　逆变电源是近几年发展起来的新一代焊接电源，它从电网接入三相380V交流电，经整流滤波变成直流电，然后经逆变器变成频率为2000～30000Hz的交流电，再经单相全波整流和滤波输出。逆变电源具有体积小、重量轻、节约材料、高效节能、适应性强等优点，是更新换代的电源，现已逐渐取代目前的整流弧焊机。

5. 焊条

（1）焊条的组成和作用　焊条是涂有药皮的供焊条电弧焊使用的熔化电极，由药皮和焊芯两部分组成。

1）焊芯。焊芯在焊接过程中既是导电的电极，同时本身熔化又作为填充金属，与熔化的母材共同形成焊缝金属。焊芯的质量直接影响焊缝的质量。焊芯中硫、磷等杂质的含量很低。常用的焊接用钢丝（焊芯材料）的常用牌号和化学成分见表4-1。

表4-1 焊接用钢丝的常用牌号和化学成分

牌号	质量分数 w（%）								用　　途
	C	Mn	Si	Cr	Ni	Cu	S	P	
H08	≤0.10	0.30~0.55	≤0.03	≤0.20	≤0.30	≤0.20	≤0.04	≤0.04	一般焊接结构用焊条的焊芯
H08A	≤0.10	0.30~0.55	≤0.03	≤0.20	≤0.30	≤0.20	≤0.03	≤0.03	重要焊接结构用焊条的焊芯及埋弧焊的焊丝
H08E	≤0.10	0.30~0.55	≤0.03	≤0.20	≤0.30	≤0.20	≤0.02	≤0.02	
H08Mn2Si	≤0.11	1.70~2.10	0.65~0.95		≤0.30	≤0.20	≤0.035	≤0.035	碳素钢、低合金钢的焊接
H08Mn2SiA	≤0.11	1.80~2.10	0.65~0.95		≤0.30	≤0.20	≤0.03	≤0.03	

2）药皮。药皮是压涂在焊芯表面的涂料层，主要作用是在焊接过程中造气造渣，防止空气进入焊缝，并防止焊缝中的高温金属被空气氧化；以免产生脱氧、脱硫、脱磷和渗合金等缺陷；并具有稳弧、脱渣等作用，以保证焊条具有良好的工艺性能，形成美观的焊缝。

（2）焊条的分类　焊条按用途可分为十一大类：碳钢焊条、低合金钢焊条、钼和铬钼耐热钢焊条、低温钢焊条、不锈钢焊条、堆焊焊条、铸铁焊条、镍及镍合金焊条、铜及铜合金焊条、铝及铝合金焊条、特殊用途焊条。其分类方法及型号编制方法可参考相关手册或国家标准。

按药皮性质不同，焊条可分为酸性焊条和碱性焊条两类。

1）酸性焊条。酸性焊条的熔渣呈酸性，药皮中含有大量的酸性氧化物。其优点是熔渣呈玻璃状，容易脱渣；焊接时由于保护气氛的燃烧使熔池沸腾，能继续除去金属熔池中的气体，所以对焊件上的油、锈、污不敏感，表现为工艺性能较好，电弧稳定，交、直流弧焊机均可使用。其缺点是焊缝的力学性能，尤其是塑性和韧性差，抗裂性低；另外，由于药皮的强氧化性，酸性焊条常应用于一般的焊接结构。

2）碱性焊条。碱性焊条的熔渣以碱性氧化物为主，由于碱性焊条焊缝金属中含锰量比酸性焊条多，而有害元素（硫、磷、氢等）比酸性焊条少，故采用碱性焊条焊接焊缝的力学性能（尤其是塑性和韧性）比酸性焊条好，且抗裂性好。但碱性焊条的电弧稳定性差，飞溅大，脱渣性差，对油、锈、污较敏感，易产生气孔等。一般要求采用直流焊接电源。它主要用于焊接重要的结构件，如压力容器和船舶等。

（3）焊条的型号和牌号

1）焊条型号。焊条型号是国家标准中的焊条代号。不同类型焊条的型号不同。碳钢焊条型号是根据熔敷金属的抗拉强度、药皮类型、焊接位置和焊接电流种类划分的（参考机械设计手册或有关国家标准）。焊条型号中字母"E"表示焊条；前两位数字表示熔敷金属抗拉强度的最小值；第三位数字表示焊条的焊接位置，"0"和"1"表示焊条适用于全位置焊接（平焊、立焊、仰焊、横焊），"2"表示焊条适用于平焊和平角焊，"4"表示焊条适用于向下立焊；第三和第四位数字组合时表示焊接电流种类及药皮类型。

例如E4303，E表示焊条；43表示熔敷金属的抗拉强度不低于43kgf/mm^2（420MPa）；0表示焊条适用于全位置焊接；3表示钛钙型焊条药皮，电流种类为交流或直流。

2）焊条牌号。焊条牌号是焊条行业统一的焊条代号。各种焊条牌号前都冠以相应的拼音字母（或汉字），其后由三位数字组成。拼音字母（或汉字）表示焊条各大类，如"J"表示结构钢焊条，"A"表示奥氏体不锈钢焊条，"Z"表示铸铁焊条等；其后的前两位数字表示焊缝金属抗拉强度等级，如42、50、55、60等分别表示焊缝金属的抗拉强度不小于420MPa、500MPa、550MPa、600MPa；第三位数字表示药皮类型和电源种类。

如J422，"J"表示结构钢焊条；"42"表示焊缝金属抗拉强度不低于420MPa（43kgf/mm^2）；"2"表示钛钙型药皮，直流或交流。焊条牌号应符合相应焊条型号的技术要求。标准中有些是几个焊条牌号均符合一个焊条型号，例如，牌号J507、J507X、J507Xg，均符合E5015焊条型号；但也有些是一个焊条牌号符合一个焊条型号，如牌号J503符合E5019焊条型号。

表4-2为焊条药皮编号、类型和电源种类。表4-3为部分碳钢焊条国内标准型号、牌号与国外型号的对照。

表4-2 焊条药皮编号、类型和电源种类

编号	0	1	2	3	4	5	6	7	8	9
药皮类型	不属规定类型	氧化钛型	氧化钛钙型	钛铁矿型	氧化铁型	纤维素型	低氢钾型	低氢钠型	石墨型	盐基型
电源种类	无规定	交、直流	交、直流	交、直流	交、直流	交、直流	交、直流	直流	交、直流	直流

表4-3 部分碳钢焊条国内标准型号、牌号与国外型号对照

序号	国内标准型号（摘自 GB/T 5117—2012）	药皮类型	国内产品牌号	美国型号 AWS	日本型号 JIS
1	E4303	钛钙型	J422	E6013	D4303
2	E4310	纤维素型	J425X	E6010	
3	E4311	纤维素型		E6011	D4311
4	E4312	金红石型		E6012	
5	E4313	金红石	J421	E6013	D4313
6	E4315	碱性	J427		
7	E4316	碱性	J426		D4316
8	E4318	碱性+铁粉型		E6018	
9	E4319	钛铁矿型	J423		D4301
10	E4320	氧化铁型	J424	E6020	
11	E4324	金红石+铁粉	J421Fe		
12	E4327	铁粉+氧化铁型		E6027	E4327
13	E4328	铁粉+碱性型		E6028	
14	E4340	不做规定	J420G		
15	E5003	钛型	J502		D5003
16	E5011	纤维素型	J505		
17	E5014	金红石+铁粉型		E7014	
18	E5015	碱性型	J507、J507X、J507Xg	E7015	
19	E5016	碱性型	J506、J506X、J506D	E7016	D5016

(续)

序号	国内标准型号 (摘自 GB/T 5117—2012)	药皮类型	国内产品牌号	美国型号 AWS	日本型号 JIS
20	E5018	碱性+铁粉型	J506Fe	E7018	D5016
21	E5019	钛铁型	J503		D5001
22	E5024	金红石+铁粉型		E7024	
23	E5027	铁粉+氧化铁型		E7027	
24	E5028	碱性+铁粉型		E7028	D5026
25	E5048	碱性		E7048	

（4）焊条的选用　焊条的种类很多，应根据其性能特点，并考虑焊件的结构特点、工作条件、生产批量、施工条件及经济性等因素合理选用焊条。

1) 按强度等级和化学成分选用焊条：

① 焊接一般结构钢，如低碳钢、低合金钢结构件时，一般选用与焊件强度等级相同的焊条，而不考虑化学成分相同或相近的焊条。

② 焊接异种结构钢时，按强度等级低的钢种选用焊条。

③ 焊接特殊性能钢时，如不锈钢、耐热钢时，应选用与焊件化学成分相同或相近的特种焊条。

④ 焊件的碳、硫、磷质量分数较大时，应选用碱性焊条。

⑤ 焊接铸造碳钢或合金钢时，因为碳和合金元素的质量分数较高，而且多数铸件的厚度、刚度较大，形状复杂，故一般选用碱性焊条。

2) 按焊件的工作条件选用焊条：

① 焊接承受动载荷、交变载荷及冲击载荷的结构件时，应选用碱性焊条。

② 焊接承受静载荷的结构件时，可选用酸性焊条。

③ 焊接表面带有油、锈、污等难以清理的结构件时，应选用酸性焊条。

④ 焊接在特殊条件（如在腐蚀介质、高温等条件）下工作的结构件时，应选用特殊用途焊条。

3) 按焊件的形状、刚度及焊接位置选用焊条：

① 厚度、刚度大，形状复杂的结构件，应选用碱性焊条。

② 厚度、刚度不大，形状一般，尤其是均可采用平焊的结构件，应根据具体焊件选用合适的酸性焊条。

③ 除平焊外，立焊、横焊、仰焊等焊接位置的结构件应选用全位置焊条。

此外，还应根据现场条件选用适当的焊条。如需用低氢型焊条，又缺少直流弧焊电源时，应选用加入稳弧剂的低氢型交、直流两用的焊条。

4.2.2　自动埋弧焊

自动埋弧焊是将焊条电弧焊的引弧、焊条送进、电弧移动几个动作改由机械自动完成的焊接方法，电弧在焊剂层下燃烧，故称为自动埋弧焊。如果部分动作由机械完成，其他动作仍由焊工辅助完成，则称为半自动焊。自动埋弧焊焊机由焊接电源、焊接小车（焊车）和控制箱三部分组成，如图4-6所示。焊接电源可以配交流弧焊电源和整流弧焊电源。

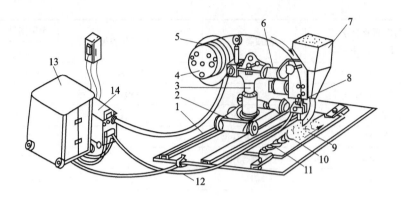

图 4-6 自动埋弧焊焊机

1—导轨 2—焊接小车 3—立柱 4—操纵盘 5—焊丝盘 6—横梁 7—焊剂漏斗
8—焊接机头 9—焊剂 10—渣壳 11—焊缝 12—焊接电缆 13—焊接电源 14—控制箱

1. 自动埋弧焊的焊接过程

自动埋弧焊的焊接过程如图 4-7 所示。电弧引燃后，焊丝盘中的光焊丝（直径一般为 2~6mm）由自动焊机头的滚轮带动，自动送入电弧区引弧，通过焊机弧长自动调节装置，保证一定的弧长。焊剂（相当于焊条药皮，透明颗粒状）从漏斗中流出撒在焊缝表面。电弧在颗粒状焊剂下燃烧，母材金属与焊丝及部分焊剂被熔化，形成熔池和熔渣。焊车带着焊丝自动匀速向前移动，或焊机头不动而工件匀速移动，最后得到受焊剂和渣壳保护的焊缝，大部分未熔化的焊剂可回收再利用。由于引弧处和断弧处质量不易保证，焊前应在接缝两端焊上引弧板与引出板，如图 4-8 所示，焊接完成后再去掉。

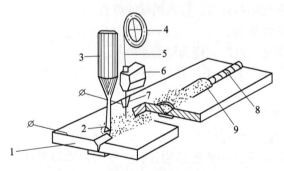

图 4-7 自动埋弧焊焊接过程示意图

1—焊件 2—焊剂 3—焊剂漏斗 4—焊丝盘
5—焊丝 6—焊接机头 7—导电嘴 8—焊缝 9—渣壳

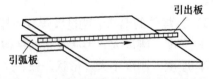

图 4-8 自动埋弧焊的引弧板与引出板

自动埋弧焊的焊缝形成过程如图 4-9 所示。电弧燃烧后，焊件被熔化成较大体积（可达 20cm^3）的熔池，由于电弧向前移动，熔池金属被电弧气体排挤向后堆积。焊剂覆盖层的厚度为 40~60mm，一部分焊剂被熔化成熔渣，对液体金属起有利的物理化学作用，部分焊剂被蒸发，生成的气体将电弧周围的气体排开，形成一个封闭的熔渣泡。它有一定的黏度，能承受一定的压力，因此可使熔化金属与空气隔离，并防止熔化金属飞溅，既可减少热能损失,又能防止弧光四射。

2. 自动埋弧焊的特点和应用

(1) 自动埋弧焊的特点 与焊条电弧焊相比,自动埋弧焊有以下特点:

1) 自动埋弧焊电流比焊条电弧焊高 6~8 倍,所以熔深大,可以不开或少开坡口,节省坡口加工工时,节省焊接材料,焊丝利用率高,焊接成本降低。

2) 不需要更换焊条,生产效率提高 5~10 倍。

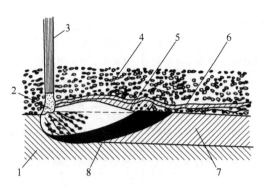

图 4-9 自动埋弧焊的焊缝形成过程
1—母材金属 2—电弧 3—焊丝 4—焊剂
5—熔化的焊剂 6—渣壳 7—焊缝 8—熔池

3) 自动埋弧焊焊剂供给充足,保护效果好,冶金过程完善,焊接工艺参数稳定,焊接质量好且稳定;对操作者技术要求低,焊缝成形美观。

4) 改善了劳动条件,没有弧光,没有飞溅,烟雾也很少,劳动强度较轻。

5) 自动埋弧焊适应性差,只能焊平焊位置,通常焊接直缝和环缝,不能焊空间位置焊缝和不规则焊缝。对于狭窄位置的焊缝以及薄板焊接,也受到一定的限制。

6) 设备结构较复杂,投资大,装配要求高,调整等准备工作量较大。

(2) 自动埋弧焊的应用 自动埋弧焊适用于成批生产中长直焊缝和较大直径环焊缝的平焊。适用的材料有钢、镍基合金、铜合金等。广泛用于造船、锅炉、大型容器、桥梁、车辆等行业钢结构的焊接生产。

自动埋弧焊焊接筒体环焊缝时采用滚轮架,使筒体(工件)转动,焊丝位置不动。为防止熔池金属和熔渣从筒体表面流失,保证焊缝成形良好,机头应沿旋转方向逆向偏离焊件中心一定距离 a 起焊,如图 4-10 所示。不同直径的筒体应根据焊缝成形情况确定偏离距离 a,一般偏离 20~40mm。直径小于 250mm 的环缝,一般不采用自动埋弧焊。设计要求双面焊时,应先焊内环缝,清理后再焊外环缝。

3. 自动埋弧焊的焊接材料

自动埋弧焊焊接材料有焊丝和焊剂。焊丝除了作为电极材料和填充材料外,还可以起到渗合金、脱氧、去硫等冶金作用。焊剂的作用相当于焊条药皮,分为熔炼焊剂和非熔炼焊剂两类。熔炼焊剂是将原材料配好后,在炉中熔炼而成,呈玻璃状,颗粒强度大,成分均匀,分为高锰、中锰、低锰、无锰几种,主要起保护作用;非熔炼焊剂是用矿石、铁合金及黏结剂按一定比例配制成颗粒状,经 300~400℃ 干燥固结而成,除保护作用外,还起冶金处理作用。

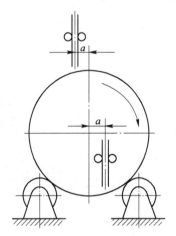

图 4-10 环形焊缝自动埋弧焊示意图

常用国产焊剂的使用范围及配用焊丝见表 4-4。

表 4-4　国产焊剂使用范围及配用焊丝

焊剂牌号	焊剂类型	配用焊丝	使用范围
HJ130	无锰高硅低氟	H10Mn2 及其他低合金焊丝	低碳钢及低合金钢
HJ150	无锰中硅中氟	H2Cr13，H3Cr2W8	合金钢及高合金钢
HJ152	无锰	高碳高铬合金管状焊丝	高铬铸铁及高碳高铬耐磨合金
HJ230	低锰高硅低氟	H10Mn2，H08MnA	低碳钢及低合金结构钢
HJ250	低锰中硅中氟	H08Mn2MoA，H06MnNi2CrMoA，H08MnMoA	低合金钢如 Q345，Q390，15MnV，14MnMoV，09Mn2V，12CrMoV
HJ260	低锰高硅中氟	H0Cr21Ni10，H0Cr21Ni10Ti	耐酸不锈钢和轧辊堆焊
HJ330	中锰高硅低氟	H08MnA，H08Nb2SiA，H10MnSi	低合金钢如 Q345，Q390，16Mn，15MnTi，15MnV 等
HJ350	中锰中硅中氟	H10Mn2MoA，H10Mn2	低合金钢和中合金钢重要结构件
HJ360	中锰高硅中氟	H10MnSi，H10Mn2，H08Mn2MoVA	低碳钢和低合金钢如 Q235，14MnMoV，18MnMoNb 等
HJ380	中锰中硅高氟	H10MnNiA	15MnNi，Mn-Ni 系列钢
HJ431	高锰高硅低氟	H08A，H10MnSi	低碳钢，低合金钢，铜

4.2.3　气体保护焊

1. 氩弧焊

氩弧焊是使用氩气作为保护气体的气体保护焊。氩气是惰性气体，在高温下不和金属起化学反应，也不溶于金属，可以保护电弧区的熔池、焊缝和电极不受空气的有害作用，是一种较理想的保护气体。氩气引弧较困难，但一旦引燃就很稳定。氩气纯度要求达到 99.9%，我国生产的氩气纯度可达到要求。

按所用电极不同，氩弧焊分为钨极（不熔化极）氩弧焊（见图 4-11a）和熔化极（金属极）氩弧焊（见图 4-11b）两种。

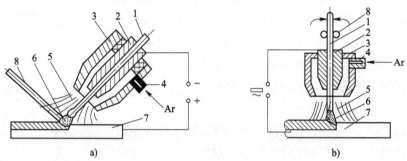

图 4-11　氩弧焊示意图
a) 不熔化极氩弧焊　b) 熔化极氩弧焊
1—钨电极（图 a)、焊丝（图 b）　2—导电嘴　3—喷嘴　4—进气管　5—氩气流
6—电弧　7—工件　8—填充焊丝（图 a)、送丝滚轮（图 b）

（1）氩弧焊过程　钨极氩弧焊焊接时，电极不熔化，只起导电和产生电弧作用，易于实现机械化和自动化焊接。但因电极所能通过的电流有限，所以只适合焊接厚度 6mm 以下的工件。钨极为阴极时，发热量小；钨极为阳极时，发热量大，钨极烧损严重，电弧不稳

定，焊缝易产生夹钨。因此，钨极氩弧焊一般不采用直流反接。

手工钨极氩弧焊的操作与气焊相似，需加以填充金属。焊接厚度为 3mm 以下的薄板时也可以采用卷边接头直接熔合。填充金属有的可采用与母材相同的金属，有的需要加一些合金元素进行冶金处理，防止气孔等缺陷产生。

熔化极氩弧焊以连续送进的焊丝作为电极，与自动埋弧焊相似，可用较大电流来焊接厚度为 25mm 以下的工件。

（2）氩弧焊特点及应用　氩弧焊的特点主要有：

1) 机械保护效果特别好，焊缝金属纯净，成形美观，质量优良。
2) 电弧稳定，特别是小电流时也很稳定。因此，熔池温度容易控制，可以做到单面焊双面成形。尤其现在普遍采用的脉冲氩弧焊，更容易保证焊透和焊缝成形。
3) 采用气体保护，电弧可见（称为明弧），易于实现全位置自动焊接。
4) 电弧在气流压缩下燃烧，热量集中，熔池小、焊速快，热影响区小，焊接变形小。
5) 氩气价格较高，因此成本较高。

氩弧焊几乎可以焊接所有的金属和合金，但氩气价格较高，焊接成本高，故主要用于焊接易氧化的有色金属和合金钢，如铝、镁、钛及合金，不锈钢，耐热钢等；适用于单面焊双面成形，如打底焊和管子焊接；钨极氩弧焊，尤其是脉冲钨极氩弧焊，还适用于薄板焊接。

2. CO_2 气体保护焊

CO_2 气体保护焊是以 CO_2 作为保护气体，以焊丝作为电极，靠焊丝和焊件之间产生的电弧熔化工件金属与焊丝，形成熔池，凝固后成为焊缝的焊接方法。

（1）CO_2 气体保护焊焊接过程

CO_2 气体保护焊是以自动或半自动方式进行焊接。目前常用的是半自动焊，即焊丝自动向下送进，由操作人员手持焊枪进行焊接。CO_2 气体保护焊焊接装置示意图如图 4-12 所示。焊接时焊丝由机械送丝机构送入软导管，再经导电嘴自动送出。CO_2 气体从喷嘴中以一定流速喷出，电弧引燃后，焊丝端部及熔池被 CO_2 气体包围，可防止空气对熔池部位高温金属的侵害。为了使电弧稳定，飞溅少，CO_2 气体保护焊采用直流反接。

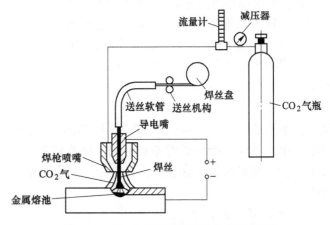

图 4-12　CO_2 气体保护焊焊接装置示意图

CO_2 气体在电弧高温下能分解为 CO 和 [O]，有氧化性，会烧损合金元素。因此，不能焊接有色金属和合金钢。焊接低碳钢和普通合金钢时，通过含有合金元素的焊丝来进行脱氧和渗合金等冶金处理。现在常用的 CO_2 气体保护焊焊丝是 H08MnSiA 和 H08Mn2SiA，适用于焊接低碳钢和抗拉强度在 600MPa 以下的普通低合金钢。

（2）CO_2 气体保护焊的特点及应用　CO_2 气体保护焊的主要特点有：

1) 成本低。CO_2 气体比较便宜，焊接成本仅是自动埋弧焊和焊条电弧焊的 40% 左右。

2) 生产效率高。焊丝送进自动化，电流密度大，电弧热量集中，所以焊接速度快。焊后没有熔渣，不需清渣，比焊条电弧焊生产效率提高 1~3 倍。

3) 操作性能好。CO_2 气体保护焊的电弧是明弧，可清楚地看到焊接过程。如同焊条电弧焊一样灵活，适合全位置焊接。

4) 焊接质量比较好。CO_2 气体保护焊焊缝含氢量低，采用合金钢焊丝易于保证焊缝性能。电弧在气流压缩下燃烧，热量集中，热影响区较小，变形和开裂倾向小。

5) 焊缝成形差，飞溅大。烟雾较大，控制不当易产生气孔。

6) 设备使用和维修不便。送丝机构容易出故障，需要经常维修。

CO_2 气体保护焊适用于低碳钢和强度级别不高的普通低合金钢焊接，不适合焊接易氧化的有色合金及高合金钢。主要焊接 30mm 以下厚度的薄板，也可用于堆焊磨损件或焊补铸铁件。对单件小批生产和不规则焊缝，采用半自动 CO_2 气体保护焊；大批生产和长直焊缝可用 CO_2 气体自动保护焊。

4.2.4 电渣焊

电渣焊是利用电流通过液态熔渣所产生的电阻热加热熔化母材与电极的焊接方法。按电极形式分为丝极电渣焊、板极电渣焊、熔嘴电渣焊和管极电渣焊。

1. 电渣焊过程

电渣焊一般都是在垂直立焊位置进行焊接，两工件相距 25~35mm。图 4-13 所示为丝极电渣焊焊接过程。引燃电弧熔化焊剂和工件 1，形成渣池 3，等渣池有一定深度时增加送丝速度，使焊丝 2 插入渣池，电弧便熄灭，转入电渣加热过程。这时，电流通过熔渣产生电阻热，将工件和电极熔化，形成金属熔池 4 沉在渣池下面。渣池温度保持在 1700~2000℃，既可作为焊接热源，又起机械保护作用。工件待焊端面两侧各装有冷却铜滑块 5，使渣池及金属熔池不会外流。冷却水从滑块内部流过，使金属熔池冷却并凝固形成焊缝 6。焊接过程中，焊丝不断地送进并被熔化，熔池和渣池逐渐上升，冷却滑块也配合逐渐上升，由下向上形成立焊缝。

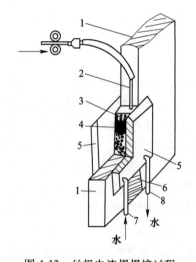

图 4-13 丝极电渣焊焊接过程
1—工件 2—焊丝 3—渣池
4—熔池 5—冷却铜滑块
6—焊缝 7、8—冷却水进、出管

2. 电渣焊的特点及应用

(1) 电渣焊的特点

1) 电渣焊可一次焊成很厚的焊件。用铸-焊、锻-焊结构拼成大件，以代替巨大的铸造或锻造整体结构，改变了重型机器制造工艺过程，节省了大量金属材料和设备投资。

2) 生产效率高，成本低。40mm 以上厚度的工件可不开坡口，节省了加工工时和焊接材料。

3) 焊缝金属纯净。熔池保护严密，保持液态时间长，冶金过程进行得比较完善，夹杂物和气体容易排出。

4) 焊后冷却速度慢，焊接应力较小，因而适合焊接塑性较差的中碳钢及合金钢。

5) 焊缝附近金属在高温停留时间较长，接头组织粗大，且粗晶区域较宽。因此，焊后要进行正火处理。

（2）电渣焊的应用　电渣焊适用于板厚 40mm 以上工件的焊接。单丝摆动焊接厚度为 60~150mm；三丝摆动可焊接厚度达 450mm。一般用于直缝焊接，也可用于环缝焊接。在我国水轮机、水压机、轧钢机、重型机械等大型设备的制造中广泛应用。

4.2.5　气焊

气焊是利用可燃气体与助燃气体混合燃烧所产生的热量，将焊丝和焊件接触处熔化焊接的方法。常用的可燃气体为乙炔，助燃气体为氧气。气焊设备如图 4-14 所示。

（1）气焊的工艺过程　气焊的工艺过程与焊条电弧焊相似，是用火焰喷枪（焊炬）代替电弧焊的焊钳，用焊丝代替焊条进行焊接，如图 4-15 所示。点燃喷枪，调整氧气和乙炔的比例（一般为 1.0~1.2），火焰温度约 3000℃。用火焰加热工件形成熔池，同时加热焊丝使其熔化滴入熔池作为填充金属。用气焊焊接低、中碳钢时，可利用气体燃烧形成的 CO 还原性气体作为保护气体；焊接高碳钢、铸铁、铜合金、铝合金等时需采用相应的气焊溶剂保护熔池。

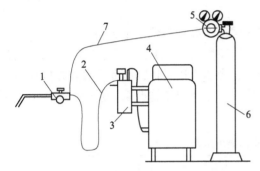

图 4-14　气焊设备
1—焊炬　2—乙炔管道（红）　3—回火保险器
4—乙炔发生器　5—减压器　6—氧气瓶
7—氧气管道（黑）

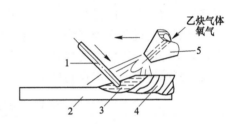

图 4-15　气焊工艺过程示意图
1—焊丝　2—工件　3—熔池　4—焊缝　5—焊炬

（2）气焊的特点及应用　气焊的主要特点有：
1）与电弧焊相比，气焊火焰温度较低，且热量分散，加热较慢，生产效率低；
2）焊后工件变形较大，焊接质量较差。
3）气焊无需电源，设备简单。

气焊只适用于 3mm 以下的薄板焊接，适用于高山或野外金属结构的焊接。焊接材料可以为低碳钢、中碳钢、不锈钢、铜合金和铝合金等。也用于铸铁件缺陷的焊补。

4.2.6　电阻焊

电阻焊是焊件组合后，利用电流通过焊件及其接触处所产生的电阻热，将焊件局部加热到塑性或熔化状态，再施加压力形成焊接接头的焊接方法。电阻热 Q 与焊接电流 I、工件总电阻 R、通电时间 t 的关系为 $Q = I^2 Rt$。由于工件的总电阻很小，为使工件在极短时间内（0.01s 到几秒）迅速加热，必须采用很大的焊接电流（几千安到几万安）。

电阻焊电压很低，电流很大，可在短时间内形成焊接接头，生产效率高；不需要填充金属，也不需要特殊保护措施，工艺简单；噪声小，无弧光，无有害气体，劳动条件好；焊接变形小；操作方便，易于自动化。适合于大批量生产，在自动化生产线上（如汽车制造）

应用较多，甚至可以采用机器人焊接。但电阻焊设备复杂，投资大，耗电量大。接头形式和工件厚度受到一定限制。

电阻焊通常分为点焊、缝焊、对焊三种。

1. 点焊

（1）点焊的过程 点焊是利用柱状电极通电加压在搭接的两焊件间产生电阻热，使焊件局部熔化形成一个熔核（周围为塑性状态），将接触面焊成一个一个焊点的焊接方法，如图4-16所示。

点焊时，先加压使工件紧密接触，然后接通电流。由于工件接触处电阻较大，电阻热使该处温度迅速升高，被熔化形成液态熔核。断电后继续保持或加大压力，使熔核在压力下凝固结晶，形成组织致密的焊点。而电极与工件接触处所产生的热量被导电性好的铜电极及冷却水传走，温升有限，不会被焊合。

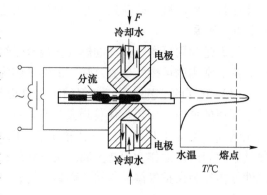

图4-16 点焊示意图

焊完一个焊点后，电极移到下一个焊点进行焊接时，有一部分电流会流经已焊好的焊点，称为点焊分流现象。分流将使焊接处电流减小，影响焊接质量，因此两焊点之间应有一定距离以减小分流。工件厚度越大，材料导电性越好，分流现象越严重，点间距应加大。不同材料及不同厚度工件上焊点间最小距离见表4-5。

表4-5 点焊的焊点间最小距离

工件厚度/mm	点距/mm		
	结构钢	耐热钢	铝合金
0.5	10	8	15
1	12	10	18
2	16	14	25
3	20	18	30

点焊一般都采用搭接接头，如图4-17所示。

影响点焊质量的因素除焊接电流、通电时间、电极压力等工艺参数外，焊件表面状态影响也很大。因此，点焊前必须清理焊件表面氧化物和油污等。

（2）点焊的应用 点焊主要用于厚度在4mm以下薄板冲压壳体结构及钢筋焊接，尤其是汽车和飞机制造。目前，点焊可以焊接厚度为10μm（精密电子器件）至30mm（钢梁框架）的工件。点焊时每次焊一个点或一次焊多个点。

2. 缝焊

（1）缝焊的过程 缝焊过程与点焊相似，都属于搭接电阻焊，如图4-18所示。缝焊采用滚盘作为电极，焊接时，滚盘电极压紧焊件并转动（焊件也被带动向前移动），边焊边滚动，配合断续通电，相邻两个焊点部分重叠，形成一条密封性焊缝。

缝焊时焊点相互重叠部分为50%以上，密封性好。但缝焊分流现象严重，焊接相同厚度的工件时，焊接电流是点焊的 1.5~2 倍。

（2）缝焊的应用　缝焊主要用于要求密封性、3mm 以下的薄板结构，如易拉罐、油箱、烟道焊接等。

3. 对焊

对焊是指对接电阻焊。按焊接工艺不同分为电阻对焊和闪光对焊。主要用于杆状零件对接，如刀具、管子、钢筋、钢轨、车圈、链条和汽车轮缘等。

（1）电阻对焊

1）电阻对焊的过程。如图 4-19a 所示，电阻对焊是将两个工件装夹在对焊机电极钳口内，先加预

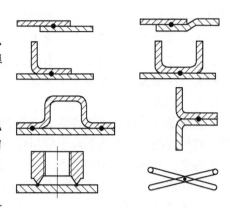

图 4-17　点焊接头形式

压使两焊件端面压紧，再通电加热，使被焊处达到塑性温度（碳钢为 1000~1250℃）状态后，断电并迅速加压顶锻，使高温端面产生一定塑性变形而完成焊接的方法。

2）电阻对焊的特点及应用。电阻对焊操作简单，接头比较光滑，但对焊件端面加工和清理要求较高，否则端面加热不均匀，容易产生氧化物夹杂，质量不易保证。因此，电阻对焊一般仅用于断面简单、直径（或边长）小于 20mm 的强度要求不高的工件。

（2）闪光对焊

1）闪光对焊的过程。首先，将两个工件端面稍加清理后装夹在电极钳口内，接通电源，再移动焊件使之轻微接触。由于工件表面不平，接触点少，其电流密度很大，接触点金属迅速熔化、蒸发和爆破，以火花形式从接触处飞出来，形成"闪光"；继续送进工件，多次闪光加热后，端面达到均匀半熔化状态；同时，多次闪光将端面氧化物清理干净，此时断电并迅速对焊件加压顶锻，形成焊接接头。闪光对焊过程如图 4-19b 所示。

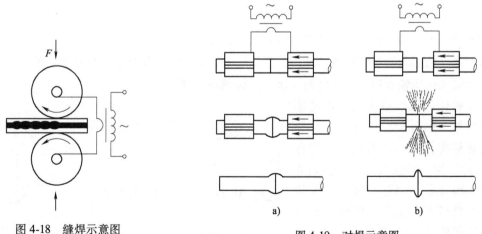

图 4-18　缝焊示意图

图 4-19　对焊示意图
a）电阻对焊　b）闪光对焊

2）闪光对焊的特点及应用。闪光对焊对端面加工要求较低，而且"闪光"处理之后端面被清理，因此，焊接接头夹渣少，质量较高，常用于焊接重要零件。闪光对焊可以焊接相同的金属材料，也可以焊接异种金属材料。被焊工件可以是直径小到 0.01mm 的金属丝，也

可以是截面积为 2000mm² 的金属型材或钢坯。

无论哪种对焊，焊接端面要求尽量相同，圆棒直径、方钢边长、管子壁厚之差不应超过 15%。对焊的几种常见的接头形式如图 4-20 所示。

4.2.7 钎焊

钎焊是采用熔点比工件低的金属钎料作为填充材料，将焊件与钎料加热到高于钎料熔点、低于工件熔点的温度，利用液态钎料润湿母材，填充接头间隙，并与母材相互扩散实现连接的焊接方法。

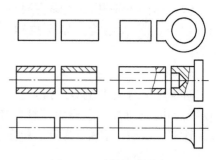

图 4-20 对焊接头形式

1. 钎焊的过程

将表面清理好的工件以搭接形式装配在一起，把钎料放在接头间隙附近或间隙之间；当工件与钎料被加热到稍高于钎料的熔点温度后，钎料熔化，并在毛细管作用下被吸入、充满工件间隙；液态钎料与工件金属相互扩散溶解、冷却凝固后形成钎焊接头。

钎焊接头的质量在很大程度上取决于钎料。钎料应具有合适的熔点和良好的润湿性。工件接触面要求很干净，焊接时使用钎剂，能去除氧化膜和油污等杂质，保护接触面，并改善钎料的润湿性和毛细流动性。

2. 钎焊的种类及接头

按热源或加热方法不同，钎焊分为烙铁钎焊、火焰钎焊、感应钎焊、炉中钎焊、浸渍钎焊、电阻钎焊等。

按钎料熔点，钎焊分为软钎焊和硬钎焊两大类。

（1）软钎焊　钎料熔点在 450℃ 以下的钎焊称为软钎焊。常用钎剂是松香、氯化锌溶液等。软钎焊强度低，工作温度低，主要用于电子线路的焊接。由于钎料常用锡铅合金，故通称为锡焊。

（2）硬钎焊　硬钎焊钎料熔点在 450℃ 以上，接头强度较高，可达 200MPa 以上。常用钎料有铜基、银基和镍基钎料等。常用钎剂有硼砂、硼酸、氯化物、氟化物等。硬钎焊主要用于受力较大的钢铁及铜合金构件的焊接，如机械零部件、刀具等。

钎焊构件的接头形式均采用搭接或套件镶接，如图 4-21 所示。

各种钎焊接头要求有良好的配合和适当的间隙。间隙太小，会影响钎料的渗入和润湿，不能全部焊合；间隙太大，浪费钎料，而且会降低接头强度。一般间隙取 0.05~0.2mm。设计钎焊接头时还要考虑钎焊件的装配定位和钎料的安置等。

3. 钎焊的特点及应用

钎焊的主要特点有：

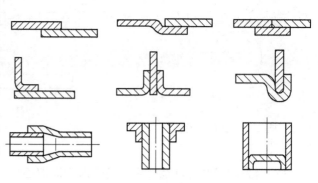

图 4-21 钎焊的接头形式

1) 钎焊工件加热温度低，组织和性能变化小，焊接变形小。
2) 接头光滑平整，焊件尺寸精确。
3) 可以焊接异种材料和一些其他方法难以焊接的特殊结构（如蜂窝结构等）。
4) 钎焊可以整体加热，一次焊成整个结构的全部焊缝，生产效率高。
5) 所用设备简单，易于实现机械化和自动化。
6) 钎焊接头强度低，不耐高温，不适于焊接大型构件。
7) 焊前对工件的清理和装配要求高。
8) 钎料价格较贵。

钎焊主要用于精密仪表、电气零部件、异种金属构件、复杂薄板结构如夹层结构、蜂窝结构等，也用于各类导线及硬质合金刀具的焊接。钎焊不适合于一般钢结构件和重载、动载零件的焊接。

4.2.8 常用焊接方法比较与选用

焊接方法的选用应根据工件的形状、尺寸、工件材料、焊缝的位置、焊接变形的大小、生产效率等综合确定。既要保证焊件质量，又要提高生产效率。

（1）根据工件材料选择焊接方法 低碳钢可用各种方法焊接，主要应考虑生产效率和经济性；不锈钢和铝、铜等有色合金易氧化，主要选用氩弧焊；铸铁脆性大、易开裂，铸铁件焊补应选用加热时间长的气焊或焊条电弧焊；异种金属焊接可用钎焊。

（2）根据工件形状、尺寸及焊缝位置选择焊接方法 杆状工件对接可用电阻对焊；长直焊缝及大型筒体环状焊缝宜用埋弧焊、气体保护焊等自动化焊接方法；较短或形状不规则的焊缝可选用灵活的气焊、焊条电弧焊等手工焊接方法；形状复杂、难以施焊时可采用浸渍钎焊、炉中钎焊等。

（3）根据板厚选择焊接方法 薄板结构宜采用点焊、缝焊、气焊和氩弧焊等；厚板宜用埋弧焊、电渣焊等，板厚大于 40mm 的直立焊缝，采用电渣焊最合适。

（4）根据工件的使用性能选择焊接方法 点焊和缝焊都适于薄板轻型结构的焊接，但有密封要求的焊缝只能采用缝焊。如焊接低碳钢薄板时，若要求变形小时应选用 CO_2 气体保护焊或点焊，而不宜气焊。

（5）根据生产批量选择焊接方法 生产批量小，可选用设备简单的焊条电弧焊、气焊等；批量大时，宜选用埋弧焊、气体保护焊、电阻焊等。

常用焊接方法的特点及应用比较见表 4-6，在选用焊接方法时可参考。

表 4-6 常用焊接方法的特点及应用比较

焊接方法	焊接热源	变形大小	主要接头形式	焊接位置	钢板厚度/mm	被焊材料	生产效率	应用范围
焊条电弧焊	电弧热	较小	对接接头、搭接接头、T形接头	全位置	3~20	碳钢、低合金钢、铸铁、铜及铜合金	中等偏高	要求在静止、冲击或振动载荷下工作的零件，焊补铸铁件

（续）

焊接方法	焊接热源	变形大小	主要接头形式	焊接位置	钢板厚度/mm	被焊材料	生产效率	应用范围
自动埋弧焊	电弧热	小	对接接头、搭接接头、T形接头	平焊	6~20	碳钢、低合金钢、铸铁、铜及铜合金	高	在各种载荷下工作，成批中厚板长直焊缝和较大直径环焊缝
氩弧焊	电弧热	小	对接接头、搭接接头、T形接头	全位置	0.5~25	铝、铜、镁、钛及其合金、耐热钢、不锈钢	中等偏高	要求致密、耐蚀、耐热的焊件
CO_2气体保护焊	电弧热	小	对接接头、搭接接头、T形接头	全位置	0.8~25	碳钢、低合金钢、不锈钢	很高	要求致密、耐蚀、耐热的焊件
电渣焊	熔渣电阻热	大	对接接头	立焊	40~450	碳钢、低合金钢、不锈钢、铸铁	很高	焊接厚大的铸件、锻件
气焊	火焰热	大	各类接头	全位置	0.5~3	低碳钢、中碳钢、不锈钢、铜合金、铝合金等	低	3mm以下薄板
点焊	电阻热	小	搭接接头	全位置	0.5~3	碳钢、低合金钢、不锈钢、铝合金	很高	焊接薄板壳体
缝焊	电阻热	小	搭接接头	平焊	<3	碳钢、低合金钢、不锈钢、铝合金	很高	焊接薄壁容器和管道
对焊	电阻热	小	对接接头	平焊	≤20	碳钢、低合金钢、不锈钢、铝合金	很高	焊接杆状零件
钎焊	各种热源	较小	搭接接头、T形接头	全位置	—	碳钢、合金钢、铸铁、铜及铜合金	高	焊接其他方法难以焊接的焊件；对强度要求不高的焊件

4.3 焊接成形理论基础

从工件和焊条（或焊丝）被加热熔化，到熔池的形成、停留、凝固结晶、冷却，要发生一系列的冶金化学反应，从而影响焊缝的化学成分、组织和性能，同时也会产生一些焊接缺陷。本节主要介绍熔化焊的焊接冶金过程、焊接接头的组织及性能、焊接缺陷及防止措施、金属材料的焊接性等。

4.3.1 焊接冶金过程

1. 概述

焊接冶金过程是指熔化焊时焊接区内液态金属、熔渣、气体之间在高温下的相互作用过程，其实质是金属在焊接条件下的再熔炼过程，包括焊接材料被加热、熔化、经熔滴向熔池转移的全过程。

焊条电弧焊的冶金反应区如图4-22所示。焊接过程中，在高温电弧作用下，空气中的氧气、氮气和氢气等在高温电弧作用下发生分解，形成氧原子、氮原子和氢原子。氧原子与金属中的Fe、Mn、Si等发生反应生成氧化物（FeO、MnO、SiO_2），这些合金元素大量烧损，使焊缝金属含氧量大大增加，导致焊缝金属力学性能明显下降，尤其是低温冲击韧性急剧下降，引起冷脆现象。

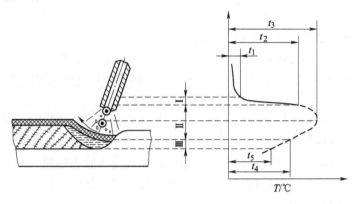

图 4-22　焊条电弧焊的冶金反应区
Ⅰ—药皮反应区　Ⅱ—熔滴反应区　Ⅲ—熔池反应区
t_1—药皮开始反应温度　t_2—焊条端熔滴温度　t_3—弧柱间熔滴温度
t_4—熔池表面温度　t_5—熔池凝固温度

氮和氢在高温时能溶解于液态金属中，氮还能与铁反应形成片状夹杂物（Fe_4N、Fe_2N），增加焊缝的脆性。氢在冷却时保留在金属中从而产生气孔缺陷，引起氢脆和冷裂纹。

由于焊缝熔池体积小（约 $2 \sim 3 cm^3$），从熔化到凝固时间极短，导致各种反应进行不充分，焊缝中化学成分不均匀，且气体和杂质来不及逸出，易产生气孔和夹渣等缺陷。

2. 改善冶金过程保证焊接质量的措施

（1）造成保护气氛　为防止有害元素侵入熔池，采用焊条药皮、埋弧焊焊剂、保护气体（如 CO_2 气、氩气）等，使熔池与外界空气隔绝，防止空气进入。此外，焊前对坡口及两侧的锈、油污等进行清理；焊前烘干焊条、焊剂等，都能有效地防止有害气体进入熔池。

（2）添加合金元素　为补充烧损的元素并清除已进入熔池的有害元素，常采用冶金处理的方法，如焊条药皮中加入锰铁合金等，进行脱氧、脱硫、脱磷、去氢、渗合金等，从而保证和调整焊缝的化学成分。

4.3.2　焊接接头的组织及性能

焊接过程结束后，熔池凝固形成焊缝。焊缝附近的母材因受热温度升高使得冷却后的组织和性能发生变化，这一区域称为焊接热影响区。焊缝与热影响区之间有一个极窄的过渡区，称为熔合区。焊接接头由焊缝、熔合区和热影响区组成。低碳钢焊接接头各区的温度与组织如图 4-23 所示。

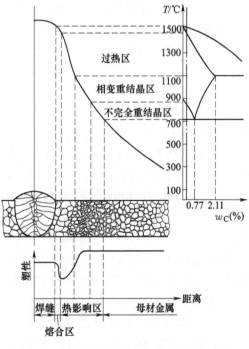

图 4-23　低碳钢焊接接头各区的温度与组织

1. 焊缝的组织及性能

焊接时焊缝区的加热温度在液相线之上而形成了熔池，焊缝是熔池金属冷却结晶形成的。结晶时以熔池与母材交界处半熔化状态的母材金属晶粒为结晶核心，沿垂直于散热面的反方向生长，成为柱状晶的铸态组织，晶粒较粗，组织不致密，且冷却速度较快，成分来不及扩散均匀导致焊缝中心区形成硫、磷等低熔点杂质的偏析，有些焊缝在凝固后期还可能产生热裂纹。

通过焊条或焊丝熔化在焊缝中加入钛、钒、钼等元素，可形成弥散分布的外来晶核，使焊缝晶粒细化，通过焊后热处理也可细化焊缝组织。这些均可提高焊缝的力学性能。

焊缝金属虽然存在组织缺陷，但由于焊条或焊丝本身杂质含量低，含有较多有益的合金元素，使焊缝的化学成分优于母材，所以其力学性能一般不低于母材。

2. 熔合区的组织及性能

焊接时，熔合区的温度在液相线与固相线之间，该区很窄，只有 0.1~0.4mm，金属呈半熔化状态。熔合区的成分和组织都很不均匀，组织为粗大的铸态组织和过热组织，力学性能很差，是焊接接头中最薄弱的区域，通常是焊接裂纹的发源地。

3. 热影响区的组织及性能

按受热温度及组织的变化不同，焊接热影响区分为过热区、相变重结晶区（正火区）和不完全重结晶区（部分正火区）。

（1）过热区　焊接时该区温度为 1100℃ 至固相线，高温使奥氏体晶粒过热长大，冷却后组织也变得粗大，金属的塑性和韧性明显下降。过热区也是焊接接头的薄弱区。

（2）正火区　正火区也称为相变重结晶区，焊接时该区温度为 Ac_3~1100℃。对应于正火的加热温度，组织发生相变重结晶，即加热时组织转变为细小的奥氏体晶粒，冷却后得到均匀细小的铁素体和珠光体组成的正火组织。力学性能高于母材，是焊接接头中性能最好的区域。

（3）部分正火区　部分正火区也称为不完全正火区或不完全重结晶区，焊接时该区温度为 Ac_1~Ac_3，部分组织发生相变重结晶，变为均匀细小的珠光体；其他部分的组织（铁素体）不发生变化。因此该区的组织不均匀，力学性能稍差。

对于含碳量较高的中、高碳钢及合金钢，由于其易淬火（淬火临界冷却速度 $v_临$ 小，焊后的冷却速度可能大于其 $v_临$ 而淬火，得到硬脆的马氏体组织），热影响区中温度高于 Ac_3 的区域，焊后得到马氏体组织，称为淬火区，温度为 Ac_1~Ac_3 的区域，焊后得到马氏体与铁素体的混合组织，称为不完全淬火区。淬火区及不完全淬火区的组织会使焊接接头脆性增加，易开裂。

为保证焊接接头的性能，应尽量减小熔合区和过热区（或淬火区）的宽度，或减小焊接热影响区的宽度。不同的焊接方法使焊接热影响区的宽度不同，表4-7为焊接低碳钢时不同焊接方法的热影响区宽度。因此，减小焊接热影响区的措施有：选用热量集中的焊接方法（如埋弧焊）或选用焊接热量更集中的先进焊接方法（如真空电子束焊接、等离子弧焊接、激光焊接等，后文将有介绍）；提高焊接速度或减小焊接电流，以减少焊接热量输入。为保证焊接接头的性能，还可以通过正火或调质热处理来改善熔合区和热影响区的组织。

表 4-7 焊接低碳钢时的热影响区平均尺寸

焊接方法	热影响区各区平均尺寸/mm			热影响区总宽度/mm
	过热区	相变重结晶区	不完全重结晶区	
焊条电弧焊	2.2~3.0	1.5~2.5	2.2~3.0	5.9~8.5
埋弧焊	0.8~1.2	0.8~1.7	0.7~1.0	2.3~3.9
CO_2气体保护焊	1.5~2.0	2.0~3.0	1.5~3.0	5.0~8.0
电渣焊	18~20	5.0~7.0	2.0~3.0	25~30
气焊	21	4.0	2.0	27

4.3.3 金属材料的焊接缺陷及其防止措施

金属材料焊接时的主要缺陷有焊接应力、焊接变形、焊接裂纹、气孔及夹渣等。特别是焊接应力，是不可避免的，焊接应力较大时会产生焊接变形和焊接裂纹。气孔和夹渣是焊接冶金过程控制不当时产生的。

1. 焊接应力

（1）焊接应力产生的原因　焊接时，由于焊件的加热和冷却是不均匀的局部加热和冷却，造成焊件的热胀冷缩速度和时间先后不一致，从而导致焊接应力的产生。

在加热时，焊件焊缝区金属的热膨胀量较大，但受两侧金属的制约，不能自由伸长而被塑性压缩，焊缝区受压应力，焊缝两侧受拉应力；冷却时，焊缝区同样会受两侧金属制约而不能自由收缩，而受拉应力，焊缝两侧受压应力。冷却时的应力状态因材料不能发生塑性变形而保留在焊件中，称为焊接残余应力。图 4-24 所示为平板对接焊时工件内的残余应力分布状态。

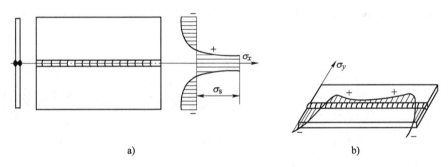

图 4-24　平板对接焊时工件内的残余应力分布状态
a）纵向残余应力分布　b）横向残余应力分布

（2）减少焊接应力的措施　焊接应力的存在会影响焊件机械加工后的精度，降低焊件的承载能力，会造成工件变形甚至开裂。对接触腐蚀性介质的焊件（如容器、管路等），由于焊接残余应力可产生应力腐蚀，降低焊件的使用寿命，甚至造成应力腐蚀开裂。因此必须采取措施以尽量减少焊接应力。

1）尽量减少焊缝的长度和宽度。在焊接结构设计时，焊件的局部可采用型钢、冲压件、铸件等，以减少焊缝的长度；选用焊接方法时，尽量选择热量集中的方法，以减少焊缝及焊接热影响区的宽度。

2) 尽量避免焊缝的密集和交叉。焊缝密集或交叉，会增加焊接时焊件温度分布的不均匀性，或增加焊接冷却过程中各部分的相互阻碍作用，从而增加焊接应力。焊接结构设计时，应使焊缝分散布置，两焊缝间距一般应大于三倍板厚且不小于100mm。如图4-25a～c所示的焊缝布置应分别改为图d～f所示的焊缝布置。

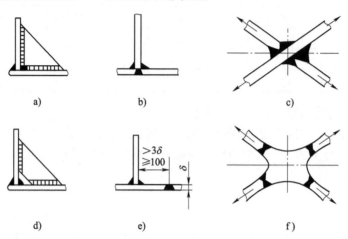

图4-25 避免焊缝的密集或交叉

3) 尽量减小焊缝附近的结构刚度。设计焊接结构时会降低焊缝处结构刚度，在焊接应力作用下，焊缝附近可产生一定量的变形，使焊接应力得到缓解而减小。如图4-26a所示的管头焊接，翻边式比插入式的结构刚度小，焊接应力小。在焊缝附近开缓和槽，也可降低结构刚度，减小焊接应力。如图4-26b所示锅炉封头补焊时，需加一塞块，可在靠近焊缝处开两圈缓和槽，以降低接头处的局部刚度，使焊接应力大为降低，避免焊后出现裂纹。

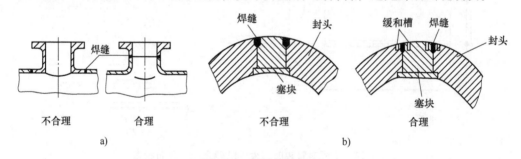

图4-26 降低结构刚度
a) 管头焊接 b) 锅炉封头上补焊塞块

4) 合理确定焊接顺序。应使焊接时焊缝的纵向和横向都能自由收缩，以避免焊缝交叉处应力过大而产生裂纹，如图4-27所示（图中A处易产生裂纹）。当焊缝较长时，可采用分段逆焊法或跳焊法等进行焊接，使焊件温度分布尽量均匀，减少焊接应力，如图4-28所示。

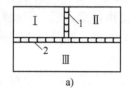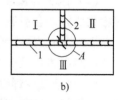

图4-27 合理确定焊接顺序
a) 正确 b) 不正确

5) 焊前预热。焊前对焊件预热到 300~400℃，可减少焊件各部分的温度差，从而减少焊接应力。对重要焊件可整体预热，对有些工件可局部预热，使局部焊前加热伸长，冷却时局部加热区与焊缝同时收缩，减少焊缝收缩的阻力，降低焊接应力。此法称为加热减应区法，图 4-29 所示为铸铁框架焊补的加热减应区法。

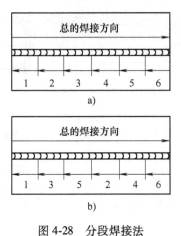

图 4-28　分段焊接法
a) 分段逆焊法　b) 分段跳焊法

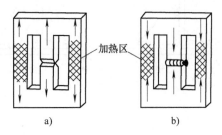

图 4-29　加热减应区法
a) 焊前　b) 焊后

6) 焊后去应力退火。焊后对整个焊件进行 500~650℃ 去应力退火，可消除 80% 左右的焊接应力。对大型的圆筒、管道、容器等可对焊缝附近进行局部去应力退火，这是最常用、最有效的减少应力的措施。

2. 焊接变形

焊接时焊接应力总是存在的，当焊接应力超过材料的屈服强度时，焊件会生产变形。

(1) 焊接变形的基本形式　由于焊接方法、工件材质、焊件结构、焊缝布置等因素的影响，在焊接应力作用下，焊件会产生不同的变形形式。焊接变形的基本形式如图 4-30 所示。

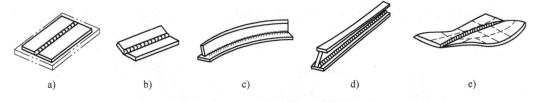

图 4-30　焊接变形的基本形式
a) 纵向和横向收缩变形　b) 角变形　c) 弯曲变形　d) 扭曲变形　e) 波浪式变形

(2) 焊接变形的防止措施　焊接变形会使焊接的形状和尺寸发生变化，影响焊件的配合质量，往往需要增加校正工序，导致成本增加。变形严重时将影响使用，导致工件报废。因此，必须设法防止或减轻焊接变形。前述减少焊接应力的措施均可防止或减轻焊接变形，此外，还有一些其他措施。

1) 焊缝布置尽量对称。设计焊件结构时，尽量使焊缝对称或接近构件截面的中性轴，以减少弯曲变形，如图 4-31 所示。

2）采用对称的焊接顺序。若焊件具有对称布置的焊缝，应采用对称的焊接顺序，使变形抵消或使应力减小，如图 4-32 所示。

3）反变形法。按实际测定或经验估计的焊接变形方向和程度，焊前组装时使工件反向变形，以抵消焊接变形，如图 4-33、图 4-34 所示。对收缩变形可采用预留余量来抵消尺寸收缩。

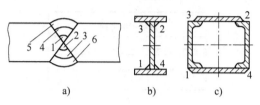

图 4-32 对称的焊接顺序

a）厚板焊接 b）工字梁焊接 c）方管梁焊接

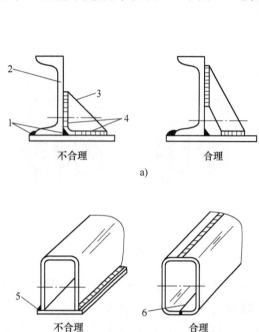

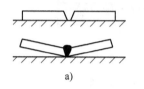
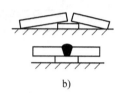

图 4-33 板材对接反变形法

a）未采用反变形法 b）采用反变形法

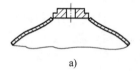
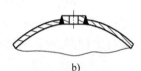

图 4-34 壳体焊接防塌陷的反变形法

a）焊前预弯反变形 b）焊后

图 4-31 焊缝位置安排

a）带肋板的梁 b）方管型梁

1、4、5、6—焊缝 2—槽钢 3—肋板

4）刚性固定法。焊前将工件刚性固定，以限制焊接变形，如图 4-35 所示。但工件内易产生较大的焊接应力。此法主要用于塑性较好的金属材料，可有效防止角变形和波浪变形。

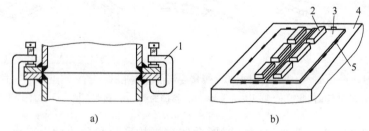

图 4-35 刚性固定法

a）夹具夹紧凸缘 b）压铁压紧薄板

1—夹具 2—压铁 3—焊件 4—工作台 5—定位焊点

5）机械矫正法。用机械加压或锤击的冷变形方法，使工件塑性变形，抵消焊接变形，如图 4-36 所示。此法适用于低碳钢和普通低合金钢等塑性好的材料。

6）火焰矫正法。火焰矫正法是利用火焰局部加热后的冷却收缩以抵消该部分已产生伸长变形的方法，如图4-37所示。此法适用于低碳钢和没有淬硬倾向的普通低合金钢。

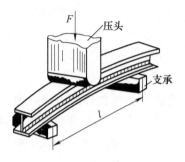

图4-36 机械矫正法

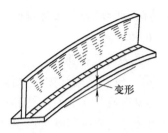

图4-37 火焰矫正法

3. 焊接裂纹

焊接裂纹产生的主要原因是焊接应力过大、焊缝中低熔点杂质（FeS、Fe_4P）和氢较多。焊接裂纹是焊接接头中最危险的缺陷，焊接裂纹的分布情况如图4-38所示。焊接裂纹防止办法主要是减少焊接应力，也常采用开缓和槽以降低结构刚度的方法，如图4-39所示。按裂纹产生的温度，焊接裂纹分为冷裂纹和热裂纹，它们的产生及其防止措施有所不同。

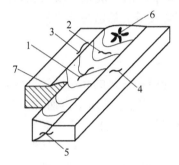

图4-38 焊接裂纹的分布情况
1、3—纵向裂纹　2、4—横向裂纹
5—热影响区和焊缝贯穿裂纹
6—弧坑星形裂纹　7—内部裂纹

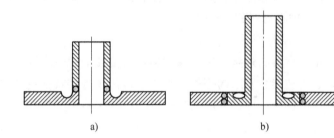

图4-39 开缓和槽防止焊接裂纹
a）平板上开槽　b）管件法兰上开槽

（1）冷裂纹及防止措施

1）冷裂纹。冷裂纹是焊接接头在室温附近产生的，多发生在热影响区，有时也发生在焊缝中，主要是由于焊接应力过大或焊接接头脆性较大而产生的。冷裂纹经常在焊后几小时到几天出现，有的甚至在使用时才出现，是危害性最大的一种缺陷。

2）冷裂纹防止措施。前述减少焊接应力的措施均可防止或减轻焊接冷裂纹，此外还可以采取的措施有：焊后缓冷以减少焊接应力，避免淬硬组织出现；焊前对工件和焊条进行烘干、对工件进行除油锈等处理，选用碱性焊条，以减少焊缝中的氢含量等；选用埋弧焊、气体保护焊、高能束焊接等保护性焊接方法。

（2）热裂纹及防止措施

1）热裂纹。热裂纹是焊接接头在固相线附近的高温下产生的，多发生在焊缝金属或焊接热影响区。焊缝金属在结晶时低熔点杂质在晶界的偏析，以及过热区母材晶界处低熔点杂质的熔化都会形成晶界液膜，当焊接拉应力较大时，液膜被拉开形成热裂纹。

2）热裂纹防止措施。前述减少焊接应力的措施均可防止或减轻焊接热裂纹，此外还可以采取的措施有：限制低熔点杂质硫、磷的含量；选用碱性焊条或焊剂，增强脱硫、脱磷能力；调整焊缝化学成分，细化焊缝晶粒，减小偏析等。

4. 气孔和夹渣

（1）气孔及防止措施

1）气孔。气孔是熔池中的气体在金属结晶前来不及逸出而留在焊缝内部或表面所形成的空洞。主要有氢气孔、氮气孔和一氧化碳气孔。氢气孔和氮气孔是由高温熔池中溶解的氢和氮在金属结晶过程中因溶解度急剧下降而析出产生的，一氧化碳气孔是熔池中的氧或氧化物与钢中的碳反应生成的。气孔严重降低焊缝的强度、塑性和韧性。

2）气孔的防止措施。焊前对工件和焊条进行烘干、对工件进行除油锈等处理，选用碱性焊条，以减少焊缝中的氢、氮等气体含量；控制焊接速度，使熔池中的气体易于逸出；选用埋弧焊、气体保护焊、高能束焊接等保护性焊接方法。

（2）夹渣及防止措施

1）夹渣。夹渣是残留在焊缝内部的熔渣，其影响同气孔。

2）夹渣的防止措施。焊前清理工件表面的油污，减少生成杂质的熔渣量；增大坡口角度、降低焊接速度使熔渣易于上浮；采用气体保护焊、高能束焊接等无熔渣焊接方法。

4.3.4 金属材料的焊接性

1. 金属材料的焊接性概念

金属材料的焊接性是金属材料对焊接加工的适应性，是指金属在一定的焊接方法、焊接材料、工艺参数及结构等条件下，获得优质焊接接头的难易程度。它包括两个方面的内容：一是工艺性能，即在一定工艺条件下，焊接接头产生工艺缺陷的倾向，尤其是出现裂纹的可能性；二是使用性能，即焊接接头在使用中的可靠性，包括力学性能及耐热、耐腐蚀等特殊性能。由于焊接裂纹的危害性最大，一般情况下，焊接性主要是指焊件产生冷裂纹的倾向。

2. 金属材料焊接性的影响因素

（1）金属材料的化学成分　不同种类或不同化学成分的金属材料焊接性不同。如铁碳合金中的低碳钢焊接性优良，中、高碳钢的焊接性较差，铸铁焊接性更差。

（2）焊接工艺条件　焊接工艺条件，如焊接方法、焊接材料、焊接工艺参数等影响焊接性。以焊接方法的影响为例，铝和钛等在气焊和焊条电弧焊条件下，难以达到较高的焊接质量，焊接性较差；但采用氩弧焊焊接铝却能达到较高的技术要求，焊接性较好。采用等离子束、真空电子束、激光束等高能束焊接方法，使钨、钼、铌、钽、锆等高熔点金属及其合金的焊接都已成为可能。

（3）焊件结构　焊件的结构刚度越大（如板厚越大或结构越复杂），交叉焊缝越多，焊接时越易产生较大的焊接应力和裂纹，焊接性越差。

（4）使用条件　焊件的使用条件越复杂，对焊接接头的使用要求就越高，获得优质焊接接头越困难，焊接性就越差。

3. 金属材料焊接性的评定

金属材料的焊接性可以通过碳当量估算法来评定。

钢中的碳和合金元素对钢的焊接性的影响程度是不同的。碳的影响最大，其他合金元素可以折合成碳的影响来估算金属材料的焊接性。换算后的总和称为碳当量，作为评定钢材焊接性的参数指标。碳当量公式为：

$$C_E = C + Mn/6 + (Cr + Mo + V)/5 + (Ni + Cu)/15$$

式中，各元素符号均表示该元素在钢材中的质量分数。

经验证明，碳当量 C_E 越大，钢的淬硬倾向越大，产生裂纹的倾向越大，焊接性越差。当 $C_E<0.4\%$ 时，焊接性良好；当 $C_E=0.4\%\sim0.6\%$ 时，焊接性较差，冷裂倾向明显，焊接时需要预热并采取其他工艺措施防止裂纹；当 $C_E>0.6\%$ 时焊接性差，冷裂倾向严重，焊接时需要较高的预热温度和严格的工艺措施。

4. 常用金属材料的焊接性

常用金属材料在不同焊接方法时的焊接性见表4-8。

表4-8 常用金属材料在不同焊接方法时的焊接性

焊接方法	气焊	焊条电弧焊	埋弧焊	CO_2气体保护焊	氩弧焊	电子束焊	电渣焊	点焊、缝焊	对焊	摩擦焊	钎焊
低碳钢	A	A	A	A	A	A	A	A	A	A	A
中碳钢	A	A	B	B	A	A	A	A	A	A	A
低合金钢	B	A	A	A	A	A	A	A	A	A	A
不锈钢	A	A	B	B	A	A	A	A	A	A	A
耐热钢	B	A	B	C	A	A	D	B	C	B	A
铸钢	A	A	A	A	A	A	(—)	B	B	B	B
铸铁	B	B	C	C	B	(—)	B	(—)	D	D	B
铜及其合金	B	B	C	C	A	B	B	C	C	A	A
铝及其合金	B	C	C	D	A	B	C	A	A	B	C
钛及其合金	D	D	D	D	A	A	B	B~C	C	B	B

注：A—焊接性良好；B—焊接性较好；C—焊接性较差；D—焊接性不好；(—)—很少采用。

4.4 焊接成形工艺设计

焊接的工艺过程为：备料→装配→焊接等。备料主要包括材料选用、下料切割、成形加工（折边、弯曲、冲压、钻孔等）、焊缝布置、接头及坡口设计等；装配是将准备好的材料或部件组装成一体，进行定位焊，准备焊接；焊接是要根据工件使用性能、生产批量及实际情况选择焊接方法，确定焊接工艺参数，按合理顺序施焊。焊接工艺设计的主要内容主要包括焊件材料、焊接方法及焊接材料的选用，焊缝布置，焊接接头及坡口设计，焊接结构工艺图绘制，焊接工艺参数的确定等。

4.4.1 焊件材料、焊接方法及焊接材料的选择

1. 焊件材料的选用

随着焊接技术的发展，常用金属材料一般均可焊接。但材料的焊接性不同，焊后接头质量差别很大。因此，应尽可能选择焊接性好的焊接材料来制造焊接构件。特别是优先选用低

碳钢和普通低合金钢等材料,其价格低廉,工艺简单,易于保证焊接质量。含碳质量分数大于0.5%的碳钢和含碳质量分数大于0.4%的合金钢,焊接性不好,一般不宜采用。重要的结构件应尽量选用含氧低的镇静钢。焊接结构应尽量选用同种材料焊接,异种金属焊接时往往由于化学成分、物理性能的不同很难焊接在一起,需要特殊焊接方法或需要通过焊接试验确定工艺参数。

2. 焊接方法的选择

焊接方法的选择可参考4.2.8节内容。

3. 焊接材料的选择

焊接材料主要指焊条、焊丝、焊剂,主要根据焊件材料选用,焊条的选用方法可参考4.2.1节内容,焊丝焊剂的选用方法可参考4.2.2及表4-4的内容。

4.4.2 焊缝布置

焊缝布置的原则:一要保证焊接方便,提高焊接的生产效率;二要尽量减少焊接缺陷,保证工件的焊接质量。

(1) 焊缝布置应便于操作　焊缝应布置在便于操作的位置,以提高焊接效率并保证焊接质量。焊条电弧焊时,要使焊条能到达待焊部位,如图4-40所示。点焊和缝焊时,应考虑电极能方便进入待焊位置,如图4-41所示。

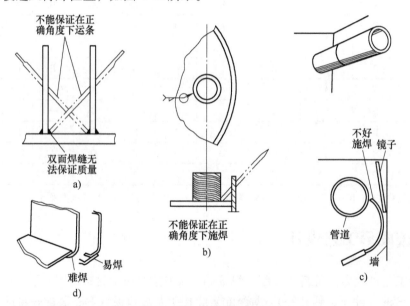

图4-40　不便焊条运作的焊缝部位

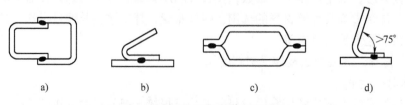

图4-41　点焊或缝焊的焊缝位置
a) 不合理　b) 不合理　c) 合理　d) 合理

（2）尽量减少焊接应力、焊接变形及裂纹（详见 4.3.3） 尽量减少焊缝的长度和宽度，尽量避免焊缝的密集和交叉，尽量减小焊缝附近的结构刚度，焊缝布置应尽量对称等。

（3）尽量保证工件的使用性能

1）应尽量减少工件或焊接接头处的应力集中，避免尖角焊缝，如图 4-42 所示。

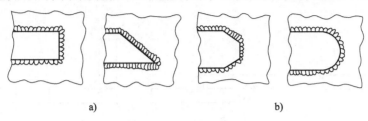

图 4-42 避免尖角焊缝
a) 不合理 b) 合理

2）应避开应力集中部位，以提高工件的承载能力，如图 4-43 所示。

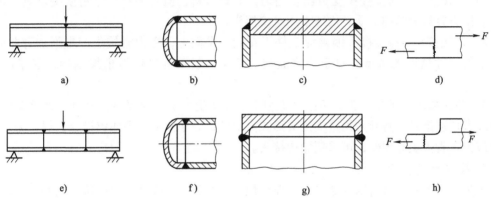

图 4-43 焊缝应避开应力集中部位
a)、b)、c)、d) 不合理 e)、f)、g)、h) 合理

3）应避开机加工部位，焊接机加工后的工件时，为防止焊接变形影响工件精度，焊缝应远离机加工部位，如图 4-44 所示。

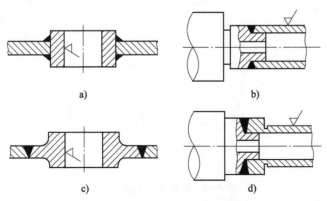

图 4-44 焊缝应避开机械加工部位
a)、b) 不合理 c)、d) 合理

4.4.3 焊接接头及坡口设计

1. 接头形式设计

焊接碳钢和低合金钢的基本接头形式有对接、搭接、角接和T形接头四种，如图4-45所示。接头形式的选择是根据结构的形状、强度要求、工件厚度、焊接材料消耗量及焊接工艺而确定。

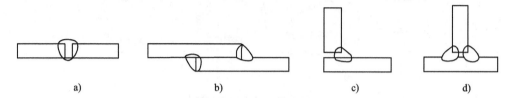

图4-45 焊接接头的基本形式
a）对接接头 b）搭接接头 c）角接接头 d）T形接头

1）对接接头。对接接头受力比较均匀，节省材料，但对下料尺寸精度要求高。因此，锅炉、压力容器等结构的受力焊缝常用对接接头。

2）搭接接头。搭接接头因被焊工件不在同一平面上，受力时接头产生附加弯曲应力，但对下料尺寸精度要求低。对于厂房屋架、桥梁、起重机吊臂等桁架结构，多采用搭接接头。

3）角接接头和T形接头。角接接头和T形接头受力都比对接接头复杂，但接头成一定角度或直角连接时，必须采用这类接头形式。此外，对于薄板气焊或钨极氩弧焊，为了避免烧穿或为了省去填充焊丝，可采用卷边接头。

2. 坡口形式设计

当工件厚度较大时需要开坡口，以保证焊透。焊条电弧焊常用对接接头的基本坡口形式主要有I形坡口、V形坡口、X形坡口、U形坡口和双U形坡口等，如图4-46所示。

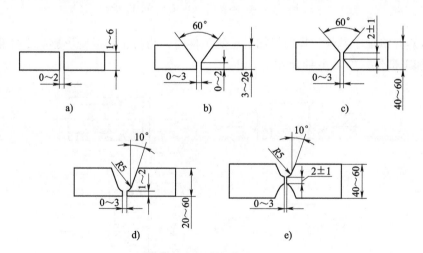

图4-46 对接接头的坡口形式
a）I形坡口 b）V形坡口 c）X形坡口 d）U形坡口 e）双U形坡口

坡口形式主要根据板厚选择，目的是既能保证焊透，又要使填充金属尽可能少，提高生产效率和降低成本。坡口的加工方法常有气割、切削加工（刨削或铣削等）、碳弧气刨等。

在板厚相等的情况下，X 形坡口比 V 形坡口需要的填充金属少，所需焊接工时也少，并且焊后角变形小；但 X 形坡口需要双面焊。U 形坡口根部较宽，容易焊透，比 V 形坡口节约焊条，节省工时，焊接变形也较小。但因 U 形坡口形状复杂，加工成本较高，对要求焊透的受力焊缝，在焊接工艺可行的情况下，能用双面焊的尽量采用双面焊。这样，容易全部焊透，保证焊接质量，焊接变形也小。

4.4.4 焊接结构工艺图绘制

焊接结构工艺图是在零件图上标明焊缝的工艺要求，以便施工人员按设计要求进行工艺操作的图样。焊缝可用图示法或标注法标明。

1. 图示法

焊缝正面用粗实线或细栅线表示，端面用粗实线画出焊缝的轮廓，细实线画出坡口的形状。剖面图上焊缝区应涂黑，如图 4-47a、b 的左图所示。

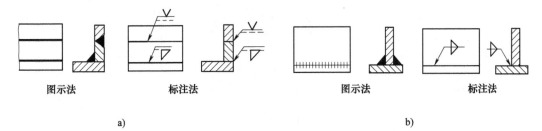

图 4-47 焊缝的图示法与标注法

2. 标注法

标注法是用国家标准规定的专用符号表示焊缝，是常用的焊接结构工艺图表示法。标注法由基本符号和指引线组成，常用焊缝的符号见表 4-9。指引线一般由箭头和两条基准线（一条实线、一条虚线）组成。若焊缝在箭头所指一侧，基本符号应标在实线基准线侧；若焊缝在非箭头所指一侧，基本符号应标在虚线基准线侧；标注对称焊缝和双面焊缝时，可不加虚线，如图 4-47a、b 的右图所示。

表 4-9 常用焊缝符号

符号类型	名称及说明	示意图	符号
基本符号	I 形焊缝		‖
	V 形焊缝		V

(续)

符号类型	名称及说明	示意图	符号
基本符号	Y 形焊缝	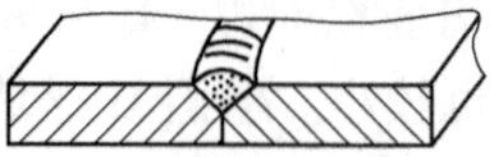	 Y
	带钝边 U 形焊缝	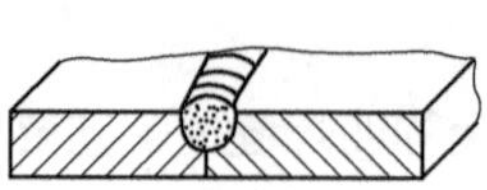	 Y
	角焊缝	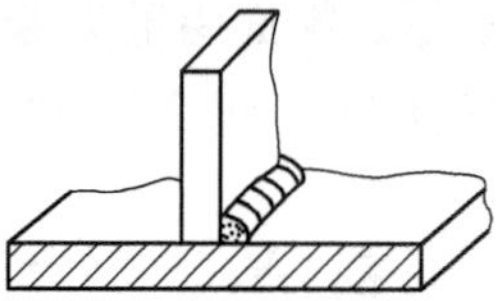	 ▷
补充符号	三面焊缝符号 表示三面带有焊缝	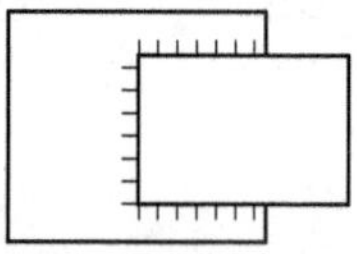	⊏
	周围焊缝符号 表示环绕工件周围有焊缝	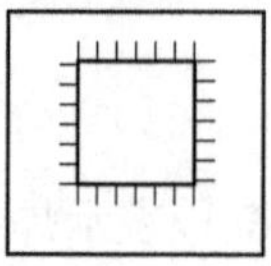	 ○
	尾部符号（标注焊接工艺方法等内容）		 <
辅助符号	平面符号 表示焊缝表面应平齐	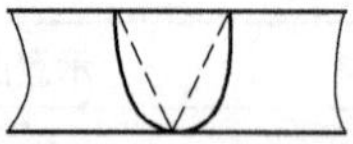	—

4.4.5 焊接参数的确定

本节主要介绍焊条电弧焊的相关工艺参数确定。焊接工艺参数包括焊条型号（牌号）、焊条直径、焊接电流、坡口形状、焊接层数等。其中有些已在前面述及，现仅简单介绍焊条直径、焊接电流和焊接层数的选择。

1. 焊条直径的选择

焊条直径主要取决于焊件厚度、接头形式、焊缝位置和焊（道）数等因素。平焊时，根据焊件厚度选用焊条：当板厚小于 4mm 时，焊条直径与板厚基本相等；当板厚大于 4mm

时常采用多层焊，焊条直径为 4~6mm。焊条直径的选择见表 4-10。

表 4-10　焊条直径的选择

焊件厚度/mm	<2	2~4	4~10	12~14	>14
焊条直径/mm	1.5~2.0	2.5~3.2	3.2~4	4~5	>5

2. 焊接电流的选择

焊接电流主要根据焊条直径来选择，对平焊低碳钢和低合金钢焊件，焊条直径为 3~6mm 时，其电流大小可根据以下经验公式选择：

$$I = (30 \sim 50)d$$

式中　I——焊接电流（A）；

d——焊条直径（mm）。

实际工作时，电流大小还应考虑焊件厚度、接头形式、焊接位置和焊条种类等因素。

平焊时，焊接电流的选择也可以参考表 4-11。

表 4-11　平焊时焊接电流的选择

焊条直径/mm	2.0	2.5	3.2	4.0	4.5	5.0
焊接电流/A	40~65	50~80	100~130	160~210	200~270	260~300

立焊、横焊、仰焊时，一般焊接电流比平焊时减小 10%~20%。焊件厚度大时，电流可选上限。在保证焊接质量的前提下，选大的电流可提高生产效率。

3. 焊接层数

厚的焊件常采用开坡口、多层焊，每层焊缝厚度一般不超过 4~5mm。当每层焊缝厚度等于焊条直径的 0.8~1.2 倍时生产效率较高，故焊接层数计算公式为：

$$n = \delta/d$$

式中　n——焊接层数；

d——焊条直径（mm）；

δ——焊件厚度（mm）。

焊接层数计算值为小数时，向上取整。

4.4.6　焊接工艺设计实例

如图 4-48a 所示贮罐，材料为 Q345，板料尺寸为 2000mm×5000mm×16mm。人孔管和排污管的壁厚分别为 16mm 和 10mm。焊接质量要求较高，大批量生产，试制定焊接工艺方案。

（1）焊缝布置　根据焊缝应避免交叉、避开罐体转角应力集中部位的原则，焊缝布置如图 4-48b 所示。

（2）焊接方法及焊接材料选择　罐体上两条直焊缝及三条圆环形焊缝，长度较大，形状规则，采用自动埋弧焊。经查阅有关资料，焊丝采用 ϕ4mm 的 H08MnA，焊剂采用 HJ431。人孔管和排污管与罐体的焊缝较短，且为空间曲线，采用焊条电弧焊，采用 ϕ4mm 的 E5015 碱性焊条。

（3）焊接接头及坡口设计　罐体焊缝质量要求较高，采用对接接头。由于埋弧焊熔深较大，采用 I 型坡口双面焊接可以焊透。两个接管采用插入式装配的角接头，并开单边 V 形坡口保证焊透。

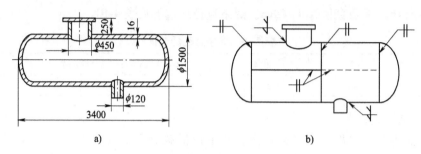

图 4-48 贮罐结构简图和焊接工艺图
a) 贮罐结构简图　b) 焊接工艺图

（4）焊接结构工艺图　焊接结构工艺图如图 4-48b 所示。

（5）焊接工艺方案　焊接工艺方案见表 4-12。贮罐材料为强度级别不太高的低合金钢，无需焊前预热及焊后热处理等工艺措施。

表 4-12 贮罐焊接工艺方案

焊接次序	焊缝名称	焊接方法及工艺	接头形式和坡口形式	焊接材料
1	罐体纵缝	采用埋弧焊双面焊接，先焊内缝，再焊外缝		焊丝：H08MnA（φ4mm） 焊剂：HJ431
2	罐体环缝	采用埋弧焊双面焊接，先焊内缝，再焊外缝，最后一条环缝用焊条电弧焊焊内缝		焊丝：H08MnA（φ4mm） 焊剂：HJ431 焊条：E5015（φ3.2mm）
3	排污管环缝	采用焊条电弧焊焊接（3层）		焊条：E5015（φ4mm）
4	人孔管环缝			

4.5　常用金属材料的焊接

4.5.1　钢的焊接

1. 低碳钢的焊接

低碳钢的含碳量为 $w_C < 0.25\%$，碳当量小，没有淬硬倾向，冷裂倾向小，焊接性良好。除电渣焊外，焊前无需预热，焊接时不需要采取特殊工艺措施，适合各种方法焊接。但当板厚大于50mm，在0℃以下焊接时，需预热 100~150℃。对于沸腾钢，硫、磷杂质含量较高且分布不均匀，焊接时裂纹倾向较大，因此重要结构应选用镇静钢焊接。

在手工电弧焊中，一般选用 E4303（配 J422 焊剂）和 E4315（配 J427 焊剂）焊条；在自动埋弧焊中，常选用 H08A 或 H08MnA 焊丝和 HJ431 焊剂。

2. 中、高碳钢的焊接

中碳钢的含碳量为 w_C = 0.25%~0.6%，当 w_C > 0.4%时，其淬硬倾向和冷裂纹倾向较大；焊缝金属热裂倾向较大。因此，焊前必须预热至 150~250℃。中碳钢焊接常用焊条电弧焊，选用 E5015 焊条（配 J507 焊剂）。采用细焊条、小电流、开坡口、多层焊工艺，尽量防止含碳量高的母材过多地熔入焊缝。焊后应缓慢冷却，防止冷裂纹产生。厚件可考虑用电渣焊，提高生产效率，并在焊后进行相应的热处理。

高碳钢含碳量为 w_C > 0.6%时，焊接性更差。一般不作为焊接结构用材料，高碳钢的焊接只限于修补。应提高预热温度、选用塑性好的碳钢焊条或不锈钢焊条，防止裂纹产生。

3. 低合金高强度结构钢的焊接

低合金高强度结构钢主要用于制造压力容器、锅炉、车辆等金属结构，一般采用焊条电弧焊和自动埋弧焊或气体保护焊。如用气体保护焊，则强度较低的低合金钢可采用 CO_2 保护气体，强度高于 500MPa 的低合金钢可采用 Ar80%+$CO_2$20%（体积分数）的混合保护气体。强度较低（300~400MPa）的低合金钢焊接性良好，如工件的板厚不大，则焊接时不需要预热；当板厚较大（如焊接厚度为 32mm 以上的 16Mn 钢）或焊接时的环境温度较低时，则应考虑预热。强度等级较高（大于 400MPa）的低合金钢，焊接性较差，与中碳钢相当，应选择适宜的焊接方法，进行焊前预热或焊后去应力热处理，制定合理的焊接参数和严格的焊接工艺。低合金钢常用的焊接方法及焊接材料见表 4-13。

表 4-13 低合金钢常用的焊接方法及焊接材料

屈服点 /MPa	钢号示例	焊条电弧焊 焊条牌号	埋弧焊 焊丝牌号	埋弧焊 焊剂牌号	预热温度/℃
300	09Mn2 09Mn2Si	E4303，E4301 E4316，E4315	H08 H08MnA	HJ431	一般不预热
350	16Mn	E5003，E5015 E5016，E5015	H08A，H08MnA H10Mn2，H10MnSi	HJ431	100~150
400	15MnV 15MnTi	E5016，E5015 E5516-G，E5515-G	H08MnA，H08Mn2Si H10Mn2，H10MnSi	HJ431	100~150
450	15MnVN	E5516-G，E5515-G E6016D1，E6015D1	H08MnMoA	HJ431 HJ350	100~150
500	18MnMoNb 14MnMoV	E7015D2	H08Mn2MoA H08Mn2MoVA	HJ250 HJ350	≥150
550	14MnMoVB	E7015D2	H08Mn2MoVA	HJ250 HJ350	≥150

4. 不锈钢的焊接

在所用的不锈钢材料中，奥氏体型不锈钢应用最广。它的焊接性良好，适用于焊条电弧焊、氩弧焊和自动埋弧焊。手工电弧焊选用化学成分相同的奥氏体不锈钢焊条；氩弧焊和自动埋弧焊所用的焊丝化学成分应与母材相同。

奥氏体型不锈钢焊接的主要问题是当焊接工艺参数不合理时，容易产生晶间腐蚀和热裂纹，这是不锈钢的一种极危险的破坏形式。焊条电弧焊时，应采用细焊条、小电流焊接。

工程上有时需要把不锈钢与低碳钢或低合金钢焊接在一起，通常用焊条电弧焊。焊条选用时不能用奥氏体型不锈钢焊条或低碳钢焊条（如 E4303），应选 E309-16 或 E309-15 不锈钢焊条，保证焊缝金属组织是奥氏体加少量铁素体，防止产生焊接裂纹。

4.5.2 铸铁的焊接

铸铁的焊接性较差，易产生白口及淬硬组织，易产生裂纹。铸铁不宜作为焊接结构材料，但局部损坏可进行焊补。对小型、中等厚度（大于 10mm）的铸铁件及重要的铸铁件如机床导轨、汽车的汽缸等，可将工件整体或局部预热到 600~700℃，用气焊或焊条电弧焊进行热焊，常用的焊条为 Z248 和 Z208。对不太重要的铸铁件，可不预热或预热到 400℃ 以下，用焊条电弧焊进行冷焊，可选用镍基铸铁焊条 Z308、Z408、Z508 和铜基铸铁焊条 Z607、Z612 等；宜用小电流、短弧、窄焊缝等工艺措施，减少熔深，缩小焊缝与其他部位的温差，防止裂纹。

4.5.3 铝合金的焊接

铝合金表面有一层致密的氧化膜，熔点较高，影响焊接性。铝合金焊接时常用氩弧焊，电弧中氩气电离的氩正离子在电场力加速下撞击工件表面（工件接负极），使氧化膜破碎并清除（称为"阴极破碎"）。8mm 以下的铝合金板可用钨极氩弧焊（使用交流电源，既有阴极破碎作用，又不会使钨极太热）；8mm 以上的铝合金板可用熔化极氩弧焊。焊前应注意工件及焊丝的清理。铝合金也可以采用电阻焊或钎焊。

4.6 焊件的结构工艺性

焊件的结构工艺性是指焊件既能方便快捷地焊接又能保证焊接质量的能力。因此，焊件结构设计一是要便于焊接，简化焊接工艺；二是要利于减少焊接缺陷，提高焊件质量。焊件结构设计的内容主要包括焊缝布置、焊接接头及坡口设计等，在 4.4 节焊接工艺设计部分已有介绍，这里将焊接结构设计的原则及结构改进实例列入表 4-14。

表 4-14 常见焊接件的结构设计

不合理结构	合理结构	设计原则
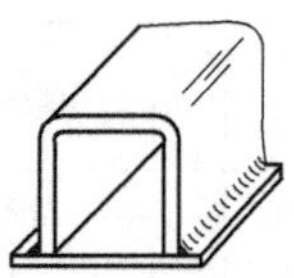	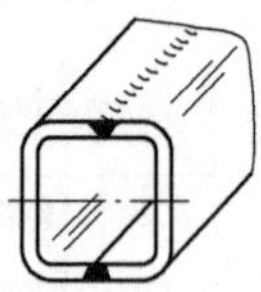	焊缝应均匀对称布置，以防止因焊接应力分布不对称而产生的变形
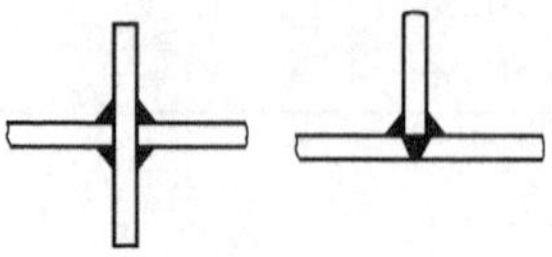	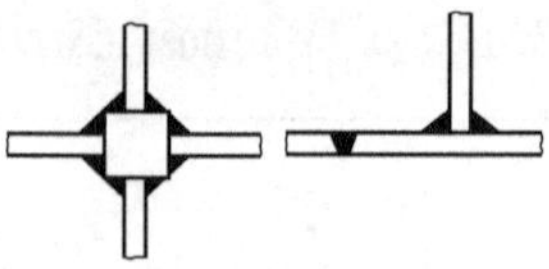	焊缝不能交叉密集
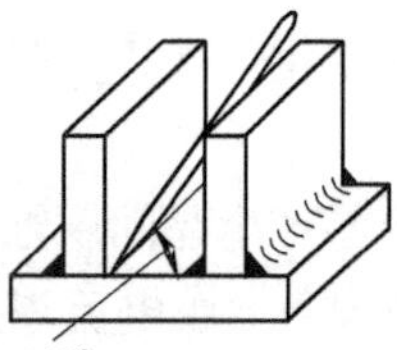 >45°	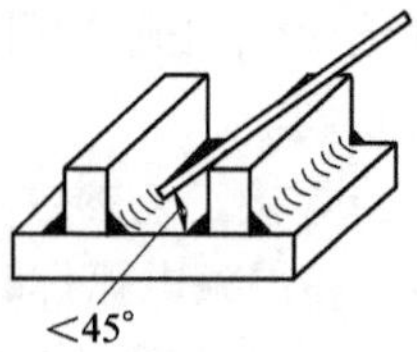 <45°	焊条运条角度太大

（续）

不合理结构	合理结构	设计原则
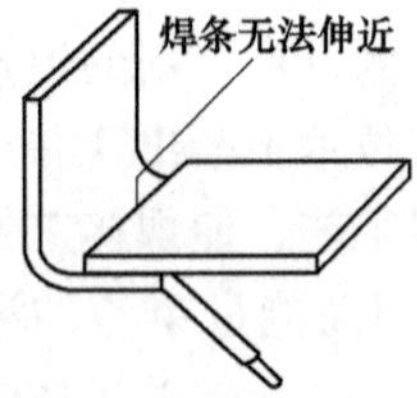	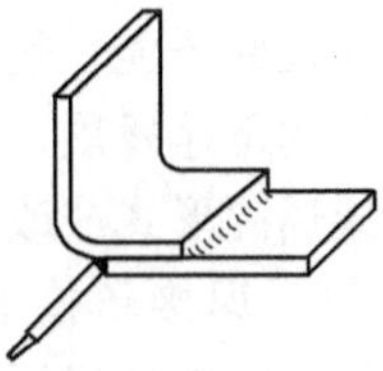	焊条无操作空间
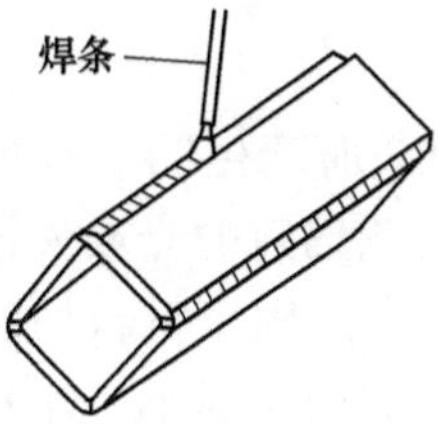	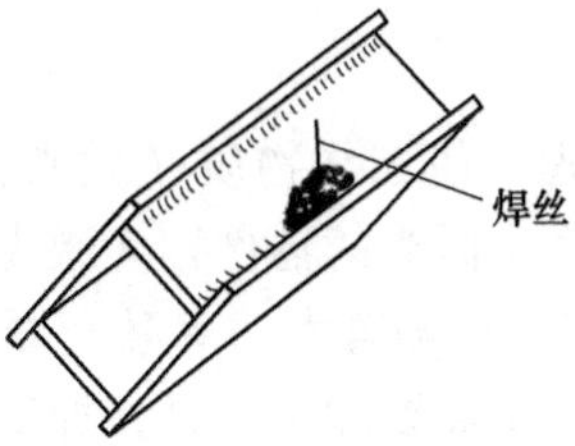	埋弧自动焊焊接时要方便堆放焊剂
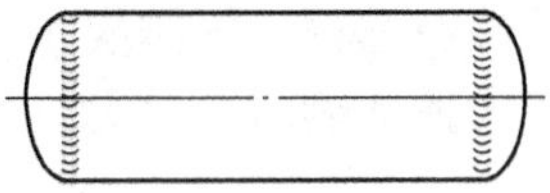	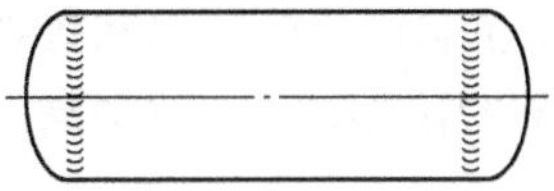	圆筒环形焊缝不能采用角接，应采用对接，以减少应力集中
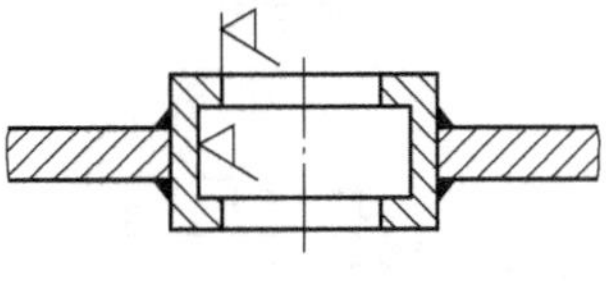	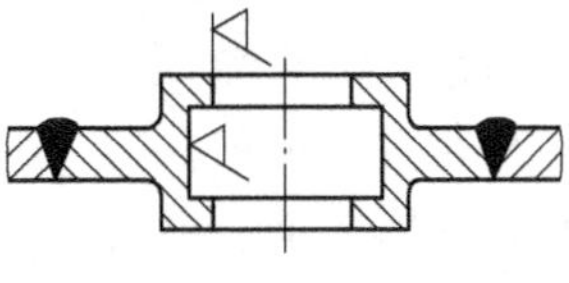	避免焊缝靠近加工面
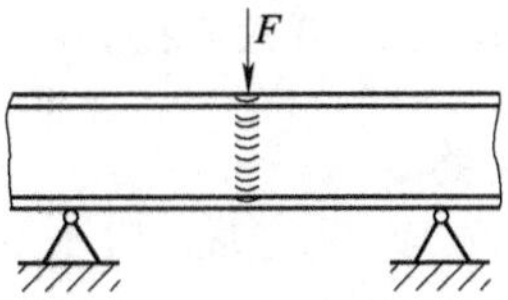	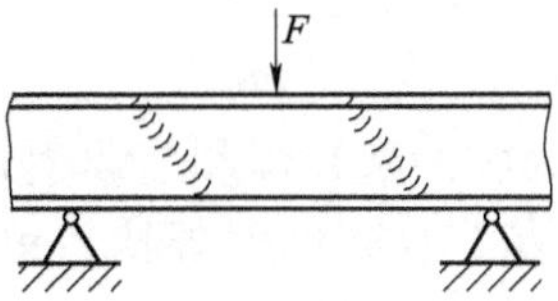	大跨度梁焊接时应避开应力最大部位
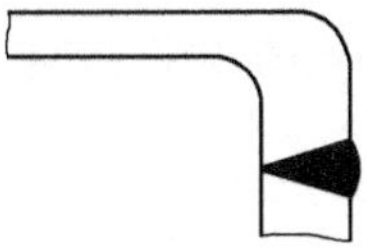	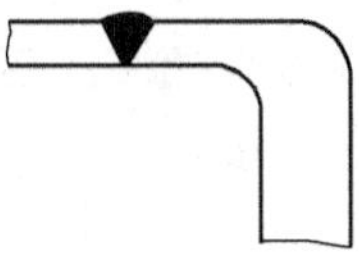	焊缝应布置在薄壁处，以减少焊接工作量和焊接缺陷

4.7 焊接成形新技术

随着现代科学技术的突飞猛进，特别是原子能、航空航天等技术的发展，新的焊接材料和结构不断出现，促进了焊接技术和工艺的迅速发展，很多新的焊接技术不断出现并迅速得到应用。焊接新技术通过改变传统的焊接热源形式或改进传统的焊接工艺，使焊接工件的材料范围扩大、焊接质量改善、效率提高等。焊接新技术很多，如采用高能量束流的激光焊接、等离子弧焊接、电子束焊接等；又如高效率的机器人焊接、采用特殊压焊的扩散焊和摩擦焊等。

4.7.1 激光焊接

激光是利用原子受激辐射的原理，使工作物质（激光材料）受激而产生的一种单色性好、方向性强、强度很高的光束。产生激光的器件称为激光器，是受激辐射的光放大器，能把电能转化为光能。20世纪60年代初，随着大功率激光器的出现，广泛用于材料加工的激光加工技术迅速发展起来。激光加工不需要加工工具，加工速度快，表面变形小，而且容易自动化控制，可用于各种材料的打孔、焊接和切割等。激光加工的基本设备包括激光器、电源、光学系统以及机械系统四大部分。目前焊接中应用的激光器有固体激光器和气体激光器两种。固体激光器常用的工作物质有红宝石、钕玻璃和掺钕钇铝石榴石三种；气体激光器所用激光材料是二氧化碳。气体激光器采用电激励，效率高、寿命长、连续输出功率大，故广泛用于焊接加工。

1. 激光焊接工艺过程及方法

（1）激光焊接工艺过程　激光焊接是一种重要的高能束加工方法，其工艺过程如图4-49所示。通过一系列的光学系统，将激光聚焦成平行度很高的微细光束（直径几微米至几十微米）。聚焦后的激光束最高能量密度可达$10^5 \sim 10^{13} W/cm^2$，它照射到材料表面，并在极短的时间内（千分之几秒，甚至更短）使光能转变为热能，被照部位迅速升温（温度可达1万摄氏度以上），材料发生汽化、熔化形成焊接接头，随着聚焦的激光束的移动扫描形成焊缝。

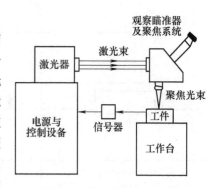

图4-49　激光焊接工艺过程

（2）激光焊接方法　激光焊分为脉冲激光焊和连续激光焊两大类。

脉冲激光焊适于电子工业和仪表工业微型件焊接，可以实现薄片（0.2mm以上）、薄膜（几微米到几十微米）、丝与丝（直径0.02~0.2mm）、密封缝焊和异种金属、异种材料的焊接，零点几毫米不锈钢、铜、镍、钽等金属丝的对接、搭接、十字形焊接、T形接头焊接，密封性微型继电器、石英晶体器件外壳和航空仪表零件的焊接等。

连续激光焊接主要使用大功率CO_2气体激光器，连续输出功率可达100kW，可以进行从薄板精密焊到50mm厚板深穿透焊等各种焊接。

2. 激光焊接的特点及应用

激光焊接的主要特点有：

1）能量密度大且释放极其迅速，适合高速加工，能避免热损伤和焊接变形，故可进行精密零件、热敏感性材料的加工。

2）被焊材料不易氧化，可以在大气中焊接，不需要气体保护或真空环境。

3）激光焊接装置不需要与被焊接工件接触。激光束可用反射镜或偏转棱镜将其在任何方向上弯曲或聚焦，因此可以焊接一般方法难以接近的接头或无法安置的接合点，如真空管中电极的焊接。

4）激光可对绝缘材料直接焊接，对异种金属材料焊接比较容易，甚至能把金属与非金属焊接在一起。

5）激光设备功率较小，可焊接的厚度受到一定限制，且设备操作与维护的技术要求高。

激光焊接（主要是脉冲激光点焊）特别适合微型、精密、排列非常密集和热敏感材料的焊接，已广泛应用于微电子元件的焊接，如集成电路内、外引线焊接，微型继电器、电容器、石英晶体的管壳封焊，以及仪表游丝的焊接等。

4.7.2 等离子弧焊接

一般电弧焊产生的电弧没有受到外界约束，称为自由电弧，电弧区内的气体尚未完全电离，能量也未高度集中。如果让自由电弧的弧柱受压缩，弧柱中的气体就完全电离（通称为压缩效应），会产生温度比自由电弧高得多、能量密度也高得多的等离子弧。等离子弧焊接是用压缩电弧作为热源的金属极气体保护焊，20世纪60年代初用于金属制品的焊接，近20多年来进一步发展为现代精密焊接工艺，也属于高能束焊接工艺。

1. 等离子弧焊接工艺过程及方法

（1）等离子弧焊接工艺过程 等离子弧焊接装置如图4-50所示。在钨极与工件之间加高压，经高频振荡器使气体电离形成电弧，这一电弧受到三个压缩效应。一是"机械压缩效应"，电弧通过经水冷的细孔喷嘴时被强迫缩小，不能自由扩展。二是"热压缩效应"，当通入有一定压力和流量的氩气或氮气流时，由于喷嘴水冷作用，使靠近喷嘴通道壁的气体被

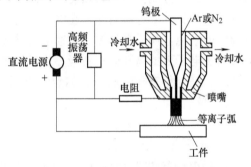

图4-50 等离子弧焊接装置示意图

强烈冷却，弧柱进一步压缩，电离度大为提高，从而使弧柱温度和能量密度增大。三是"电磁收缩效应"，带电粒子流在弧柱中运动好像电流在一束平行的"导线"中移动一样，其自身磁场所产生的电磁力，使这些"导线"相互吸引靠近，弧柱又进一步被压缩。在上述三个效应作用下电弧形成等离子弧，弧柱能量高度集中，能量密度可达 $10^2 \sim 10^6 \text{W/cm}^2$，温度可达20000~50000K（一般自由状态的钨极氩弧最高温度为10000~20000K，能量密度在 10^4W/cm^2 以下）。因此，它能迅速熔化金属材料，用于焊接。

（2）等离子弧焊接方法 等离子弧焊接分为大电流等离子弧焊和微束等离子弧焊两类。

大电流等离子弧焊件厚度大于2.5mm，它有两种工艺。第一种是穿透型等离子弧焊。在等离子弧能量足够大和等离子流量较大条件下焊接时，焊件上产生穿透小孔，小孔随等离子弧移动，这种现象称为小孔效应。稳定的小孔是完全焊透的重要标志。由于等离子弧能量密度难以提高到较高程度，使穿孔型等离子弧焊只能用于一定板厚的单面焊。第二种是熔透

型等离子弧焊。当等离子气流量减小时,小孔效应消失,此时等离子弧焊和一般钨极氩弧焊相似,适用于薄板焊接、多层焊和角焊缝。

微束等离子弧焊时电流低于30A。由于电流小到0.1A时,等离子弧仍十分稳定,所以电弧能保持良好的方向性,适用于焊接0.025~1mm的金属箔材和薄板。

2. 等离子弧焊接的特点及应用

等离子弧焊接除了具有氩弧焊优点外,还有以下主要特点:

1)具有小孔效应且等离子弧穿透能力强,所以10~12mm厚度焊件可不开坡口,能实现单面焊双面自由成形。

2)微束等离子弧焊接可以焊很薄的箔材。但等离子弧焊接设备较复杂,气体消耗量大,只适于室内焊接。

3)等离子弧焊接能量集中、生产效率高、焊接速度快、应力变形小、电弧稳定。

等离子弧焊广泛应用于航空航天等尖端技术所用的各种材料,特别适合于各种难熔、易氧化及热敏感性强的金属材料,如铜合金、钛合金、合金钢、钼、钴等的焊接;又如钛合金导弹壳体、波纹管及膜盒、微型继电器、飞机上的薄壁容器等。

4.7.3 电子束焊接

电子束焊接是利用电子束作为热源的一种焊接工艺,也称为真空电子束焊接。在真空条件下,聚焦后能量密度极高的电子束以极高的速度冲击到工件表面极小的面积上,在极短的时间内,大部分能量转化为热能,使被冲击部分的工件材料达到几千摄氏度以上的高温,使得焊接件接头处的金属熔融。在电子束连续不断的轰击下,形成一个被熔融金属环绕着的毛细管状的熔池。如果焊件按一定速度沿着焊件连接缝与电子束做相对移动,则连接缝上的熔池会由于电子束的离开而重新凝固形成焊缝。电子束焊接是20世纪70年代规模化应用的焊接技术,是近年来随着原子能和航空航天技术的发展,为解决稀有的难熔、活性金属,如锆、钛、钽、铌、钼、铍、镍等及其合金的焊接而发展起来的新兴特种焊接方法;是高能束焊接、精密焊接工艺方法。

1. 电子束焊接工艺过程

电子束焊接装置如图4-51所示。把电子枪、工件、夹具全部放在真空室(真空度必须保持在$666×10^{-4}$Pa以上)内,电子枪由加热灯丝、阴极、阳极及聚焦装置等组成。当阴极被灯丝加热到2600K时,能发出大量电子,电子束经聚焦和加速,撞击工件后动能转化为热能,能量密度可达$10^6 \sim 10^8 W/cm^2$,使焊接金属迅速熔化,甚至汽化。以适当的速度移动焊件,可得到要求的焊接接头。

真空电子束焊一般不加填充焊丝,若要求焊缝的正面和背面有一定堆高时,可在接缝处预加垫片。焊前必须严格除锈和清洗,不允许残留有机物。对接焊缝间隙不得超过0.2mm。

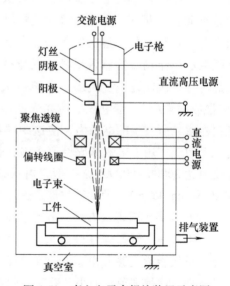

图4-51 真空电子束焊接装置示意图

2. 电子束焊接的特点及应用

电子束焊接的主要特点有:

1) 在真空环境下施焊,保护效果极佳,焊接质量好。焊缝金属不会氧化、氮化,且无金属电极沾污。没有弧坑或其他表面缺陷,内部熔合好,无气孔夹渣。特别适合焊接化学活泼性强、纯度高和极易被大气污染的金属,如铝、钛、锆、钼、高强钢、不锈钢等。

2) 热源能量密度大、熔深大、焊速快、焊缝深而窄,焊缝宽深比可达 1∶50~1∶20,能单道焊厚件。钢板焊接厚度可达到 200~300mm,铝合金可焊接厚度已超过 300mm。

3) 焊接变形小。可以焊接一些已完成机械加工的组合零件,如多联齿轮组合零件等。

4) 焊接工艺参数调节范围广,焊接过程控制灵活,适应性强。可以焊接 0.1mm 的薄板。也可以焊接 200~300mm 的厚板;可焊接普通的合金钢,也可以焊接难熔金属,活性金属、复合材料,以及异种金属如铜-镍、钼-钨等,还能焊接一般焊接方法难以施焊的复杂形状的工件。

5) 焊接设备复杂、造价高、使用与维护要求技术高。焊件尺寸受真空室限制。

目前,真空电子束焊在原子能、航空航天等尖端技术部门应用日益广泛,从微型电子线路组件、真空膜盒、钼箔蜂窝结构、原子能燃料元件、导弹外壳,到核电站锅炉气包等都已采用电子束焊接。此外,熔点、导热性、溶解度相差很大的异种金属构件、真空下使用的器件和内部要求真空的密封器件等,用真空电子束焊也能得到良好的焊接接头。

但是,由于真空电子束焊接是在压强低于 10^{-2}Pa 的真空中进行的。因此,易蒸发的金属和含气量比较多的材料,在真空电子束焊接时易于挥发,会妨碍焊接过程的连续进行。故含锌量较高的铝合金(如铝-锌-镁)和铜合金(黄铜)及未脱氧处理的低碳钢,不能用真空电子束焊接。

4.7.4 机器人焊接

随着电子技术、计算机技术、数控及机器人技术的发展,焊接生产的自动化、柔性化和智能化是必然趋势。机器人焊接从 20 世纪 60 年代开始用于生产,目前已成为焊接自动化、现代化的主要标志。焊接机器人常安装在自动生产线上,或与自动上、下料装置及自动夹具一起组成焊接工作站。机器人焊接一般有两种方式,可编程方式和示教方式。可编程方式是操作者根据被焊接零件的图样,用简单易学的命令编制运动轨迹,然后把机器人焊枪引导到起始点,自动完成焊接工作的方法。示教方式是操作者通过点动示教台上的按钮,把机器人焊枪移动到被焊接零部件的几个关键工作点处,让机器人记住这几个关键点,然后再输入适当的命令,机器人就能正确完成焊接工作。在编程和示教过程中,还可以对机器人焊接逐段输入不同焊接电流和电弧电压。

1. 机器人焊接的工艺过程及焊接机器人形式

(1) 机器人焊接的工艺过程 机器人焊接是在工业机器人的末轴法兰上装接焊钳或焊(割)枪,通过三个或三个以上可自由编程的轴,将焊接工具按要求送到预定空间位置,并按要求的轨迹及移动速度进行的焊接。焊接机器人主要包括机器人和焊接设备两部分。机器人由本体和控制柜(硬件及软件)组成;而焊接设备由焊接电源(包括其控制系统)、送丝机(弧焊)、焊枪(钳)等部分组成。对于智能机器人,还应有传感系统,如激光或摄像传感器及其控制装置等。

（2）焊接机器人形式　常用的焊接机器人主要有弧焊机器人、点焊机器人等。焊接机器人的基本组成如图 4-52 所示，其外观照片如图 4-53 所示。

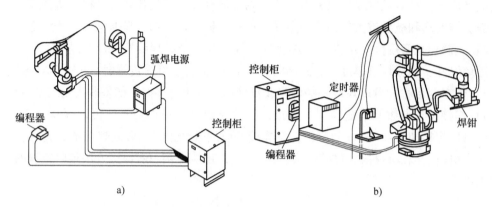

图 4-52　焊接机器人的基本组成
a）弧焊机器人　b）点焊机器人

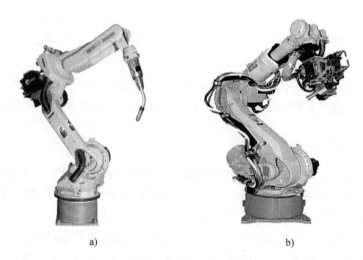

图 4-53　焊接机器人外观
a）弧焊机器人　b）点焊机器人

弧焊机器人主要是进行结构钢和铬镍钢的熔化极气体保护焊，一般的晶闸管式、逆变式、脉冲式焊接电源都可以装到机器人上作为电弧焊电源。送丝机构可以装在机器人的上臂，也可以放在机器人之外，前者焊枪到送丝机之间的软管较短，有利于保持送丝的稳定性。

点焊机器人采用电阻点焊，只需点位控制，对焊钳在点与点之间的移动轨迹没有严格要求。因此点焊机器人最早用于汽车生产线。对于点焊机器人的焊接装备，由于采用了一体化焊钳，焊接变压器装在焊钳后面，所以变压器必须尽量小型化。点焊机器人的焊钳，通常用气动的焊钳。

2. 机器人焊接的特点及应用

机器人焊接的主要特点有：

1) 提高并稳定焊接质量，能将焊接质量以数值的形式反映出来。
2) 提高劳动生产率。
3) 改善工人劳动强度，可在有害环境下工作。
4) 降低对工人操作技术的要求。
5) 缩短产品改型换代的准备周期，减少相应的设备投资等。

焊接机器人广泛应用于汽车、摩托车、工程机械等零部件的制造，尤其是汽车制造业中的汽车底盘、座椅骨架、导轨、消声器等的焊接。随着我国汽车工业的发展和对自动化水平要求的不断提高，近年来，我国焊接机器人用量不断扩大，据统计 2018 年焊接机器人销售数量达 8 万多台。

焊接机器人系统有焊接工作站、柔性焊接生产线、焊接专机等。焊接工作站一般适合中、小批量生产，被焊工件的焊缝可以短而多，形状可较复杂；柔性焊接生产线适合产品品种多、每批数量较少的情况；焊接专机适合批量大、改型慢的产品，焊缝数量较少、较长，形状规范的工件也较为适用。图 4-54 所示为某汽车股份有限公司的焊装车间生产线，焊接设备有八套弧焊机器人和六套点焊机器人，采用 PLC 自动控制。车身焊接采用群控技术，焊接精确、均匀、牢固。

机器人焊接的另外一个显著应用就是可以在水下焊接。海洋水下焊接如今已成为海洋资源开发和海洋工程建设不可缺少的基础和支撑技术，配合新型焊接材料已成功应用于胜利油田海上采油平台、港珠澳大桥等海洋工程。

图 4-54 焊接生产线

焊接机器人与数字化焊机、焊接数据库、焊接专家系统等配合，可以实现焊接工艺数字化、焊接模拟仿真数字化、车间焊接数字化等；使焊接生产实现高精度、高速度、高质量、高可靠性；可实现网络化焊接、柔性制造和智能化制造，提高生产效率，减少焊接材料、能量消耗以及焊接工时，降低生产成本，提升整体效能。

4.7.5 扩散焊接

扩散焊接是在真空或保护气氛下，使被焊接表面在热和压力的同时作用下，发生微观塑性流变后相互紧密接触，通过原子的相互扩散，经过一定时间保温（或利用中间扩散层及过渡相加速扩散过程），使焊接区的成分、组织均匀化，在界面处形成新的扩散层，最终达到完全冶金连接的过程。随着材料科学的发展，新材料如陶瓷、金属间化合物、非晶态材料及单晶合金等不断涌现，新材料本身或与其他材料之间用传统的熔焊方法，很难实现可靠连接。为解决这些新材料的焊接难题，近二三十年来，真空技术与焊接技术结合的扩散焊接（真空扩散焊接）方法日益受到重视。

1. 扩散焊接的工艺过程

图 4-55 所示为真空扩散焊接设备示意图。将焊件置于真空室内，通过感应线圈加热和液压缸加压。扩散焊接过程可分为三个阶段，如图 4-56 所示。第 1 阶段：在一定的温度、压力、和真空条件下，使焊件结合面处塑性变形，使氧化膜破碎，形成金属键连接的交界面。交界面上大部分紧密接触的表面形成晶粒间连接，其余未接触处形成微孔。第 2 阶段：通过原子扩散使交界面上晶界迁移，微孔减小、减少。第 3 阶段：交界面附近原子向体积方向扩散，微孔消失，界面消失，形成完整晶粒，达到冶金结合，形成焊接接头。

焊件表面状态对扩散焊的焊接质量影响很大。因此，焊前必须对工件进行精密加工、磨平抛光、清理油污，以获得尽可能光洁、平整、无氧化膜的表面。

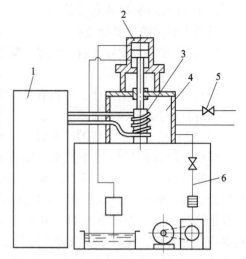

图 4-55 真空扩散焊接设备示意图
1—感应加热系统　2—液压缸　3—焊件
4—真空室　5—水冷系统　6—真空系统

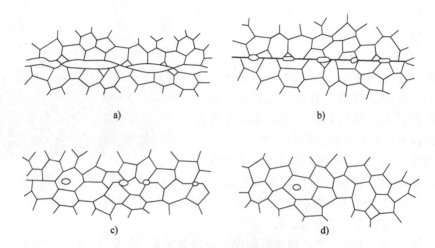

图 4-56 真空扩散焊焊接过程示意图
a) 凹凸不平的初始接触　b) 第 1 阶段：变形和交界面的形成
c) 第 2 阶段：晶界迁移和微孔减少　d) 第 3 阶段：体积扩散、微孔消除

扩散焊分为同种材料扩散焊、异种材料扩散焊、加中间层扩散焊。同种材料扩散焊是两同种金属直接接触的扩散焊，对待焊材料表面制备质量要求较高，焊接时施加压力较大，焊后接头的成分、组织与母材一致；异种材料扩散焊是异种金属之间或金属与陶瓷、复合材料等之间的焊接，异种材料结合面上易形成较大热应力或脆性金属间化合物或扩散孔洞，对扩散温度、压力、时间要求较高；加中间层扩散焊是在被焊的两材料之间加入一层金属或合金（中间层），以改善两被焊材料的扩散条件，降低扩散温度，减少扩散时间，降低异种材料结合面上产生的热应力，减少脆性化合物及扩散孔洞，提高难焊材料的扩散焊接性能。

2. 扩散焊接的特点及应用

扩散焊接的特点主要有：

1）扩散焊接头成分、组织和性能基本相同，甚至完全相同，从而防止因组织不均匀引起的局部腐蚀和应力腐蚀开裂。

2）扩散焊接母材不过热、不熔化，在不损坏性能的情况下几乎适于焊接所有金属和非金属，特别适于用一般方法难以焊接的材料，如弥散强化的高温合金、纤维强化的硼-铝复合材料、陶瓷、金属间化合物等。

3）可以焊接不同类型的材料，包括异种金属、金属与陶瓷等完全不相溶的材料，如金属-陶瓷、铝-钢、钛-钢、铝-铜等。

4）可用于新材料的焊接，如非晶态合金、单晶合金等。

5）焊接精度高、变形小。

6）可以焊接结构复杂及厚度相差很大的工件。

7）可进行大面积板及圆柱的连接。

扩散焊广泛用于航空航天、原子能、电子信息等尖端技术领域的主要结构件及精密零件的焊接，如发动机喷管、飞机蒙皮、复合金属板、钻头与钻杆的焊接等。

4.7.6 摩擦焊接

摩擦焊接（简称摩擦焊）是将焊件连接表面相互压紧并使之发生相对运动，利用工件表面摩擦产生的热量将焊接的连接面加热到塑性状态，然后迅速加压顶锻形成焊接接头的压焊方法。摩擦焊始于20世纪50年代，经过几十年的发展，在汽车、航空、船舶等行业应用越来越广泛，目前研究及应用较多的有旋转摩擦焊、搅拌摩擦焊等。

1. 摩擦焊焊接工艺过程

旋转摩擦焊过程如图4-57所示。进行摩擦焊时，先将两焊件夹在焊机上，加压使焊件紧密接触，然后焊件1旋转与焊件2摩擦产生热量，待端面加热到塑性状态时，利用制动装置使焊件1停止旋转，并立即在焊件2的端面施加压力，使两焊件焊接起来。

摩擦焊接头一般是等断面的，特殊情况下也可以是不等断面的，但至少有一个焊件为圆形或圆管状。图4-58所示为摩擦焊可用的接头形式。

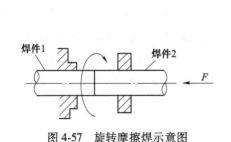

图 4-57 旋转摩擦焊示意图

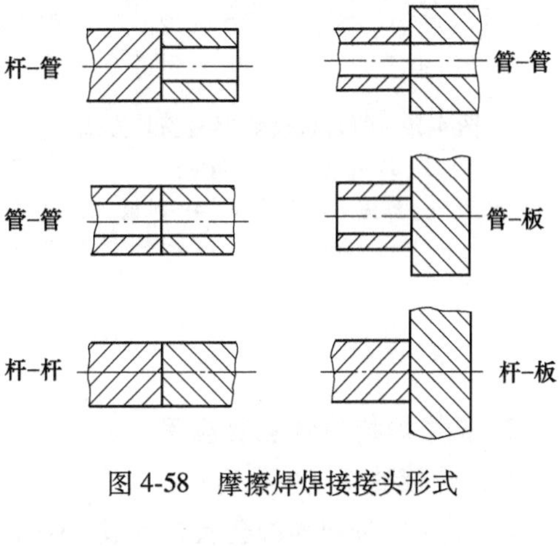

图 4-58 摩擦焊焊接接头形式

2. 摩擦焊的特点及应用

摩擦焊的特点主要有：

1）无需填充金属和另加保护措施，操作简单，易自动控制，加工成本低。

2）工件接触面的氧化膜和杂质被清除，接头组织致密，不易产生气孔和夹渣，焊接变形小，焊接质量高。

3）可焊接的金属材料范围宽，可焊接同种金属或异种金属。

4）电能消耗少，只有闪光对焊的 1/15～1/10，但要求制动装置及加压装置控制灵敏。

摩擦焊广泛用于圆形工件、棒料及管类件的焊接。可焊实心工件的直径为 2～100mm，管类件外径可达几百毫米。目前，摩擦焊在汽车、拖拉机、电站锅炉、金属切削刀具等行业得到广泛应用。但摩擦焊不适于非圆截面工件、太大截面工件、摩擦系数特别小的材料和易碎材料的焊接。

4.7.7 爆炸焊接

爆炸焊是利用炸药产生的冲击波使焊件迅速撞击，其接触处在高温下产生金属射流清除表面氧化物，液态金属在高压下冷却，形成焊接接头。爆炸焊始于 1958 年，是一种独特的金属复合法，特别是可以作为一种不同种类金属相复合的金属复合材料的制造方法。

以复合板爆炸焊为例，其安装方式有平行法和角度法两种，如图 4-59 所示。大面积复合板多用平行法安装，小型试验时，平行法和角度法均可用。

1. 爆炸焊接的工艺过程

爆炸焊的工艺过程如图 4-60 所示。先将炸药、雷管、焊件安装好，引爆炸药后，炸药瞬时释放的化学能产生高压（700MPa）、高温（3000℃）、高速（500～1000m/s）的冲击波，冲击波作用于焊件使之猛烈撞击，碰撞点产生射流，冲刷金属表面氧化膜及吸附层，使洁净金属接触，在高压下结合。随着炸药爆炸，界面不断前移，形成结合面。

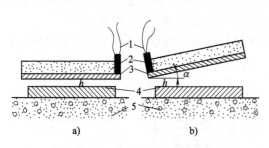

图 4-59 复合板爆炸焊接安装方式
a）平行法 b）角度法
1—雷管 2—炸药 3—复合板 4—基板 5—地面

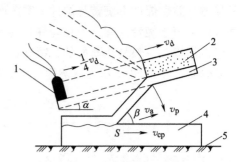

图 4-60 爆炸焊接过程瞬态示意图
1—雷管 2—炸药 3—复合板 4—基板 5—地面
v_d—炸药爆轰速度　$\frac{1}{4}v_d$—爆炸产物速度
v_p—复合板下落速度　v_{cp}—碰撞点 S 的移动速度
v_a—气体的排出速度　α—安装角　β—碰撞角

2. 爆炸焊接的特点及应用

爆炸焊接的特点主要有：

1）适于同种或异种金属，形成高强度冶金结合焊缝。特别是焊接时易产生脆性化合物层的异种金属，爆炸焊可较好地焊接。如铝、钛、锆等与碳钢、合金钢、不锈钢的焊接。

2) 可以焊接的尺寸范围较宽。可焊接大面积的复合板、复合管棒等。如焊接复合板面积可达 13~28mm^2，可焊复合板厚度为 0.03~32mm。

3) 工艺简单，无需复杂设备，应用方便。

4) 可进行双层、多层复合板的焊接，可用于各种金属对接、搭接焊缝及点焊。

5) 炸药多为铵盐类低速混合炸药，价廉、安全、方便。

6) 焊前无需复杂的表面清理，只需去掉较厚的氧化物和油污。

7) 焊件材料要求有一定的韧性以抵抗冲击，屈服强度大于 690MPa 的金属难以进行爆炸焊。不宜用于突变截面的焊接。

爆炸焊主要用于焊接物理和化学性能相差较大的金属材料，如热胀系数相差大的钛和钢，硬度相差大的铝和钽等；用于生产复合材料，以制造石油化工、化肥、农药、医药、轻工等设备的零件。

────── 练习题 ──────

1. 按热源不同常用的焊接方法可分为哪些种类？简述它们各自的特点及应用。
2. 焊接时为什么要对焊接区域进行保护？通常采取哪些措施？
3. 焊条焊芯的作用是什么？焊条药皮有何作用？
4. 焊接接头由哪些区域组成，各区的组织及性能有何特点？如何改善焊接接头的组织和性能？
5. 如何选择焊接方法？下列情况应选用什么焊接方法？简述理由。
   (1) 低碳钢桁架结构，如厂房屋架。
   (2) 厚度为 20mm 的 Q345（16Mn）钢板拼成大型工字梁。
   (3) 纯铝低压容器。
   (4) 低碳钢薄板（厚 1mm）皮带罩。
   (5) 供水管道维修。
6. 电渣焊和自动埋弧焊的焊接过程有什么不同？其特点和应用有何不同？
7. 为什么会产生焊接变形？如何防止焊接变形？矫正焊接变形的方法有哪几种？
8. 产生焊接热裂纹和冷裂纹的原因是什么？如何减少或防止这两种裂纹？
9. 材料焊接性的影响因素有哪些？如何评价材料的焊接性？
10. 比较低碳钢、中碳钢、普通低合金钢的焊接性。
11. 普通低合金钢焊接的主要问题是什么？焊接时应采取哪些措施？
12. 图 4-61 所示大块钢板拼接的焊缝布置是否合理？为减少焊接应力和变形，应如何布置焊缝？并说明合理的焊接顺序。
13. 改进图 4-62 所示焊接结构的焊缝布置。
14. 焊接接头的形式有哪几种？如何选择？
15. 焊接时为什么要开坡口？一般焊件板厚为多少可以开坡口？常用的坡口形式有哪些？

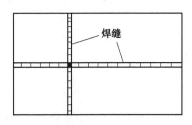

图 4-61　钢板拼接

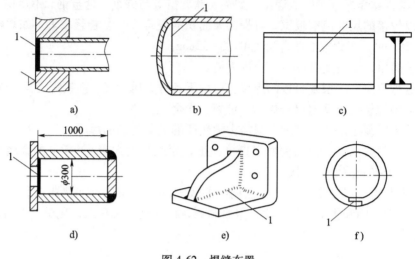

图 4-62 焊缝布置

16. 工程上有时需要把不锈钢与低碳钢或低合金钢焊接在一起，通常用焊条电弧焊。如何选择焊条？

17. 制造下列焊件，应采用哪种焊接方法和焊接材料？采取哪些工艺措施？

（1）壁厚为 2mm 的低碳钢油箱。

（2）壁厚为 60mm 的 Q345 压力容器。

（3）壁厚为 15mm 的 Q235 大型减速器箱体。

（4）壁厚为 8mm 的 12Cr18Ni9 不锈钢管道。

18. 用长 5000mm、宽 1200mm 的钢板生产如图 5-63 所示的压力容器，筒身壁厚为 12mm，封头为 14mm，管接头厚为 7mm，人孔管厚为 20mm。材料为 Q345（16Mn）。试确定焊缝位置、焊接方法和焊接顺序。

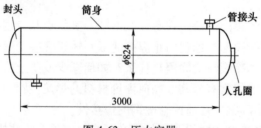

图 4-63 压力容器

第5章
金属材料的粉末冶金成形

粉末冶金成形（简称粉末冶金）是制取或选用金属粉末（或金属粉末与非金属粉末的混合物）作为原料，经过成形和烧结，制备金属材料、复合材料以及各种类型制品的工艺技术。粉末冶金是一种既能生产特殊性能材料，又能生产质优价廉的机械零件的少无切削成形工艺，其制品可直接作为零件，或经精整、浸油、热处理后使用。

5.1 粉末冶金的特点及应用

5.1.1 粉末冶金的特点

1）粉末冶金是将各种金属粉末（或添加适当的非金属粉末）混合均匀后，通过模压或浇注成形后在高温下烧结，粉末颗粒间通过扩散、再结晶、熔焊等过程实现冶金结合，成为具有一定孔隙度制品的成形工艺。

2）能控制制品的孔隙度，生产多孔材料及制品，如含油轴承和过滤网等。

3）可以实现多种材料的复合或组合，充分发挥各组元材料的特性，低成本生产高性能金属基和陶瓷基复合材料、摩擦材料。

4）可以最大限度地减少合金成分偏聚，可得到均匀、细小的组织。可制备高性能材料（稀土永磁材料、储氢材料、发光材料、高温超导材料、耐热铝合金、不锈钢、高速钢等）。

5）可以制备非晶、微晶、准晶、纳米晶及超饱和固溶体等具有优异电学、磁学、光学和力学性能的非平衡材料。

6）可生产普通熔铸法不易制造的钨、钼等难熔金属材料或制品。

7）可实现近净成形，金属利用率高达95%~99%，降低材料消耗。

8）生产效率高，易于自动化批量生产。

9）粉末制造成本较高，制品的大小和形状受到一定限制，产品的韧性较低。

5.1.2 粉末冶金的应用

粉末冶金技术近年来发展迅速，粉末冶金行业是我国机械通用零部件行业中增长最快的行业之一，每年全国该行业的产值以35%左右的速度递增。粉末冶金广泛应用于各种工业领域，如机床、纺织机械、矿山机械、工程机械、医疗器械、汽车、摩托车、工业缝纫机、五金工具、电子电器、航天军工等。金属粉末和粉末冶金材料、制品在工业部门的应用举例见表5-1。

粉末冶金可用于铁碳合金、有色合金、金属基复合材料等粉末冶金零件的制造；适于生产同一形状而数量多的产品，特别是齿轮等加工费用高的产品，用粉末冶金法能大大降低生产成本。

表 5-1　金属粉末和粉末冶金材料、制品的应用

工业部门	金属粉末和粉末冶金材料、制品应用举例
机械加工	硬质合金，金属陶瓷，粉末高速钢
汽车、拖拉机、机床制造	机械零件，摩擦材料，多孔含油轴承，过滤器
电机制造	多孔含油轴承，铜-石墨电刷
精密仪器	仪表零件，软磁材料，硬磁材料
电气和电子工业	电触头材料，电极材料，磁性材料
计算机工业	转轴、滑轨、记忆元件
化学、石油工业	过滤器，防腐零件，催化剂
军工	穿甲弹头，军械零件，高比重合金
航空	摩擦片，过滤器，防冻用多孔材料，粉末冶金高温合金
航天和火箭	发汗材料，难熔金属及合金，纤维强化材料
原子能工程	核燃料元件，反应堆结构材料，控制材料

粉末冶金可用于各种特殊性能、特殊功能材料或零件的制造，如多孔材料、减摩材料、摩擦材料、结构材料、工模具材料、电磁材料、高温材料等。

（1）多孔材料　材料内部一般有 30%~60% 的体积孔隙度，孔径为 1~100μm，孔道纵横交错、互相贯通，透过性能好。通过粉末选择，还可具有好的导热、导电性能，或耐高温、低温性，耐腐蚀性等。多孔材料用于制造过滤器、多孔电极、灭火装置、防冻装置等。

（2）减摩材料　通过在材料孔隙中浸润滑油或在材料成分中加减摩剂或固体润滑剂而制得。材料表面间的摩擦系数小，在有限润滑油条件下或干摩擦条件下具有自润滑效果。减摩材料广泛用于制造轴承、支承衬套或作端面密封等。

（3）摩擦材料　由基体金属、润滑组元、摩擦组元组成。其摩擦系数高，能很快吸收动能，制动、传动速度快，磨损小；还具有强度高、耐高温、导热性好等特点。摩擦材料主要用于制造离合器和制动器。

（4）结构材料　能承受拉伸、压缩、扭曲等载荷，并能在摩擦磨损条件下工作。但由于材料内部孔隙的存在，其塑性和韧性比相同化学成分的铸件、锻件低，使其应用范围受限。

（5）工模具材料　如硬质合金、粉末冶金高速钢等。可用于制造切削刀具、模具等。

（6）电磁材料　如用作电极的钨铜、钨镍铜等粉末冶金材料；用作电刷的金属-石墨粉末冶金材料；用作热电偶的钼、钽、钨等粉末冶金材料；用于制造各种转换、传递、储存能量和信息的磁性材料，如粉末硅钢、稀土钴硬磁等。

（7）高温材料　如高温合金、难熔金属和合金、金属陶瓷、弥散强化和纤维强化材料等。用于制造高温下使用的涡轮盘、喷嘴、叶片及其他耐高温零部件。

常用粉末冶金零件实例如图 5-1 所示。

5.1.3　粉末冶金技术的发展历史

粉末冶金方法起源于公元前 3000 年前后，埃及人在一种风箱中用碳还原氧化铁得到海绵铁，经高温锻造制成致密块，再锤打成铁器件。19 世纪初，俄、英等国将铂粉经冷压、

 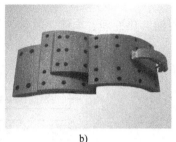  

图 5-1 粉末冶金零件实例
a）含油轴承　b）摩擦片　c）模具　d）齿轮

烧结，再进行热锻得到致密铂，并加工成钱币和贵重器物。

1909 年，美国纽约州的库利奇发明拔制电灯钨丝后，粉末冶金得到了迅速发展。1923 年粉末冶金硬质合金出现，对机械加工领域产生重大影响；20 世纪 30 年代多孔含油轴承用粉末冶金法成功制取；继而旋涡研磨铁粉和碳还原铁粉问世，粉末冶金铁基机械零件得到发展；20 世纪 40 年代出现了粉末冶金法制备的金属陶瓷（TiC-Ni）和弥散强化材料；20 世纪 60 年代末至 70 年代初，粉末高速钢、粉末高温合金相继出现，促进了粉末锻造及热等静压技术的发展及在高强度零件上的应用。

我国粉末冶金行业在 20 世纪 50 年代中期起步。随着汽车工业的发展，粉末冶金领域的新技术、新工艺不断出现，如超微粉末制造技术、粉末注射成形、粉末热等静压、粉末锻造、粉末挤压、粉末轧制、选择性激光烧结等。我国近年来不断引进国外先进技术并进行自主开发创新，粉末冶金行业高速发展，粉末冶金零件的产量不断增加，年产值以 35% 的速度递增。2019 年中国铁基和铜基两种主要的粉末冶金产品销售量达 17.3 万 t。目前粉末冶金技术正向着高致密化、高性能化、精密化、复合化和低成本等方向发展。它将在各种高性能材料（粉末高温合金、粉末高速钢、粉末不锈钢等）、非平衡材料（非晶、准晶、微晶、纳米晶等）、复合材料（铝基、铜基、镍基、铁基等粉末复合材料）的研究方面发挥其独特的作用。

5.2　粉末冶金工艺方法

粉末冶金是采用成形和烧结等工序将金属粉末，或金属与非金属粉末的混合物，制成各种制品的工艺技术。

5.2.1　粉末冶金的主要工序

粉末冶金的主要工序有制粉、成形、烧结和后处理。

（1）制粉　各种原料粉末的制取和准备。粉末可以是纯金属及其合金、非金属、金属与非金属的化合物以及其他各种化合物等。粉末的制备方法有多种，后面有详细介绍。粉末的准备主要包括粉末的退火、筛分、混合和干燥等。

（2）成形　将金属粉末及各种添加剂均匀混合后制成具有一定形状和尺寸、一定密度和强度的坯块。

（3）烧结　将坯块在物料主要组元熔点以下的温度进行烧结，使制品具有最终的物理、化学和力学性能。

(4) 后处理　将烧结后的坯块进行浸油、热处理、电镀、轧制、锻造和挤压等处理。

5.2.2　粉末冶金的工艺流程

粉末冶金的具体工艺过程如图5-2所示。

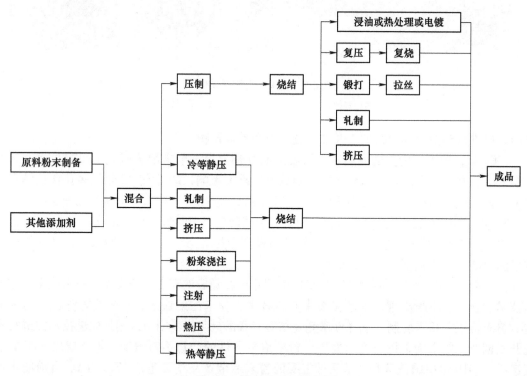

图5-2　粉末冶金工艺过程

5.3　粉末冶金理论基础

制粉、成形和烧结是粉末冶金的三个基本工序，它们在很大程度上决定了粉末冶金制品的质量与性能。本节主要介绍这三方面的基本原理。

5.3.1　粉末的性能

粉末的性能包括物理性能、工艺性能、化学性能等。

1. 粉末的物理性能

(1) 颗粒形状　颗粒形状取决于制粉方法，如电解法制得的粉末，颗粒呈树枝状；还原法制得的铁粉颗粒呈海绵片状；气体雾化法制得的基本上是球状粉。粉末颗粒的形状会影响到粉末的流动性、松装密度和气体透过性等，对压制体与烧结体强度均有较大影响。由于颗粒间的机械啮合，不规则粉的压坯强度也大，特别是树枝状粉的压坯强度最大。但对于多孔材料，采用球状粉最好。

(2) 粒度　粒度影响粉末的加工成形、烧结时的收缩和产品的最终性能。某些粉末冶金制品的性能几乎和粒度直接相关，例如硬质合金产品的性能与WC相的晶粒有很大关系，较细粒度的 WC 原料可制得较细晶粒度的硬质合金。一般，粒度越小，制品的性能越好，但粒度越小，活性越大，表面就越容易氧化和吸水，而且制造成本高。按粉末粒度大小可分为粗粉（150~500μm）、中粒度粉（40~150μm）、细粉（10~40μm）、极细粉（0.5~10μm）、超细粉（<0.5μm）等若干等级。生产中使用的粉末，其粒度范围为 0.1~500μm。生产机械零件的粉末大都在 100μm 以下，并有 50%在 40μm 以下；硬质合金生产用的钨粉和碳化钨粉粒度更细，为 20~0.5μm；但生产过滤器的青铜粉末则用较粗的粉末。

（3）粒度分布　粒度分布是指粉末中每一级粉末所占的百分比（体积、质量或数量）。粒度分布对成形和烧结有一定的影响。

2. 粉末的工艺性能

粉末的工艺性能是粉末冶金成形工艺中的重要工艺参数，包括松装密度、流动性、压缩性和成形性等。

（1）松装密度　松装密度是指单位容积自由松装粉末的质量，由粉末粒度、形状、粒度分布等决定。松装密度是压制时用容积法称量的依据。

（2）流动性　粉末的流动性主要取决于粉粒间的摩擦系数，与粉末粒度、形状、粒度分布等有较大关系。一般，粉粒越细，流动性越差；球状粉粒的流动性较好。粉末的流动性决定粉末对压模的充填速度和压机的生产能力。

（3）压缩性　压缩性是指在压力作用下，粉末被压缩的程度，可以用达到一定密度所需的压力表示，也可以用一定压力下的密度值表示。它决定压制过程的难易程度和施加压力的高低。

（4）成形性　成形性是指粉末被压缩成一定形状后保持这种形状的能力，与粉末的流动性、压缩性、压坯强度等有关。在一定压力下，压坯强度越高，成形性越好。

3. 粉末的化学性能

粉末的化学性能主要取决于原材料的化学纯度及制粉方法。较高的氧含量会降低压制性能、压坯强度和烧结制品的力学性能，因此粉末冶金大部分技术条件中对此都有一定规定。例如，粉末的允许氧含量（体积分数）为 0.2%~1.5%，相当于氧化物含量（体积分数）为 1%~10%。

5.3.2　粉末压制成形原理

压制成形是粉末冶金的基本成形方法，是将粉末装入模具，在一定压力下将粉末紧实成具有一定形状、尺寸和一定强度坯件的成形方法。

1. 压制过程

粉末压制成形过程如图 5-3 所示，粉末装在阴模中，通过上、下模冲进行加压、保压，粉末总体积减小，得到一定形状的压坯。随后卸压，将压坯从阴模中脱出。

压制过程中，粉末的变化大体上

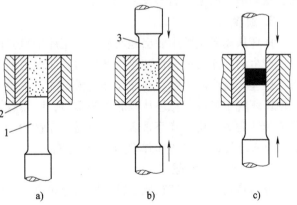

图 5-3　粉末压制成形过程
a）装粉　b）压制开始　c）压制结束
1—下模冲　2—阴模　3—上模冲

可分为三个阶段：①在压力作用下，粉末颗粒移动、重排，小颗粒填入大颗粒间隙中，孔隙减小，颗粒间相互挤紧；②粉末颗粒表面产生弹性变形、塑性变形，接触面积不断增大且粉末颗粒表面氧化膜被破坏，粉粒间原子作用力增加；③粉末颗粒产生加工硬化、脆化、断裂，粉粒表面凹凸不平，产生机械啮合，粉末间的结合进一步牢固。压制过程中粉末运动和变化示意图如图5-4所示。压制过程中，粉末的密度不断增加，压坯的强度不断增加。

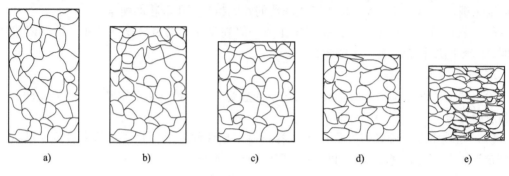

图 5-4 压制过程中粉末运动和变化示意图
a）松装粉末 b）颗粒位移 c）变形 d）变形 e）压制后

2. 压坯密度的均匀性

成形后的压坯密度沿高度和压坯断面的分布存在不均匀性。其原因是在压制过程中，粉末颗粒之间，粉末颗粒与模冲、模腔壁之间存在摩擦，使压力损耗。压坯密度不均匀会影响烧结制品的强度、硬度及各部分性能的同一性，而且会使烧结时收缩不均匀而产生很大的应力，造成翘曲变形、甚至裂纹等。采取各种措施，可减轻密度分布的不均匀性，但无法完全消除。

压制成形时，通过减小模壁的表面粗糙度值、在粉料中添加润滑剂等措施，可减小粉末颗粒与模壁之间的摩擦，使压坯密度分布均匀，延长压模的寿命，且能在相同的压力下，提高压坯密度和降低脱模力。常使用的润滑剂有石蜡、硬脂酸盐、油酸盐、樟脑、滑石、矿物油、植物油、肥皂、石墨及合成树脂等。

3. 脱模

压坯从模具型腔中脱出是压制成形工序中重要的一步。压制时，由于侧压力的存在，使阴模产生向外胀大的弹性变形。卸压后，侧压力消失，阴模弹性恢复，向内收缩，压迫已成形的压坯。这个压力的存在使压坯与模壁间产生很大的摩擦阻力，必须施加一定的脱模力才能使压坯脱出型腔。压坯从模腔中脱出后，阴模收缩到原位，压坯弹性恢复而胀大，称为回弹或弹性后效，用回弹率来表示。普通还原铁粉的压坯，其沿压制方向的回弹率为0.6%左右，垂直于压制方向的回弹率为0.2%左右。

5.3.3 粉末烧结原理

烧结是粉末或压坯在低于其主要组分熔点温度以下进行加热，使粉末颗粒之间产生原子扩散、固溶、化合和熔接，使压坯收缩致密化并强化的过程。其目的是通过颗粒间的冶金结合提高其强度。粉末烧结可以制得各种纯金属、合金、化合物以及复合材料。

烧结过程中，随着温度升高，粉末或压坯中产生一系列的物理、化学变化：首先，水和有机物蒸发或挥发、吸附气体排出、应力消除以及粉末颗粒表面氧化物被还原等；接着，粉末表层原子间进行相互扩散和塑性流动；随着颗粒间接触面的增大，会产生再结晶和晶粒长大，有时出现固相的熔化和重结晶。以上各过程常常会相互重叠，相互影响，使烧结过程变得十分复杂。

在烧结过程中，固体颗粒表面能的减小是烧结的动力，即热力学条件。烧结是一个自发的不可逆过程。图 5-5 所示为烧结时颗粒聚结过程示意图。在表面能的推动下，颗粒接触面间通过原子扩散结合在一起，并形成孤立的空隙，如图 5-5b 所示；随着烧结的进行，空隙周边的原子向空隙扩散、流动、填充，同时晶粒均匀长大使空隙处的晶界合并，空隙不断缩小，不断致密化，颗粒外形发生变化，如图 5-5c 所示。

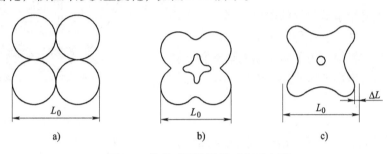

图 5-5　烧结时颗粒聚结过程示意图
a) 相互接触的粉粒　b) 形成孤立的空隙　c) 粉粒形状改变

5.4　粉末冶金成形工艺

粉末冶金成形工艺主要包括粉末制备工艺、粉末成形工艺、粉末烧结工艺等。

5.4.1　粉末制备工艺

粉末制备工艺大体可分为机械法和物理化学法两类。机械法是将原材料机械地粉碎，而化学成分基本不发生变化；物理化学法是借助物理或化学作用，改变原材料的聚集状态或化学成分而获得粉末。粉末制备还发展出一些新方法，如机械合金化法、快速凝固法等。

1. 机械法

机械法主要有机械研磨法、旋涡研磨法和雾化法等。

（1）机械研磨法　机械研磨是靠工作室中磨球对物料的击碎和磨削等作用，将块状金属、合金或化合物机械地研磨成粉末的方法。机械研磨常用设备有球磨机、振动球磨机和搅动球磨机等。图 5-6 所示为振动球磨机的结构示意图。球磨铁粉一般用直径为 10~20mm 的钢球，球磨硬质合金混合料则用直径为 5~10mm 的硬质合金球。

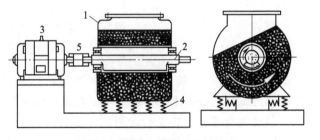

图 5-6　振动球磨机结构示意图
1—筒体　2—偏心轴　3—马达　4—弹簧　5—弹性联轴节

机械研磨比较适用于研磨脆性金属和合金，如锑、锰、铬、高碳钢、铁合金等；可研磨还原海绵状金属块；可研磨脆性处理后的金属和合金，如冷却处理的铅、加热处理的锡、氢化处理的钛等。

（2）旋涡研磨法 旋涡研磨机的工作室中不放任何研磨体，主要是靠被研磨物料颗粒间、颗粒与工作室内壁间以及颗粒与回转打击子间的撞击机械研磨的。旋涡研磨机的结构示意图如图 5-7 所示。

旋涡研磨主要用于研磨软的塑性金属，如生产磁性材料使用的纯铁粉、各种合金钢粉末等。由于旋涡研磨所得粉末较细，为了防止粉末被氧化，在工作室中可以通入惰性气体或还原性气体作为保护气氛。

（3）雾化法

1）二流雾化法。二流雾化法是利用高压气体或高压水通过雾化喷嘴产生的高速高压气流或水流，将液体金属或合金直接破碎，形成直径小于 150μm 的细小液滴，主要通过对流方式散热而迅速冷凝成为粉末的方法，如图 5-8 所示。气体雾化法制粉装置如图 5-9 所示。

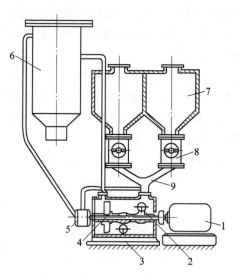

图 5-7 旋涡研磨机结构示意图
1—电动机 2—打击子 3—外壳 4—轴
5—鼓风机 6—集料器 7—装料斗
8—螺旋送料器 9—管道

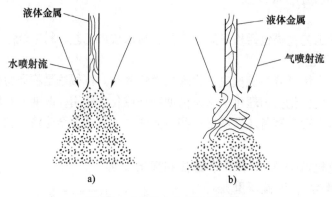

图 5-8 水雾化和气雾化示意图
a）水雾化 b）气雾化

2）离心雾化法。离心雾化法是利用机械旋转造成的离心力将金属液流击碎成细的液滴，然后冷却凝结成粉末的方法。主要有旋转圆盘雾化法、旋转气流雾化法、旋转坩埚雾化法等。旋转圆盘雾化法装置示意图如图 5-10 所示。从漏嘴流出的金属液流被具有一定压力的水引至旋转的圆盘，被盘上特殊的叶片击碎，并迅速冷却成粉末。

雾化法可以用来制取铅、锡、铝、锌、铜、镍、铁等金属粉末和青铜、黄铜、合金钢、不锈钢、高速钢等合金粉末。实际上，任何能形成液体的材料都可以通过雾化法来制取粉末。

制造大颗粒粉末时，只要让熔融金属通过小孔或筛网自动注入空气或水中，冷凝后便得到金属粉末。这种方法制得的粉末粒度较粗，一般为 0.5~1mm，它适于制取低熔点金属粉末。

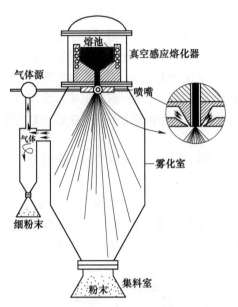

图 5-9 气体雾化法制粉装置示意图

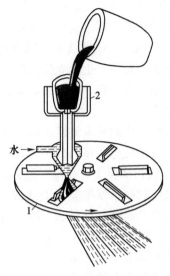

图 5-10 旋转圆盘雾化法装置示意图
1—带叶片的旋转圆盘 2—漏包

2. 物理化学法

物理化学法主要有还原法、化合法、还原-化合法、气相沉积法、液相沉淀法、电解法、电化学腐蚀法等。其中应用最为广泛的是还原法和电解法。

（1）还原法 还原法是用还原剂还原金属氧化物及盐类来制取金属粉末的一种广泛采用的制粉方法。还原剂可呈固态、液态或气态，被还原的物料也可以是固态、气态或液态。用不同还原剂和被还原的物质进行还原来制取粉末的例子见表 5-2。

表 5-2 还原法广义的使用范围

被还原物料	还原剂	举例	备注
固体	固体	$FeO+C \longrightarrow Fe+CO$	固体碳还原
固体	气体	$WO_3+3H_2 \longrightarrow W+3H_2O$	气体还原
固体	熔体	$ThO_2+2Ca \longrightarrow Th+2CaO$	金属热还原
气体	固体	—	—
气体	气体	$WCl_6+3H_2 \longrightarrow W+6HCl$	气相氢还原
气体	熔体	$TiCl_4+2Mg \longrightarrow Ti+2MgCl_2$	气相金属热还原
溶液	固体	$CuSO_4+Fe \longrightarrow Cu+FeSO_4$	置换
溶液	气体	$Me(NH_3)_nSO_4+H_2 \longrightarrow Me+(NH_4)_2SO_4+(n-2)NH_3$	溶液氢还原
熔盐	熔体	$ZrCl_4+KCl+Mg \longrightarrow Zr+产物$	金属热还原

还原法是通过还原剂夺取氧化物或盐类中的氧（或酸根），使其转变为金属元素和低价氧化物（低价盐）的过程。最简单的反应可用下式表示：

$$MeO + X \longrightarrow Me + XO$$

式中 Me——生成氧化物 MeO 的任何金属；

X——还原剂。

对于还原反应，还原剂 X 对氧的化学亲和力必须大于被还原金属对氧的亲和力。

用固体碳还原可制取铁粉、钨粉；用氢或分解氨还原可制取钨、钼、铁、铜、钴、镍等粉末；用钠、钙、镁等金属作为还原剂，可制取钽、铌、钛、锆、钍、铀等稀有金属粉末。

（2）电解法　电解法是利用电解质在直流电作用下的电解而析出金属的制粉方法，在物理化学法制粉中，生产规模仅次于还原法。常用的有水溶液电解和熔盐电解。水溶液电解法可制取铜、镍、铁、银、锡、铅、铬、锰等金属粉末，熔盐电解主要用于制取一些稀有难熔金属粉末。

电解法制得的粉末纯度较高；呈树枝状，压制成形性较好；还可以控制粉末粒度，生产超细粉末。但耗电较多，成本较高。

（3）气相沉积法　气相沉积法是直接利用气体，或者通过各种手段将物质转变为气体，使之在气体状态下发生物理变化或化学反应，最后在冷却过程中凝聚，从而制取粉末的方法。主要有金属蒸气冷凝法、羰基物热离解法、气相还原法、化学气相沉积法等。

1）金属蒸汽冷凝法。金属蒸汽冷凝法主要用于低熔点金属，如锌、镉等，这些金属蒸汽在冷却面上冷凝下来可形成很细的球状粉末。电弧加热蒸发法制粉装置示意图如图 5-11 所示。

2）羰基化合物热离解法（简称羰基法）。某些金属特别是过渡族金属能与一氧化碳形成羰基化合物 [Me(CO)$_n$]，如 Ni(CO)$_4$、Fe(CO)$_5$ 液体，Co$_2$(CO)$_8$、Cr(CO)$_6$、W(CO)$_6$、Mo(CO)$_6$ 晶体等，这

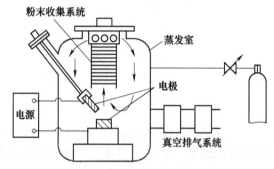

图 5-11　电弧加热蒸发法制粉装置示意图

些羰基化合物为易挥发的气体或易升华的固体，很容易分解为金属粉末，分解反应的一般通式为：

$$Me(CO)_n \longrightarrow Me + nCO$$

如羰基镍的分解为：

$$Ni(CO)_4 \longrightarrow Ni + 4CO$$

羰基法主要用于制备铁、镍、钴等粉末。同时离解几种羰基物，可制得合金粉末，如 Fe-Ni、Fe-Co、Ni-Co 等。

3）气相还原法。主要是用氢还原气态金属氯化物。如气相氢还原六氯化钨制取超细钨粉的方法为，先用钨矿石或三氧化钨、金属钨等制取六氯化钨（$W+3Cl_2 \longrightarrow WCl_6$）；再用氢还原六氯化钨（$WCl_6+3H_2 \longrightarrow W+6HCl$）。

气相氢还原可制取钨、钼、钽、铌、钒、铬、钴、镍和锡等粉末，如果同时还原几种氯化物，可制取合金粉末，如钨-钼合金粉、钽-铌合金粉等。

4）化学气相沉积（CVD）法。主要是从气态金属氯化物还原化合沉积制取难熔化合物（碳化物、硼化物、硅化物和氮化物等）粉末和各种涂层。碳化物的反应通式为：金属氯化物+C_mH_n+$H_2 \longrightarrow$ MeC+HCl+H_2。硼化物的反应通式为：金属氯化物+BCl_3+$H_2 \longrightarrow$ MeB+HCl。硅化物的反应通式为：金属（或金属氯化物）+$SiCl_4$+$H_2 \longrightarrow$ MeSi+HCl。氮化物的反应通式为：金属氯化物+N_2+$H_2 \longrightarrow$ MeN+HCl。如化学气相沉积法制备碳化钛的反应为：

$TiCl_4 + CH_4 + H_2 \longrightarrow TiC + 4HCl + H_2$。氢既是还原剂又是载体，碳由碳氢化合物提供。

(4) 液相沉淀法。液相沉淀法是利用生成沉淀的液相反应来制取粉末的方法。可以用一种金属从水溶液中置换出另一种金属（金属置换法），也可以将熔盐中的金属热还原（熔盐沉淀法）。金属置换法是用负电位较大的金属去置换溶液中正电位较大的金属，如用锌置换溶液中的铜的反应为：$Cu^{2+} + Zn =\!= Cu + Zn^{2+}$。熔盐沉淀法，如将$ZrCl_4$盐与$KCl$混合，再加$Mg$，将混合料加热到750℃即还原出$Zr$粉。

3. 制粉新方法

(1) 机械合金化法　机械合金化法是一种高能球磨法，它是在高速搅拌球磨的条件下，利用金属粉末混合物的重复冷焊和断裂以完成机械合金化。也可以在金属粉末中加入非金属粉末来实现机械合金化。合金化一般采用搅拌式球磨机，其结构如图5-12所示，它由一个静止的球磨筒体和中心搅拌器组成，筒体内装有磨球。当搅拌器旋转时，磨球和物料做剧烈的多维循环运动和自转运动，利用磨球介质的重力及螺旋回转的挤压力对物料产生冲击、摩擦和剪切作用使物料被粉碎。

此法用于制备具有可控细小显微组织的复合金属粉末。用较粗的原材料粉末（50～100μm）可制成超细弥散体（颗粒间距小于1μm）。如用粒度约为1～200μm的纯金属粉末通过机械合金化，可制造弥散强化高温合金的原材料。

(2) 快速凝固法　快速凝固法是雾化法的延伸，使金属熔体快速冷却，可以得到具有非晶、准晶、微晶和非晶等特殊组织或粒度更小的粉末。如二流雾化法中提高气流或水流的压力和速度、改进喷嘴结构等；如旋转圆盘离心雾化法中提高圆盘的转速，用高速气流冷却小液滴等；如多级雾化法，是将二流雾化、离心雾化、机械雾化等组合起来的快冷制粉方法。

此外，还有熔体自旋快速冷却制粉方法，如图5-13所示。旋转圆盘支撑着旋转坩埚，熔体靠离心力从坩埚的一个喷孔喷射出来，冲击到与旋转盘反向旋转的冷却铜轮的内表面，快速冷却（冷速可达$10^8 K/s$）成薄带，经锯切装置破碎为粉状。

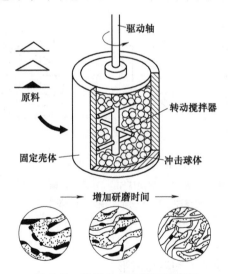

图5-12　机械合金化装置示意图

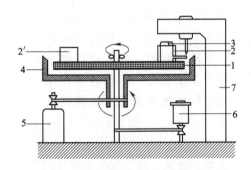

图5-13　离心熔体自旋快冷制粉示意图
1—旋转圆盘　2—坩埚座　2′—平衡底座　3—铸造坩埚
4—冷却基体　5、6—电动机　7—锯切分级法

制取粉末的方法多种多样，在选择制取粉末的方法时，既要考虑对粉末的性能要求，又要考虑制粉成本。

4. 粉末预处理方法

原料粉末制备好后，要对粉末进行退火、筛分、混合和制粒等预处理。

(1) 退火　可使残留氧化物进一步还原，降低碳和其他杂质的含量，提高粉末的纯度，消除粉末的加工硬化等。用还原法、机械研磨法、电解法、雾化法以及羰基离解法所制得的粉末都要经退火处理。

(2) 筛分　筛分是把颗粒大小不均匀的原始粉末进行分级，使粉末能够按照粒度分成大小范围更窄的若干等级的过程。通常用标准筛网进行筛分。

(3) 混合　混合是将两种或两种以上不同成分的粉末均匀混合的过程，有时需将成分相同而粒度不同的粉末进行混合，称为合批。混合质量对成形、烧结过程和压坯质量影响很大。常采用球磨机、混合机等机械方法混合。混合时常添加一些能改善成形过程的润滑剂，或在烧结过程中形成一定孔隙的造孔剂，如石蜡、合成橡胶、樟脑、塑料、硬脂酸或硬脂酸盐等，这些添加剂在烧结时可挥发干净。

(4) 制粒　制粒是将小颗粒的粉末制成大颗粒或团粒的工序，常用来改善粉末的流动性，使粉末能顺利充填模腔。制粒设备有滚筒制粒机、圆盘制粒机和振动筛等。

5.4.2　粉末成形工艺

粉末成形是将松散的粉末紧实成具有所要求的形状与尺寸及适当强度坯体的过程。主要成形工艺为模压成形、粉浆浇注成形、注射成形、等静压成形、粉末挤压和粉末轧制等。

1. 模压成形

模压成形是将粉料装入封闭的模具内，通过压力机或液压机施加一定压力，将粉料制成压坯的方法。模压成形的加压方式主要有单向压制、双向压制和浮动压制等，如图5-14所示。单向压制模具简单、操作方便、效率高，但密度不均匀，用于高度较小的制品；双向压制的制品密度有所改善，压坯的高度可较大；浮动压制时，阴模由弹簧支撑，处于浮动状态，压制时当粉末与阴模壁间的摩擦力大于弹簧的支撑力时，阴模与上模冲一起下行，

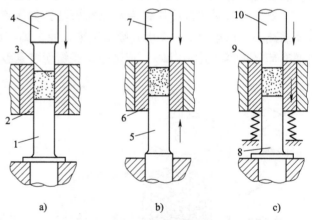

图5-14　常用模压方法
a) 单向压制　b) 双向压制　c) 浮动压制
1、8—固定模冲　2、6—固有阴模　3—粉末
4、5、7、10—运动模冲　9—浮动阴模

单向压制变为双向压制，压坯密度较均匀，高度可较大。

按成形温度，模压成形主要分为冷压成形、热压成形和温压成形。

(1) 冷压成形　冷压成形是常温下的模压成形。其设备简单、成本低，但压坯各部分密度不均匀，影响零件性能。冷压成形广泛用于形状简单的小尺寸零件。

(2) 热压成形　将粉末装入模具，在加压的同时加热到正常烧结温度或稍低于烧结

温度，经较短时间烧结，可得到密度均匀的制品。热压模具可选用高速钢、耐热合金、石墨等，加热方式有电阻间接加热、电阻直接加热和感应加热等，如图 5-15 所示。热压成形是压制和烧结同时进行的成形方法，可降低成形压力、缩短烧结时间。适于高致密的难熔金属及其化合物等材料的制造。

（3）温压成形　温压成形是在 75~150℃ 时的模压成形。与热压成形相比，成本低，压坯密度高、模具寿命长，广泛用于轮毂、齿轮、发动机连杆等汽车零件及磁性材料的制造。

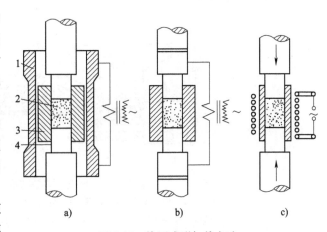

图 5-15　热压成形加热方法
a) 电阻间接加热　b) 电阻直接加热　c) 感应加热
1—碳管　2—粉末压坯　3—阴模　4—冲头

2. 粉浆浇注成形

粉末冶金的粉浆浇注成形与陶瓷的浇注成形类似，基本工艺过程如图 5-16 所示。将粉末与液体黏结剂（水或甘油、酒精等）制成一定浓度的悬浮粉浆，注入所需形状的石膏模中，多孔的石膏模吸收粉浆中的液体，使粉浆在模具中固结并形成与模具形状相应的成形件。

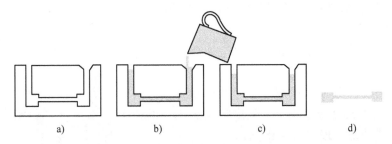

图 5-16　粉浆浇注成形工艺过程
a) 组装模具　b) 填充模具　c) 吸水　d) 脱模、修整

粉浆制备时应加入一定的分散剂、悬浮剂等；石膏模制造时应注意石膏粉的粒度和组成，提高石膏模的吸水性；浇注前石膏模壁上应喷涂防粘模涂料，如硅油等。

粉浆浇注主要用于制造形状复杂的大型件，可制造实心或空心的零件。

3. 注射成形

注射成形是在塑料注射成形基础上发展起来的一种新型粉末成形技术。工艺过程包括黏结剂与粉末的混合喂料，在成形机上成形，脱脂后烧结为成品。注射成形装备结构如图 5-17 所示。

用于金属粉末注射成形的部分黏结剂见表 5-3。注射成形的关键是黏结剂的组成，应保证粉末具有好的流动性和填充模腔的能力，并具有较快的脱脂速度。

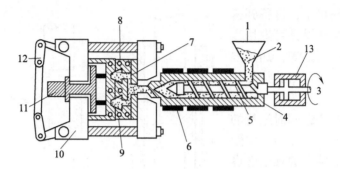

图 5-17　注射成形装备结构示意图

1—料斗　2—混合料　3—联轴器　4—料筒　5—螺杆　6—加热器　7—制件
8—冷却套　9—模具　10—移动模板　11—顶杆　12—合模机构　13—注射缸

表 5-3　部分用于金属粉末注射成形的部分黏结剂的组成

编号	组成（质量分数）	编号	组成（质量分数）
1	70%石蜡+20%微晶蜡+10%甲基乙基酮	6	65%环氧树脂+25%石蜡+10%硬脂酸丁酯
2	67%聚丙烯+22%微晶蜡+11%硬脂酸	7	75%花生油+25%聚乙烯
3	33%石蜡+33%聚乙烯+33%蜂蜡+1%硬脂酸	8	50%巴西棕榈蜡+50%聚乙烯
4	69%石蜡+20%聚丙烯+10%巴西棕榈蜡+1%硬脂酸	9	55%石蜡+35%聚乙烯+10%硬脂酸
5	45%聚苯乙烯+45%植物油+5%聚乙烯+5%硬脂酸	10	58%聚苯乙烯+30%矿物油+12%植物油

注射成形可一次成形较复杂的形状，制品的组织均匀，生产成本低。可用于生产低合金钢、不锈钢、工具钢、硬质合金及陶瓷材料的零部件。

4. 等静压成形

等静压成形是借助高压泵的作用将流体介质（气体或液体）压入耐高压的钢质密封容器内，高压流体的静压力直接作用在弹性模套内的粉料上，粉料在各个方向上受压均衡而获得密度分布均匀、强度较高的压坯的粉末成形方法。其成形原理如图 5-18 所示。

等静压成形时应对粉末进行制粒预处理，提高粉体的流动性；应加入黏结剂和润滑剂，以减少粉体内的摩擦力，提高黏结强度；模具应有足够的弹性，较高的抗张、抗裂强度和耐磨强度，较好的耐蚀性能和较好的脱模性能，一般多使用橡胶、聚氨酯、聚氯乙烯等材料；装料应尽量均匀，避免存在气孔；加压应平稳，加压压力、加压速度及保压时间应适当。

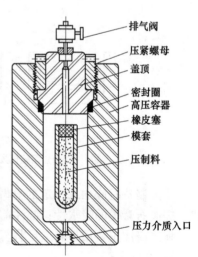

图 5-18　等静压成形原理图

等静压成形制品组织细小均匀，密度高，烧结收缩率小，模具成本低，生产效率高。可用于形状复杂、细长、大尺寸制品和精密尺寸制品等的成形。可用于各种金属粉末和非金属粉末的成形；主要用于贵金属或难熔金属如钛、钨、钼等的成形；也用于高硬度材料如硬质合金、工具钢等材料的成形。

等静压成形分为冷等静压（CIP）成形和热等静压（HIP）成形两种。冷等静压成形是常温下的等静压成形，模套材料为橡胶、塑料，压力介质为水或油；热等静压成形是在高温（1000℃以上）下进行等静压成形，模套材料为金属箔等，压力介质为惰性气体。热等静压成形与冷等静压成形相比，高压容器具有加热装置，成形和烧结同时进行，工艺流程简单，制品密度高，力学性能好。

5. 粉末挤压

粉末挤压是将挤压筒内的粉末、压坯或烧结体通过模孔压出的方法成形，如图5-19所示。可以像注射成形一样加入增塑剂进行挤压，也可以加热进行热挤压。

粉末挤压成形设备简单、生产效率高，可获得长度方向密度均匀的制品，主要用于截面较简单的棒材、管材及形状复杂件。近年来热挤压也用于高温合金及弥散强化铝合金材料的成形。

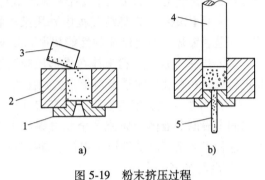

图 5-19　粉末挤压过程
a）装粉　b）挤压
1—口模　2—挤压筒　3—料斗　4—凸模　5—制品

6. 粉末轧制

粉末轧制是使金属粉末通过漏斗进入转动的轧辊缝中，形成具有一定厚度的连续板带坯料的成形方法，如图5-20所示。轧制的坯料经烧结、再轧制和热处理等工序制成致密的粉末冶金板带材。

粉末轧制制品长度不受限制，密度均匀，成材率高。但材料厚度和宽度受到一定限制，厚度一般不超过10mm。可轧制双金属或多层金属板带材。

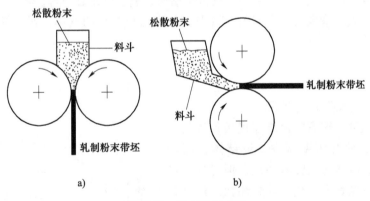

图 5-20　粉末轧制成形
a）垂直轧制　b）水平轧制

5.4.3　粉末烧结工艺

烧结是对粉末或成形后的压坯，通过适当的热处理，使粉末颗粒相互紧密结合，使压坯中的空隙减少，以提高强度和密度的过程。

1. 烧结方法

根据致密化机理或烧结工艺条件不同，烧结分为液相烧结、固相烧结、加压烧结、活化烧结、电火花烧结和熔浸等。

（1）固相烧结　烧结温度在粉末体中各组元的熔点以下，一般是主要组分的（0.7~

$0.8)T_{熔}$，（$T_{熔}$为绝对熔点，单位 K）。

（2）液相烧结　粉末压坯中如果有两种以上的组元，烧结有可能在某种组元的熔点以上进行，因而烧结时粉末压坯中出现少量的液相。

（3）加压烧结　在烧结时，对粉末体施加压力，以促进致密化。加压烧结主要有热压、热等静压、热锻等。加压烧结是把粉末的成形和烧结结合起来，直接得到制品的工艺过程。

（4）活化烧结　在烧结过程中采用某些物理或化学的措施，使烧结温度大大降低，烧结时间显著缩短，而烧结体的性能却得到改善和提高。

（5）电火花烧结　粉末体在成形压制时通入直流电和脉冲电，使粉末颗粒间产生电弧而进行烧结；在烧结时逐渐对工件施加压力，把成形和烧结两个工序合并在一起。

（6）熔渗（又称浸透）为了提高多孔毛坯的强度等性能，高温下把多孔毛坯与能润湿它的固态表面的液体金属或合金相接触。由于毛细管作用力，液态金属会充填毛坯中的孔隙。这种工艺适于制造钨银、钨铜、铁铜等合金材料或制品。

2. 烧结气氛

为了控制周围环境对烧结制品的影响并调整烧结制品成分，在烧结中使用以下几类不同功能的烧结气氛。

（1）氧化性气氛　氧化性气氛包括纯氧、空气、水蒸气等，用于贵金属的烧结、氧化物弥散强化材料和某些含氧化物质点的电接触材料的内氧化烧结以及预氧化活化烧结。

（2）还原性气氛　还原性气氛包括氢、分解氨、煤气、转换天然气等，用于烧结时还原被氧化的金属及保护金属不被氧化，广泛用于铜、铁、钨、钼等合金制品的烧结。

（3）惰性或中性气氛　惰性或中性气氛包括氮、氢、氦及真空等。

（4）渗碳气氛　渗碳气氛即 CO、CH 及其他碳氢化合物的气体，对于铁及低碳钢具有渗碳作用。

3. 烧结影响因素

烧结的影响因素除了粉体本身的性能及烧结方法、烧结气氛外，还有烧结温度、烧结保温时间、升温速度及降温速度等。

（1）烧结温度　较高的烧结温度可促进粉粒间的原子扩散，使孔隙度减少，烧结体密度增加，从而提高烧结体的强度和硬度，但过高的烧结温度会导致粉粒表面氧化、晶粒粗大、过烧或压坯变形等。烧结温度对烧结体密度的影响如图 5-21 所示。

（2）保温时间　保温时间长，有利于原子扩散，烧结体密度增加，但粉粒会氧化，晶粒易粗大，液相烧结时还会有液相从压坯表面渗出。烧结时间对烧结体密度的影响力度远不及温度的影响，如图 5-21 所示。生产上一般采用较高温度、较短时间的烧结工艺。

（3）升温速度　烧结时为防止氧化，一般采

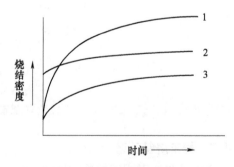

图 5-21　烧结体密度与温度、时间的关系
1、3—相同压坯密度，烧结温度对烧结密度的影响（烧结温度 1＞3）
2、3—相同烧结温度，压坯密度对烧结密度的影响（压坯密度 2＞3）

用快速升温。但当需预烧或脱除成形剂和润滑剂时,也可慢速升温或分阶段逐步升温。

(4) 冷却速度　烧结后冷却速度的快慢影响烧结体最终的组织组成及组织的细小程度。如烧结减摩的铁合金材料,冷却时,为使奥氏体分解为石墨,要求慢冷。若冷速快,则奥氏体分解为珠光体,会影响减摩性能。

为了进一步提高烧结制品的使用性能以及尺寸和形状精度,往往要进行整形、精整、复压、浸油、机加工、热处理等后续工序。

5.5　常用粉末冶金材料的成形

5.5.1　粉末冶金工具材料的成形

粉末冶金工具材料主要有粉末冶金高速钢和硬质合金等。

1. 粉末冶金高速钢的成形

粉末冶金法生产的高速钢中合金元素含量可较高,其组织特别是碳化物细小且分布均匀,具有较高的硬度、耐磨性及较高的韧性。粉末冶金高速钢可用于制作铣刀、铰刀、拉刀、丝锥和钻头、齿轮滚刀等各种刀具,以切削耐热高合金钢、奥氏体型不锈钢、渗碳钢、高温合金等难切削材料;也可用于制作冲裁、冷镦、压制、挤压等各种工艺的模具。

表 5-4 为常用粉末冶金高速钢(美国标准牌号)的成分。其中 CPMT15 合金是标准工具钢材料中最耐磨和最耐高温的合金牌号,是航空工业中用来加工普通方法难以加工的高温合金和钛合金的主要切削工具钢。CPM10V 钢在高达 480℃ 的温度下仍具有极好的耐磨性和韧性,可用作粉末冶金原料压制各种用途的刀具和模具,可取代昂贵的硬质合金工具材料。

表 5-4　粉末冶金高速钢的成分　　　　　　　　　　　　　　　　　　　　(%)

合　　金	w_C	w_{Cr}	w_V	w_W	w_{Mn}	w_{Mo}	w_{Co}	w_{Fe}
CPM10V	2.40	5.30	9.8	0.3	0.5	1.3	—	其余
CPM Rex76	1.50	3.75	3.0	10.0	—	5.25	9.0	其余
CPM Rex42	1.10	3.75	1.10	1.5	—	9.5	8.0	其余
CPM Rex25	1.80	4.0	5.0	12.5	—	6.5	—	其余
CPM Rex20	1.30	3.75	2.0	6.25	—	10.5	—	其余
CPM T15	1.55	4.0	5.0	12.25	—	—	5.0	其余

粉末冶金高速钢的成形工艺主要有下面三种:

(1) 冷等静压后热等静压工艺　该工艺是将高速钢首先在惰性气体中雾化成粉末,然后将粉末振实、装入包套进行冷等静压压制,再于高压、高温下将冷等静压后的坯料进行热等静压至完全致密。固结后,按常规的塑性成形方法将钢坯加工成所要求的尺寸。该工艺可提高合金中合金元素的含量和碳化物分布的均匀性,使粉末高速钢具有高耐磨性,且具有较高的韧性和屈服强度。这种方法生产的粉末高速钢,可用于制造冷加工用的高速切削工具。这些高速切削工具可切削不锈钢、高温合金及极难加工的工具材料等。

(2) 热等静压工艺　该工艺是将高压气雾化的预合金颗粒装入包套后进行热等静压压制,使之完全致密化。然后用常规的塑性成形方法将钢坯加工成所要求尺寸的坯料和棒料。

该工艺能将合金的偏析减至极小,能生产合金元素含量较高的工具钢,能使碳化物分布细小均匀。如常规生产方法很难生产的 CPMT15 合金,碳化物尺寸较大,平均尺寸为 $6\mu m$,有时达到 $34\mu m$。而热等静压粉末冶金 CPMT15 高速钢中,大多数碳化物的尺寸都小于 $3\mu m$。

(3) 压制成形后烧结工艺　该工艺是用水雾化粉末进行冷等静压或模压成形,然后真空烧结到完全致密化。该工艺可以制造出相对密度接近 100% 的零部件,避免因含少量孔隙(即使是 1%~2%)导致材料淬硬性、伸长率、冲击韧度极大降低。此外,这种工艺生产的零部件无需机械加工,从而可以减少材料的切屑,节约原材料。该工艺可用于大量生产尺寸精密、形状复杂的零部件。

2. 硬质合金的成形

硬质合金由硬质基体(占整体质量的 70%~97%)和黏接金属两部分组成。硬质基体保证合金具有高的硬度和耐磨性,采用难熔金属化合物,主要是碳化钨和碳化钛,其次是碳化钽、碳化铌和碳化钒。黏接金属赋予合金一定的强度和韧度,采用铁族金属及合金,以钴为主。

硬质合金是一种优良的工具材料,主要用于切削工具、金属成形工具、矿山工具、表面耐磨材料以及高刚性结构部件。硬质合金的种类、性能及用途见表 5-5。

表 5-5　硬质合金的种类、性能及用途

种　类		性能及用途
含钨硬质合金	WC-Co 系	用于加工铸铁等脆性材料或作为耐磨零部件和工具使用
	WC-TiC-Co 系	用于加工产生连续切屑的韧性材料
	WC-TiC-TaC(NbC)-Co 系	
	WC-TaC(NbC)-Co 系	
钢黏结硬质合金		以钢为黏接金属,碳化钛为硬质相。主要用作冷冲模、切削工具和耐热模具等
涂层硬质合金		在硬质合金基体上沉积碳化钛,表面硬度高。适合高速连续切削,工件表面质量好
细晶粒硬质合金		高强度、高韧度和高耐磨性。用于加工高强度钢、耐热合金和不锈钢的切断刀,小直径的端铣刀、小绞刀、麻花钻头、微型钻头以及打印针和精密模具
TiC 基硬质合金		硬度 HRA91~HRA92,抗弯强度可达 1930~1650MPa。可用于合金粗加工的高速切削
碳化铬基硬质合金(CrC-Ni)		常温及高温硬度高,耐磨性好,抗氧化性及耐蚀性好。可作为切削钛及钛合金的工具材料

硬质合金的品种很多,其制造工艺也有所不同,但基本工序大同小异,硬质合金的生产工艺流程如图 5-22 所示。

硬质合金一般以石蜡或橡胶为成形剂,在钢模中压制成形,有特殊要求时也可用冷等静压或挤压成形;一般在氢(WC-Co 系)或真空中(含有 TiC、TaC、NbC 的合金)烧结,为得到高密度制品,也可用电火花烧结或电阻烧结。

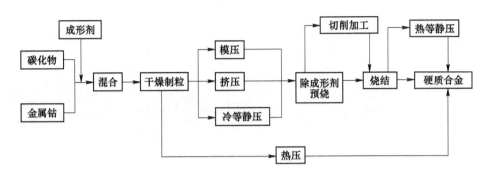

图 5-22 硬质合金的生产工艺流程

5.5.2 粉末冶金多孔材料的成形

采用粉末冶金方法制成的多孔材料一般为孔隙度大于15%的金属材料。其内部孔隙纵横交错，孔隙度和孔径大小可以控制和再生。具有优良、稳定的渗透性能，过滤精度高，具有足够的强度和塑性，有耐高温、抗热震等优良性能。它可在高温或低温下工作，寿命长，制造简单。而普通滤纸、滤布的强度低，过滤速度慢，不能在高温下使用，并且难以再生，还易变形和难以保证过滤精度。塑料多孔材料虽由球形颗粒制造，过滤性能好，但强度低，使用温度一般不超过100℃。陶瓷或玻璃多孔材料的塑性、可加工性和耐急冷急热性能差，因而应用有限。各种纺织用金属材料丝网孔易变形，影响过滤精度。粉末冶金多孔材料正好弥补了上述材料的不足，得到了较快的发展。

粉末冶金多孔材料因其高的孔隙度而有很大的孔隙内表面，决定了它具有许多特殊的物理化学性能和作用，因而应用相当广泛。例如，利用其物质贮存作用可以制成含油自润滑轴承、含香金属制品；利用其热交换作用可以制成宇航用发汗材料、氧-乙炔用防爆止火器；利用其过滤和分离作用可以制成各种过滤器；利用其电极化作用可制成燃料电池的多孔电极等。

粉末冶金多孔材料使用的原料有各种纯金属、合金、难熔化合物等的球形和非球形粉末，以及金属纤维。常用的有铁、铜、青铜、黄铜、镍、钨、钛、不锈钢、镍-铜、碳化钨等粉末，以及不锈钢、镍-铬合金等纤维。如制造粉末冶金过滤器的材料有青铜（使用温度为200℃）、不锈钢（使用温度为500℃）、钛合金（使用温度为500~600℃）、镍基合金（使用温度为650~800℃）等；过滤器大多用球形粉末或近球形粉末，如用60~150μm的雾化球形铁粉制成的过滤元件，过滤精度可达2~3μm。

粉末冶金多孔材料可采用多种方法成形，如模压成形、等静压成形、松装烧结成形和注浆成形等，也可用粉末轧制工艺生产薄板或薄带过滤器。

5.6 粉末冶金制品的结构工艺性

设计粉末冶金制品时，应尽量符合模具压制成形的要求，既要保证压坯的性能，又要便于压制，还要保证模具的寿命等，以便高效率、高质量、低成本地制作出符合使用要求的粉末冶金制品。粉末冶金件的结构工艺性见表5-6。

表 5-6 粉末冶金件的结构工艺性

目的	设计原则	不合理结构	改进结构
利于模具冲压制造 提高模具寿命	避免工件上的相切结构	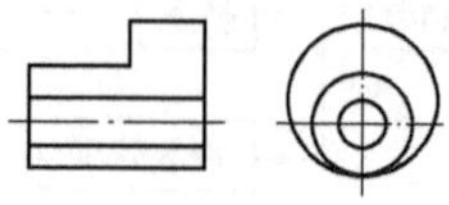	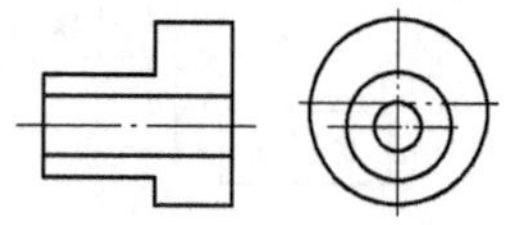
	避免模冲带尖角	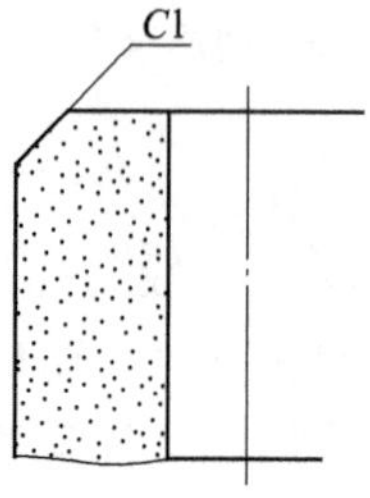	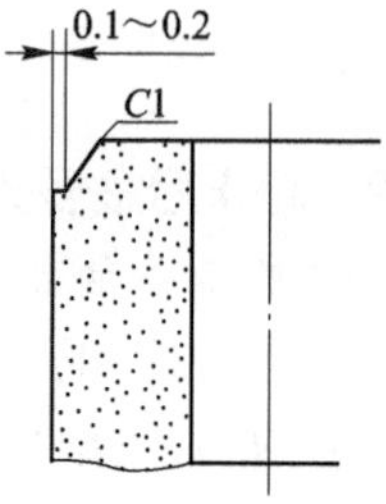
提高工件强度	避免工件上的尖角	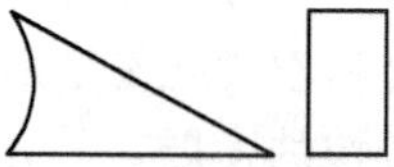	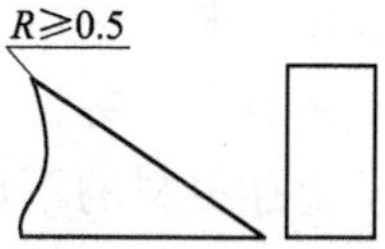
利于压坯密度均匀 减小烧结变形	避免工件上的薄壁结构，壁厚应不小于1.5mm	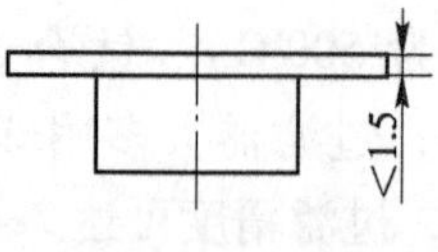	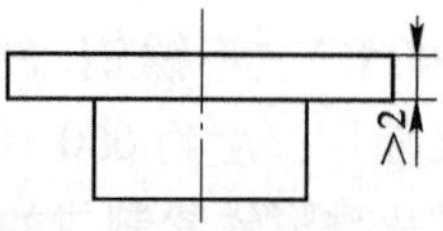
	避免窄槽或改键为凸键	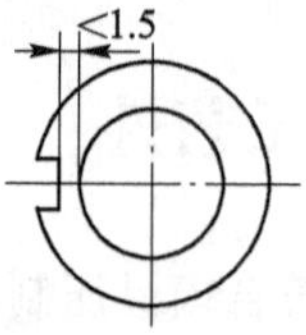	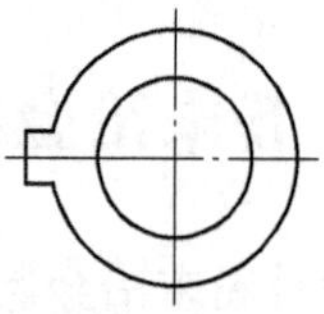

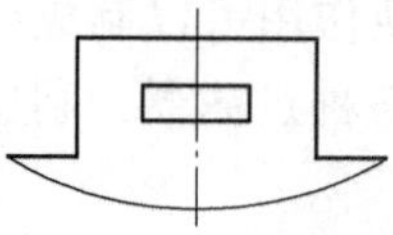

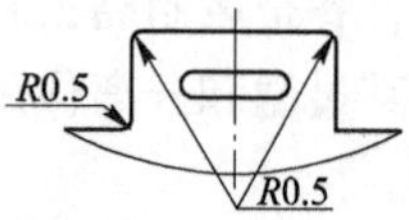

(续)

目的	设计原则	不合理结构	改进结构
便于压制	避免工件内部侧凹	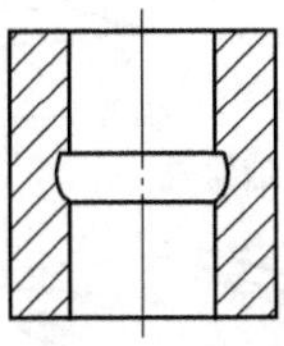	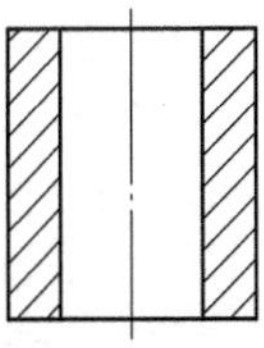
	避免倒锥形	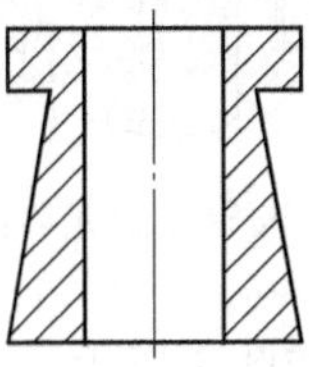	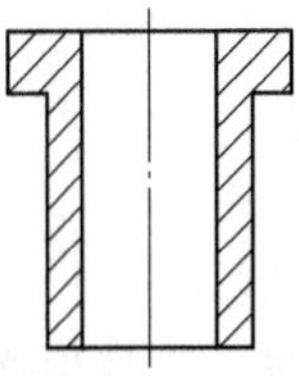
	避免横向沟槽 避免外形侧凹等	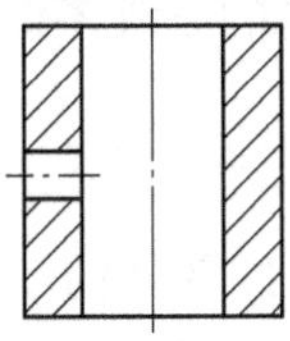	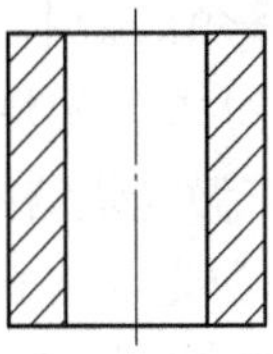

5.7 粉末冶金成形新工艺

随着现代科学技术的发展，对粉末冶金产品的要求越来越高，粉末冶金技术日益进步，现代粉末冶金技术正朝着高致密化、高性能化、高生产效率、低成本方向发展，出现了粉末激光烧结、粉末锻造等粉末成形新技术。下面简要介绍几种粉末冶金成形新技术的工艺过程及方法、工艺特点及应用。

5.7.1 粉末激光烧结（3D打印）

粉末激光烧结也称选择性激光烧结（简称SLS），该技术起源于快速原型制造（简称RP）技术，是20世纪80年代发展起来的一种快速成形技术。粉末激光烧结技术突破了传统的材料变形和切削成形的工艺方法，集成CAD技术、数控技术、激光加工技术和材料科学技术，可迅速制造出任意复杂形状的三维实体零件，属于3D打印成形技术。一般采用金属粉末或金属与陶瓷的混合粉末为烧结材料（打印材料），在计算机的控制下通过激光进行选择性扫描，将粉末材料层层堆积烧结成形为三维实体。

1. 粉末激光烧结的工艺过程

粉末激光烧结工艺的粉末成形和烧结同时进行，其成形设备及成形过程如图5-23所示。加工时，首先将粉末预热到稍低于其熔点的温度，然后在工作台上用铺粉辊将粉末铺平；然后用高强度CO_2激光器发出的激光束在计算机控制下，按照截面轮廓信息，在铺好的粉末层上扫描零件截面上实心的部分；材料粉末在高强度的激光照射下被烧结在一起，可得到零件截面，并与下面已成形的部分黏接；当一层截面烧结完后，工作台上非扫描区的粉末仍为松散状，作为工件和下一层粉末的支撑；工作台下降一层截面的高度，铺上新的一层

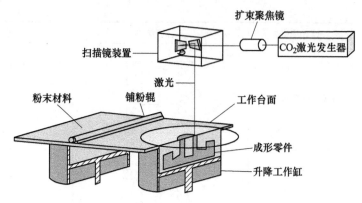

图 5-23 选择性激光烧结成形过程示意图

材料粉末，选择地烧结下层截面。如此不断循环，层层烧结堆积成形。全部截面层烧结完成后去掉多余的粉末，可以得到烧结好的三维零件。

2. 粉末激光烧结的特点及应用

粉末激光烧结的特点主要有：

1) 激光烧结成形无需模具，通过零件的三维模型驱动，可实现形状复杂零件的成形，是真正的自由制造。

2) 激光烧结成形无需模具，成形周期短。生产过程数字化，粉末激光烧结零件从 CAD 设计到加工完成只需几个到几十个小时。因此，短的生产周期特别适合新产品的开发。

3) 激光烧结成形无需模具，节省模具费用，用于小批量生产，成本低。

4) 激光烧结成形可用材料较为广泛，除金属粉末外，还可用尼龙、蜡、ABS、树脂覆膜砂、聚碳酸酯和陶瓷粉末等。

选择性激光烧结可用于复杂形状的金属工艺品的制作，也可应用于铸造行业，如烧结的陶瓷型可作为铸造的型壳、型芯；蜡型可做熔模铸造的蜡模；热塑性材料烧结的模型可做消失模。

5.7.2 粉末锻造

粉末锻造是 20 世纪 60 年代研制成功的一种新型金属材料塑性成形方法，是将粉末冶金与精密模锻相结合的工艺方法，可得到尺寸精度高、表面质量好、内部组织致密的锻件。

1. 粉末锻造的工艺过程

粉末锻造是采用粉末冶金法将金属原料及其他材料制成粉末，混匀后压制成形，烧结后得到预成形件，然后将预成形件放入锻模进行锻造的工艺，其工艺流程如图 5-24 所示。

以汽车行星齿轮为例，其粉末锻造过程如图 5-25 所示，其预成形件及锻件图如图 5-26 所示。将预成形件在中频感应加热装置中加热至 850~950℃，在 3000kN 压力机上锻造。预成形件是将铁粉与石墨粉（石墨的质量分数为 0.28%）在预成形模具中，在 560~620kN 的压力下压制后，在 1120~1180℃烧结 1.5~2h 得到的。

2. 粉末锻造的特点及应用

粉末锻造的特点主要有：

1) 成形性能好。颗粒较细的粉体倒入模具中可以充填型腔各处，各种形状复杂的锻件

第5章 金属材料的粉末冶金成形

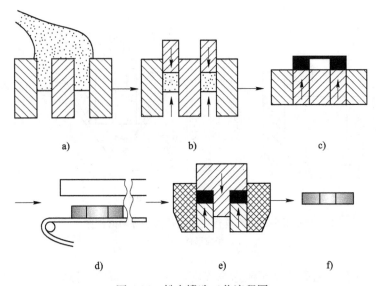

图 5-24 粉末锻造工艺流程图
a) 装粉 b) 压制 c) 脱模 d) 烧结 e) 热锻 f) 致密零件

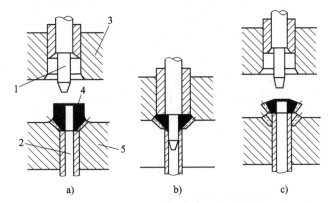

图 5-25 汽车行星齿轮粉末锻造过程
a) 装模 b) 锻造 c) 出模
1—上凸模 2—下凸模 3—上模 4—预成形件 5—下模

都能顺利成形。

2) 力学性能高。如连杆的疲劳强度从普通锻造的 290MPa 可提高到粉末锻造的 340MPa。

3) 近净成形，材料利用率高。预成形件在较低温度下进行无飞边、无余量的精密闭式模锻，可使材料利用率由普通模锻的 40%~50% 提高到 90% 以上。

4) 锻件精度高。由于粉末锻造的加热温度较低，并且在保护气氛下进行，锻件表面无氧化皮，可达到精密模锻水平。

5) 锻造模具寿命高。粉末坯料在较低温度和无氧化皮条件下进行锻造，减小了对模具表面的摩擦，并且其单位压力仅为普通模锻的 1/3~1/4，所以模具寿命可提高 10~20 倍。

6) 生产效率高、产品成本低。

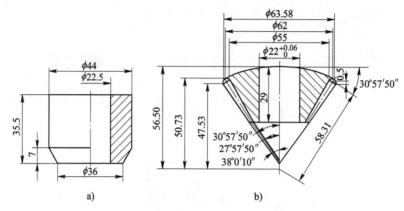

图 5-26 汽车行星齿轮顶成形件与锻件图
a) 预成形件 b) 锻件

粉末锻造可代替普通锻造用于制造高强度零件。根据资料,欧洲、日本等国家汽车中用的粉末、锻造零件见表 5-7。

表 5-7 汽车中的粉末锻造零件

部件	零件名称	材料
发动机	连杆、凸轮、连杆箱	AISI4200
离合器	离合器毂	AISI4600
变速箱	倒车齿轮、倒车惰轮、变速齿轮、爪销齿轮	AISI4600
差动装置	齿圈、行星齿轮、小齿轮、锥齿轮、螺旋锥齿轮	AISI4600
传动轴	驱动法兰、大齿轮、轮毂、半轴法兰	AISI4600

---- 练习题 ----

1. 粉末冶金制品的生产有哪些主要工序?
2. 金属粉末有哪些工艺性能?
3. 粉末材料的成形方法有哪些?
4. 粉末冶金成形法有哪些特点?
5. 压制成形时,各部位的密度为什么不均匀?采用什么压制方式可改善密度不均匀性?
6. 粉末冶金工艺中,烧结的作用是什么?影响制品烧结质量的因素有哪些?
7. 简述冷等静压和热等静压成形的特点及应用。
8. 试确定下列粉末冶金零件的粉末制备方法、成形方法和烧结方法。
(1) 铜基含油轴承;(2) 铜基制动闸瓦;(3) 不锈钢过滤器;(4) 高速钢铣刀。

第6章
非金属材料及复合材料的成形

非金属材料及复合材料可以通过成形制出各种复杂形状的零件或具有特殊性能的零件。其成形方法与金属成形方法类似，有液态成形方法（如塑料的浇注成形、注塑成形、挤出成形等，陶瓷的注浆成形、压铸成形等）；有固态成形方法（如塑料的吹塑成形、真空成形，橡胶的压延成形等）；有粉末成形方法（如陶瓷、复合材料的模压成形等）；有连接成形方法（如塑料的黏接等）。但与金属成形相比，非金属材料及复合材料的成形大多是在较低温度下成形的（陶瓷的热压成形、热等静压成形等除外），成形工艺较简便；其成形一般要与材料的生产工艺结合，如复合材料成形常常是原料准备好后直接成形为型材或零件；同时，其成形工艺对性能影响较大。非金属材料及复合材料种类繁多，本章主要介绍工程上常用的塑料、橡胶、陶瓷及复合材料的成形。

6.1 塑料的成形

6.1.1 塑料的特点及应用

塑料是以合成树脂为主要成分，并加入增塑剂、润滑剂、稳定剂及填料等组成的高分子材料。在一定的温度和压力下，可以用模具使其成形为具有一定形状和尺寸的塑料制件，当外力解除后，在常温下其形状保持不变。

1. 塑料的特点

塑料制品质量轻，比强度高；耐腐蚀，化学稳定性好；有优良的电绝缘性能，光学性能，减摩、耐磨性能和消声减振性能；加工成形方便、成本低。但塑料的缺点是耐热性差、刚性和尺寸稳定性差、易老化等。

2. 塑料的应用

天然树脂的使用可以追溯到古代，但现代塑料工业形成于1930年左右，近几十年来获得了飞速的发展。我国塑料工业已逐步形成了具有树脂合成、塑料改性与合金化、塑料加工应用等相关配套能力的完整产业链，塑料制品广泛用于国民经济的各个领域。除工业生产和日常生活中常用的通用塑料外，高性能工程塑料的应用也日益增加。例如，用于机床与工程机械行业的聚酰胺（PA，俗称尼龙）和聚甲醛（POM）手轮、手柄、齿轮、齿条和导轨等；用于化工、机械行业的聚四氟乙烯（PTFE）容器、管道、阀门和密封件等；用于汽车、飞机等交通运输工具行业的聚碳酸酯（PC）反射镜、挡风玻璃、飞机座舱玻璃、仪表壳等。

6.1.2 塑料成形的工艺流程

塑料成形是将各种形态的物料加工为具有固定形状制品的工艺技术。其工艺流程如图6-1所示。

```
物料准备 → 混合 → 塑炼 → 制粒 → 成形 → 二次加工 → 成品
```

图 6-1　塑料成形的工艺流程

（1）物料准备　塑料成形用物料包括树脂（主要原料）、增塑剂、润滑剂、稳定剂及填料等各种添加剂。各种粉状或粒状物料通常需经过筛分、干燥以去除杂质和水分；液体添加剂一般进行预热以加快其扩散速度等。然后按所需配比进行称量。

（2）混合　将称量好的各种物料在混合机里进行高速搅拌。

（3）塑炼　在密炼机、开炼机或挤出机中，借助加热和剪切作用使物料熔化、剪切变形、进一步混合，使树脂和各种添加剂分散均匀。

（4）制粒　将塑炼后的片状物料进行切碎、粉碎制成粉状（热固性塑料成形常用）或切成粒状（热塑性塑料成形常用），作为后续成形机的进料。

（5）成形　将制备好的粉状或粒状塑料在成形机中制成一定形状和尺寸的制品。

（6）二次加工　将模塑制品或塑料型材通过机械加工（钻、磨、铣、车等）、连接加工（焊接、胶接、机械连接等）、表面修饰等，以提高制品的精度和表面质量，或使各部件连接在一起，从而得到成品。

6.1.3　塑料成形的基本理论

塑料成形大多是在受热达到充分熔融的热塑化状态（黏流态），塑料的成形性能主要包括塑料的熔融特性、流动性、收缩性、结晶性和熔体弹性等。

1. 塑料的熔融特性

由于塑料中的树脂本身具有较低的热导率，加热时利用热传导达到熔融较困难，而且树脂的黏度较大，自然对流受到限制，严重阻碍熔体的混合及气体的排出。因此，塑料成形时常需要在加热的同时引入机械力的作用（如螺杆挤出成形机等）。加热是塑料由固态向液态转变，产生形变和熔融的必要条件；机械力提供剪切作用，强化混合和熔融过程，并产生摩擦热加速熔融。

2. 塑料的流动性

在一定的温度与压力下塑料填充模具型腔的能力称为塑料的流动性。流动性好，则熔体易于充填模具型腔，以得到复杂形状的零件，但易产生溢料、飞边等缺陷。塑料的流动性取决于黏度，塑料的黏度越小，流动性也越好。采用分子量小的树脂、提高成形温度和剪切速率、降低成形压力等，均有利于减小分子之间作用力，降低熔体黏度，提高流动性。

流动性好的塑料有尼龙、聚乙烯、聚苯乙烯、聚丙烯等；流动性一般的有改性聚苯乙烯、丙烯腈-丁二烯-苯乙烯树脂（ABS）、聚甲基丙烯酸甲酯、聚甲醛等；流动性差的有聚碳酸酯、硬聚氯乙烯、聚苯醚、聚砜、聚芳砜、氟塑料等。

3. 塑料的收缩性

塑料制品从模具中取出冷却到室温后，发生尺寸收缩的特性称为收缩性。塑料的热膨胀系数比钢大 3~10 倍，塑料件的收缩也较大。塑料制件因成形收缩造成的线尺寸变化率称为成形收缩率，一般为 1%~5%。收缩不仅影响制品的尺寸精度，还会造成缩孔、凹陷、翘曲变形等缺陷。采用收缩性小的树脂、提高成形压力、降低成形温度等有利于减小成形收缩。

4. 塑料的结晶性

按照聚集态结构的不同，塑料可以分为结晶型塑料和无定形塑料两类。如果塑料中聚合物的分子呈规则紧密排列,则称为结晶型塑料,否则为无定形塑料。一般聚合物的结晶是不完全的,聚合物固体中晶相所占的质量分数称为结晶度。塑料的结晶度与成形时的冷却速度有很大关系,塑料熔体的冷却速度越小,塑料的结晶度越大,密度也越大,分子间作用力增强,因而塑料的硬度和刚度提高,力学性能和耐磨性提高,耐热性、电性能及化学稳定性亦有所提高。反之,结晶度低的塑料或无定形塑料,其与分子链运动有关的性能,如柔韧性、耐折性,伸长率及冲击强度等则较大,透明度也较高。

5. 熔体弹性

当塑料熔体从模口挤出时,断面尺寸会增大,如图 6-2 所示。这是由于熔体流经狭小的模口时,分子链受剪切应力伸展,流出模口时,外力消失,分子链又重新卷曲。塑料熔体黏性流动过程中的这种弹性变形称为熔体弹性,它会使制品的尺寸精度和表面质量降低。采用分子量较小的聚合物、提高成形温度、降低剪切速率等有利于减小熔体弹性。

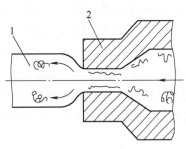

图 6-2　熔体挤出胀大变形
1—塑料熔体　2—模具

6.1.4　塑料成形的工艺方法

1. 注射成形(注塑成形)

(1) 成形工艺过程　注射成形机的结构如图 6-3 所示。物料由料斗加入,在旋转的螺杆和注射机料筒间被加热、剪切和挤压达到塑化熔融状态,在螺杆的推动下,经喷嘴压入模具型腔;保压一定时间,使塑件在型腔中冷却、硬化、定型;压力撤消后开模,并利用注射机的顶出机构使塑件脱模,取出塑件。

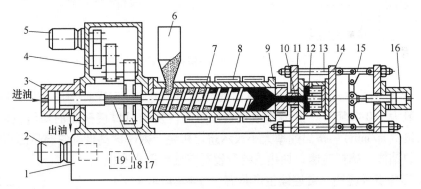

图 6-3　卧式螺杆注射成形机结构示意图
1—机身　2—电动机及液压泵　3—注射液压缸　4—齿轮箱　5—电动机　6—料斗　7—螺杆
8—加热器　9—料筒　10—喷嘴　11—定模固定板　12—模具　13—拉杆　14—动模固定板
15—合模机构　16—合模液压缸　17—螺杆传动齿轮　18—螺杆花键　19—油箱

(2) 成形工艺条件

1) 温度。料筒温度应控制在塑料的黏流温度 T_f(对结晶型塑料为熔点 T_m)以上,提高料筒温度可使塑料熔体的黏度下降,对充模有利,但必须低于塑料的热分解温度 T_d。喷嘴处的温度通常略低于料筒的最高温度,以防止塑料流经喷嘴处因升温产生"流延"。模具温度可根据不同塑料的成形条件,通过模具的冷却(或加热)系统进行控制。

2) 压力。注射压力用于克服熔体从料筒流向型腔时的阻力，保证一定充模速率和对熔体压实。注射压力的大小取决于塑料品种、注射机类型、模具的浇注系统结构尺寸、模具温度、塑件的壁厚及流程大小等多种因素，一般为 40～130MPa。

3) 时间。成形时间一般为 0.5～2min，厚大件可达 5～10min。

(3) 成形特点及应用　注射成形的特点是生产效率高、易于实现机械化和自动化，并能制造外形复杂、尺寸精确的塑料制品。它是热塑性塑料成形的主要加工方法，也用于部分热固性塑料的成形加工，60%～70%的塑料制件是用注射成形方法生产的。

2. 挤出成形（挤塑成形）

(1) 成形工艺过程　挤出成形机示意图如图 6-4 所示。将粉状或颗粒状塑料从料斗加入料筒中，旋转的螺杆将物料向前输送，物料在运动中受强烈的摩擦、剪切作用及外部加热作用而不断熔融。熔融的物料被螺杆输送到已加热的具有一定形状的模具的模孔而被挤出。挤出的制品经定形冷却由牵引机拉开，最后按所需长度截断，得到所需的制品。

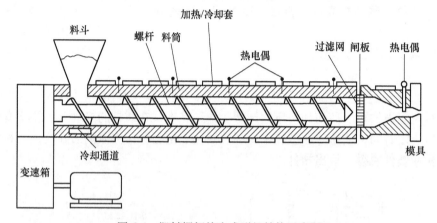

图 6-4　塑料螺杆挤出成形机结构示意图

(2) 成形工艺条件　挤出加工时料筒的压力可以达到 55MPa，根据塑料品种的不同，塑炼温度一般为 180～250℃。挤出速率是单位时间内挤出机口模挤出的塑料质量（单位为 kg/h）或长度（m/min）。挤出速率大小表示挤出机生产效率的高低，它与挤出口模的阻力、螺杆与料筒的结构、螺杆转速、加热系统及塑料特性等因素有关。

(3) 成形特点及应用　可连续生产具有一定断面形状的塑料型材，生产效率高，设备结构简单。但制品断面形状较简单且精度较低。主要用于热塑性塑料，也可用于某些热固性塑料生产棒、管等型材和薄膜等，也是中空成形的主要制坯方法。挤出制品产量约占塑料制品总产量的 1/3。

3. 模压成形（压塑成形、压缩成形）

(1) 成形工艺过程　模压成形工艺过程如图 6-5 所示。将粉状（或粒状、碎片状、

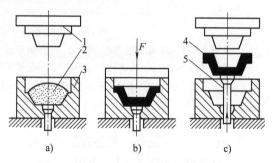

图 6-5　模压成形示意图
a) 装料　b) 压制　c) 脱模
1—凸模　2—原料　3—凹模　4—制品　5—顶杆

纤维状等）塑料（通常为热固性塑料）直接加入敞开的模具型腔中；然后合模，并对模具加热加压，塑料在热和压力的作用下呈熔融流动状态充满型腔；随后由于塑料分子发生交联反应逐渐硬化成形；最后脱模取出工件。

(2) 成形工艺条件

1) 温度。在一定范围内，提高温度可以缩短成形周期，减小成形压力。但是如果温度过高会加快塑料的硬化，影响物料的流动，造成塑件内应力大，易出现变形、开裂、翘曲等缺陷。温度过低会使硬化不足，塑件表面无光，物理性能和力学性能下降。

2) 压力。通常压缩比大的塑料需要较大的压力，生产中常将松散的塑料原料预压成块状，既方便加料又可以降低成形所需的压力。常用热固性塑料的模压成形温度和压力见表 6-1。

表 6-1 常用热固性塑料的模压成形温度和压力

塑料种类	成形温度/℃	成形压力/MPa
酚醛塑料（PF）	140~180	7~42
不饱和聚酯塑料（UP）	85~150	0.35~3.5
环氧树脂塑料（EP）	145~200	0.7~14
有机硅塑料（DSMC）	150~190	7~56

(3) 成形特点及应用 模压成形是塑料成形加工中较传统的工艺方法，所需设备和模具较简单，操作方便，但生产效率较低，难以制作形状复杂、薄壁的塑料件，不易自动化。目前主要用于热固性塑料的加工，也用于流动性较差的热塑性塑料制品的成形。

4. 传递成形（压注成形）

(1) 成形工艺过程 传递成形是在压塑成形的基础上发展起来的热固性塑料成形方法，其成形过程如图 6-6 所示。将原料加入加料室加热软化，随即在柱塞的挤压下通过模具的浇注系统将熔融塑料挤入型腔；塑料在型腔内继续受热受压而固化成形；然后开模取出制品，并清理型腔、加料室和浇注系统。

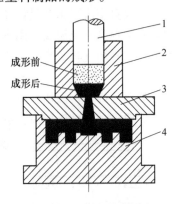

图 6-6 压注成形示意图
1—柱塞 2—加料室
3—凸模 4—凹模

传递成形与模压成形基本相似，区别在于传递成形是先合模后加料，而模压成形是先加料后合模。传递成形与注射成形也类似，不同的是传递成形时塑料在模具的加料室内塑炼，再经过浇注系统进入型腔，而注射成形是在注射机料筒内塑炼。

(2) 成形工艺条件

1) 压力。传递成形的压力要比模压成形高 1.5~3.5 倍，以克服成形时浇口和流道的阻力。压力一般为 60~80MPa，高的可达 100~120MPa，对固化速度快的塑料应采用高压。

2) 温度。传递成形的模具温度比模压成形低 10~20℃。因为物料注入模腔时，因剪切摩擦会生产热量。加料室温度比模具温度要低，以避免物料在加料室内过早固化。

3) 时间。传递成形的时间要比模压成形短 20%~30%。因为传递成形在加料室中已经加热，而且温度较均匀，故缩短了成形时间。

（3）特点及应用　传递成形的成形周期短；塑件飞边小，易于清理；能成形薄壁多嵌件的复杂塑料制品；塑件的精度和质量比模压件高，主要用于热固性塑料的成形。但传递成形加料室内总会留有余料，塑料损耗较大；模具结构比模压模复杂，制造成本较高。

5. 吹塑成形

吹塑成形工艺过程如图6-7所示。将适当大的坯料（管状或片状塑料）放置于模具中，闭合模具并通入压缩空气，使尚具有良好塑性的坯料吹胀而紧贴于模壁内侧，待冷却后打开模具，即得到中空制品。吹塑成形主要用于制取薄壁、小口径的空心制品以及塑料薄膜。

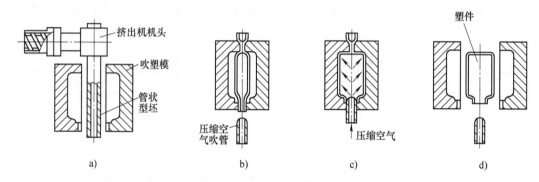

图6-7　吹塑成形工艺过程

a）挤出成形管状型坯置于模中　b）合模　c）吹压缩空气定型　d）开模取出制件

6. 真空成形（吸塑成形）

凹模真空成形工艺过程如图6-8所示。将热塑性塑料板材、片材固定在模具上，用辐射加热器加热到软化温度，用真空泵（或空压机）抽取板材与模具之间的空气，借助大气压力使坯材吸附在模具表面，冷却后再用压缩空气脱模，以形成所需塑件。其生产设备简单，生产效率高，模具结构简单，能加工大尺寸的薄壁塑件，生产成本低。一般用于热塑性塑料，如聚乙烯、聚丙烯、聚氯乙烯、ABS等，多用于制造包装盒、餐盒、罩壳类塑件、浴室用具等要求外表精度较高，成形深度不高的塑件。

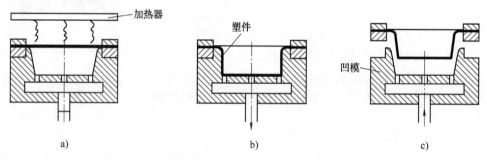

图6-8　凹模真空成形工艺过程

a）加热　b）抽真空　c）吹压缩空气脱出塑件

7. 浇注成形（铸塑成形）

浇注成形类似金属铸造，如图6-9所示。将准备好的浇注原料（通常是聚合物单体或缩聚物单体的溶液等）注入模具中使其固化（聚合或缩聚反应），从而得到与模具型腔相似的制品。成形时无需加压，所需设备简单，对模具强度要求不高，对制品尺寸限制较少，制品内部内应力较小，质量良好。但成形周期长，制品尺寸精度较差。常用于大型制品的小批量生产。

总之，塑料的成形方法较多。除上述成形方法外，还有塑料薄膜或片材的压延成形、原料间能发生塑化反应的反应注射成形等。

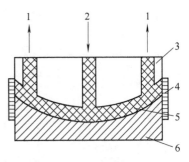

图 6-9　塑料浇注成形示意图
1—排气口　2—浇口　3—基体
4—密封板　5—环氧塑料　6—阴模

8. 3D 打印成形（熔融沉积）

塑料件 3D 打印技术是 20 世纪 90 年代随着数字技术的快速发展而兴起的新技术，是一种快速成形技术，又称为增材制造技术。它是通过计算机建立工件的三维数字模型，按照一定的厚度进行分层切片，生成二维的截面信息；然后利用每一层的截面信息驱动成形机（打印机）的喷头按一定的轨迹在平面内运动，同时将喷头内粉末状或丝状的塑料加热熔化、挤出沉积，每完成一层，工作台下降一个层厚叠加沉积新的一层，如此反复，实现零件的沉积成形，最终成形出三维立体物件。它与普通打印机原理相似，将打印机内液体或粉末等打印材料一层层叠加起来打印出三维立体形状，因此称为"3D 打印"。塑料件 3D 打印材料一般为热塑性材料，常见的有聚乳酸（PLA）、ABS 和尼龙等。图 6-10 所示为塑料 3D 打印机，图 6-11 所示为 3D 打印塑料件。

3D 打印技术依靠计算机把需要的三维模型快速直接制成实物，可制造各种形状复杂的工件，生产周期短，不需要模具，原材料利用率很高，成本低。但只适用于中小型工件或模型的制作；受分层高度的影响，工件的表面条纹比较明显；成形速度慢、成形效率低。3D 打印技术可用于制造任意复杂外形曲面的模型件；适用于个性化、多样化产品的开发制造；用石蜡成形的制件，能够快速直接地用于失蜡铸造；可直接制作彩色的模型制件。

图 6-10　塑料 3D 打印机

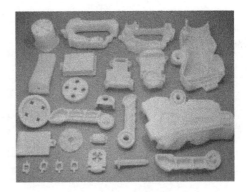

图 6-11　3D 打印塑料件

6.1.5　塑料件的结构工艺性

塑料件结构设计时应当满足使用性能和成形工艺的要求，力求做到结构合理、造型美观、便于制造。应尽量使结构形状简单，分型面平直，避免活块，以简化模具结构；精度和表面质量要求不应过高，以降低制造成本。

塑料件的结构工艺性见表 6-2。

表 6-2 塑料件的结构工艺性

结构设计原则	不合理结构	改进后结构
壁厚均匀,防止气泡、缩孔、凹陷等缺陷	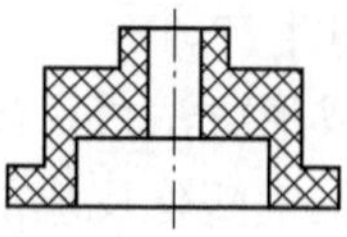	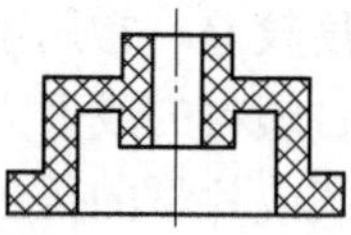
避免筋板交叉,以免局部过厚产生气泡和缩孔	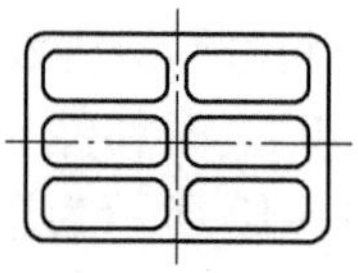	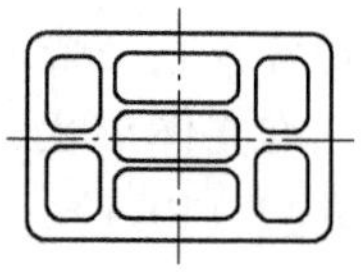
加强筋的高度应小于塑件高度 0.5mm 以上	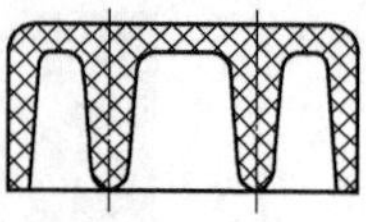	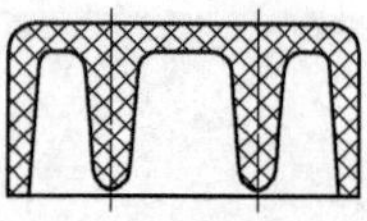
内部形状应利于抽出型芯	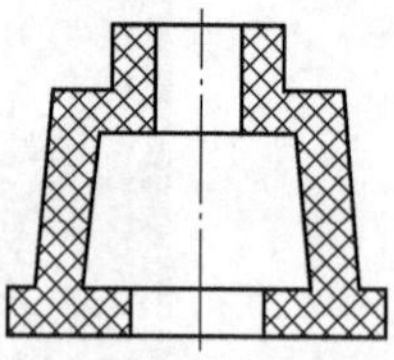	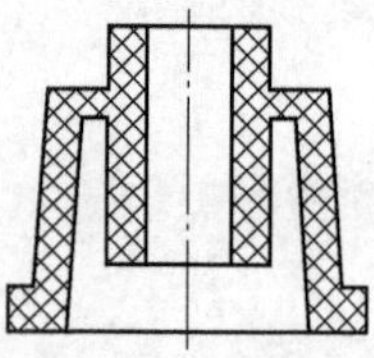
尽量避免侧抽芯,使模具结构简单	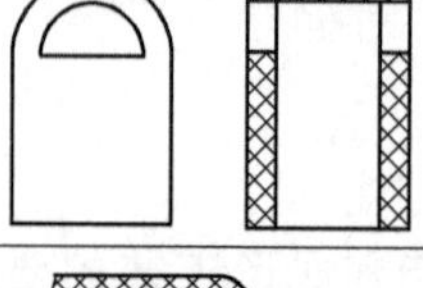	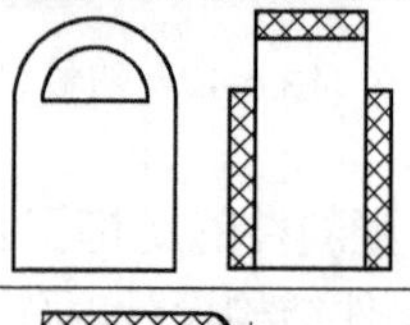

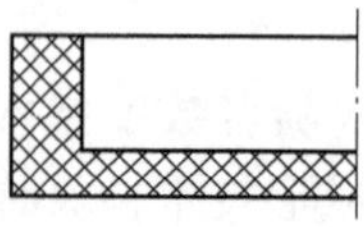

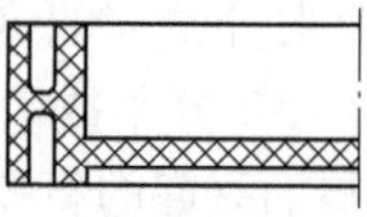

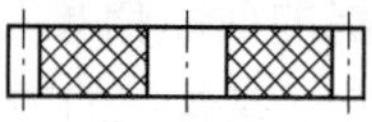

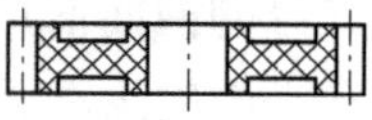

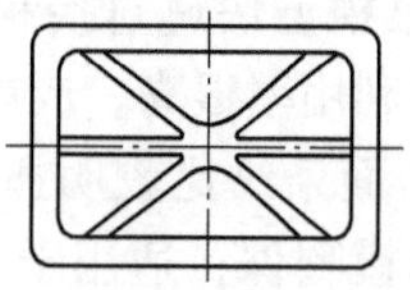

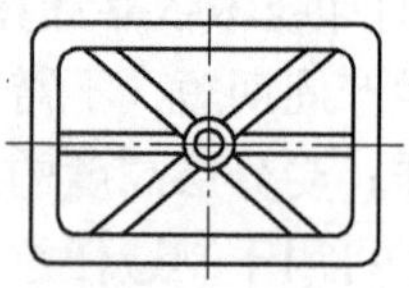

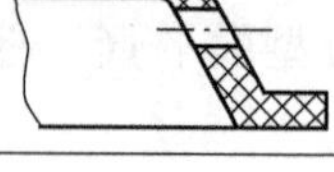

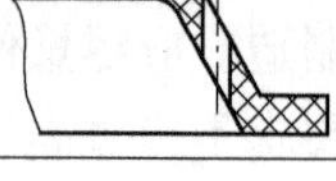

(续)

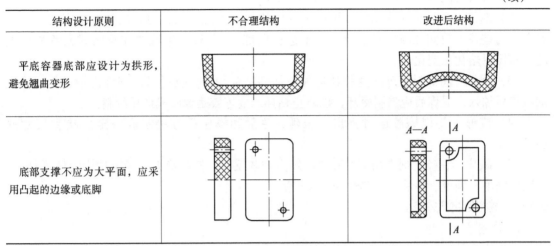

除上述结构设计原则外,塑件内外表面的连接处都应采用圆角过渡;一般外圆弧的半径是壁厚的 1.5 倍,内圆弧的半径是壁厚的 0.5 倍;塑件上的孔,应尽量开设在不减弱制品强度的部位,孔与孔之间、孔与边距之间应留有足够距离,以免造成边壁太小而破裂,起固定作用的孔的四周应采用凸边或凸台来加强,如图 6-12 所示;塑件上的螺纹可以直接成形,通常无需后续机械加工,一般外螺纹的大径不宜小于 4mm,内螺纹的小径不宜小于 2mm;在经常装卸和受力较大的地方应在塑件中装入带螺纹的金属嵌件。

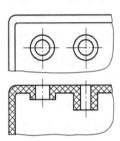

图 6-12　固定孔的凸台结构

6.2　橡胶的成形

6.2.1　橡胶的特点及应用

橡胶是以生胶为主要成分,并加入硫化剂(交联剂)、填充剂、软化剂、防老化剂及发泡剂等组成的高分子材料。生胶一般为线形非晶态聚合物,因此橡胶具有很高的弹性。天然橡胶主要成分为异戊二烯,强度、硬度不高,合成橡胶如丁苯橡胶是丁二烯和苯乙烯的共聚物,顺丁橡胶是丁二烯的聚合物,它们经硫化处理和填充剂增强后具有较高的耐磨性、耐热性和耐老化性,可广泛用于制造轮胎、胶布、胶板、三角带、减振器、橡胶弹簧、电绝缘制品等。

6.2.2　橡胶成形的工艺流程

橡胶成形的工艺流程如图 6-13 所示。

图 6-13　橡胶成形的工艺流程

(1) 配料　按配方对生胶和各种添加剂进行称量配料。生胶块需加热烘软、切块并压成片状。有时对液体原料进行加热以降低其黏度。

（2）塑炼　通过机械或化学作用使生胶中的长分子链破断，使其从弹性状态变为可塑状态（有些具有可塑性的合成生胶可以不进行塑炼）。一般将生胶放在辊筒式密炼机里滚轧、挤压以熔化和塑化。

（3）混炼　将经过塑炼的生胶及各种添加剂混合均匀，也可以在密炼机中进行。硫化剂应最后加入，混炼后应强制冷却，以防止粘连。混炼胶是橡胶成形用胶料。

（4）成形　将混炼胶通过挤出、压延、注射和模压等方法制成一定形状和尺寸的制品。

（5）硫化　在硫化剂作用下橡胶内部发生交联反应，使线形大分子结构变为体形结构，橡胶的强度、硬度、弹性、耐热性等大大提高。

6.2.3　橡胶的成形方法

1. 挤出成形

挤出成形是使胶料在挤出机中塑化、熔融，并在一定的温度和压力下从模孔挤出成为一定断面形状和尺寸的连续材料的方法。成形设备与塑料挤出机相似，设备简单、操作简便、生产效率高，但断面形状较简单，精度较低。适于成形轮胎外胎胎面、内胎胎筒和胶管等，也可用于生胶的塑炼和造粒。

2. 压延成形

压延成形是利用两辊筒之间的挤压力使胶料塑性流动，得到薄膜或片状材料的方法，如图 6-14 所示。将纺织物和胶片一起通过辊筒进行压延，可制得胶布。其生产效率高，制品厚度尺寸精确、表面光滑、内部紧实。

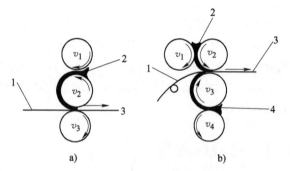

图 6-14　胶布压延成形示意图
a) 三辊压延机单面贴胶　b) 四辊压延机双面贴胶
1—纺织物　2、4—胶料　3—胶布

3. 注射成形

将胶料加入注射成形机料筒中加热塑化，在螺杆或柱塞的推动下，通过喷嘴注入闭合模具，在模具中加热硫化成形。橡胶注射成形的设备与塑料注射成形机基本相同。注射压力一般为 100~140MPa，硫化温度为 140~185℃。橡胶注射成形的硫化均匀、硫化周期短、生产效率高，制品精度高，广泛用于橡胶密封圈、减振制品、胶鞋等制品的生产。

4. 模压成形

将预先压延好的胶坯按一定规格下料，加入敞开的模具型腔，在液压机上加热、加压，使胶料塑性流动充填模腔，经一定时间硫化后脱模。其成形设备与塑料模压成形相似，是橡胶生产中应用最早的方法，其模具结构简单、操作方便，可用于生产橡胶垫片、密封圈及各种形状复杂的橡胶制品。

6.2.4　橡胶件的结构工艺性

橡胶件的结构设计要考虑橡胶材料性能及制备工艺，以保证制品质量，提高生产效率，降低制品成本。橡胶件结构工艺性见表 6-3。

表 6-3 橡胶件结构工艺性

结构设计原则	不合理结构	改进后结构
应有便于脱模的结构斜度 $L<50$mm 时，$\alpha=0°$； $L=50\sim150$mm 时，$\alpha=30°$； $L=150\sim250$mm 时，$\alpha=20°$； $L>250$mm 时，$\alpha=15°$	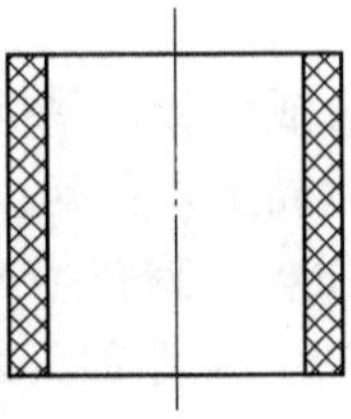	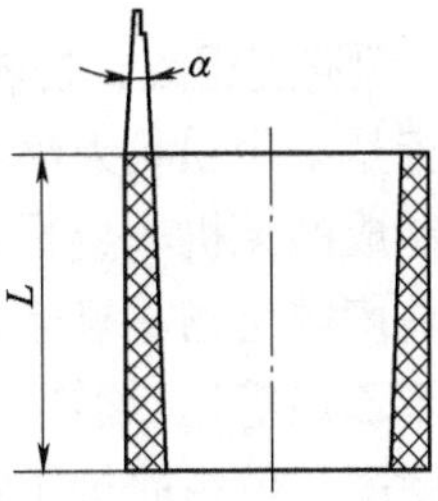
厚度设计均匀，各部分相接处尽量设计成圆弧形	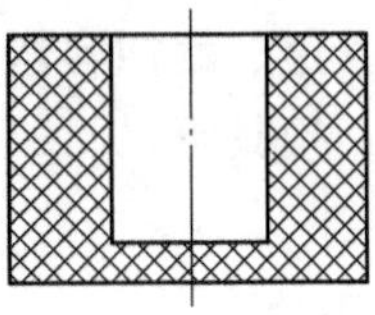	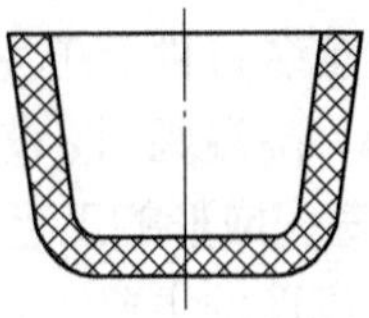
囊类零件的口径与腹径之比一般取 $d/D=1/3\sim1/2$	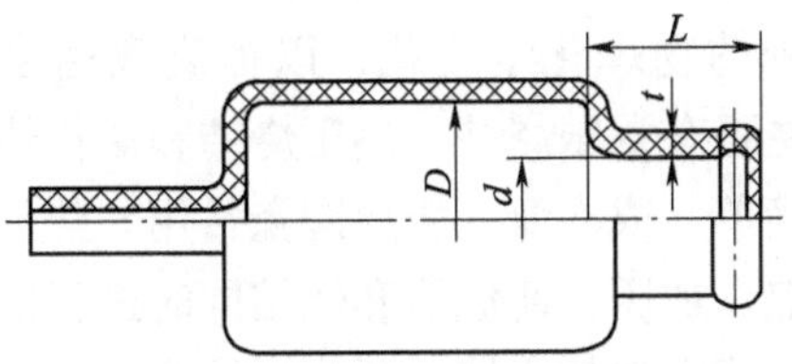	
波纹管制品的峰谷直径比 ϕ_1/ϕ_2 不要大于 1.3	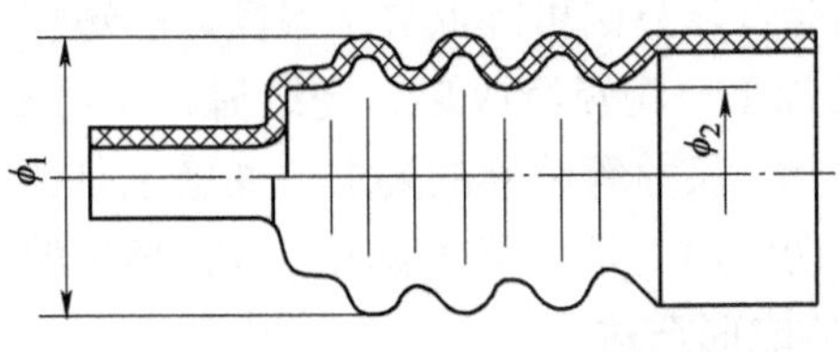	

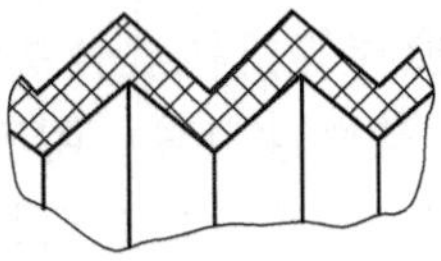

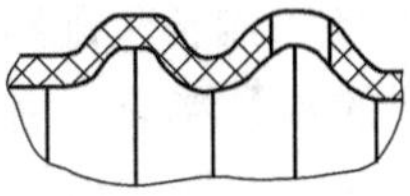

6.3 陶瓷的成形

6.3.1 陶瓷的组成、性能及应用

陶瓷是采用粉状天然矿物原料或人工合成化合物原料,并加入适当添加剂经成形、高温烧结而制成的无机非金属材料。普通陶瓷以黏土、石英、长石等为原料,特种陶瓷以人工合成的高纯度碳化物、氧化物、氮化物等为原料。陶瓷生产常用的添加剂有黏结剂(聚乙烯醇、聚苯乙烯等)、增塑剂(石蜡、甘油等)、悬浮剂(水玻璃、碳酸钠等)等。陶瓷具有耐热、耐磨、较高的抗压强度及耐蚀性、绝缘性和电、磁、声、光、热等特性,特种陶瓷还具有高强度、高硬度等性能特点。陶瓷广泛用于要求耐高温、耐磨、耐蚀、绝缘的结构零件,如建筑装饰件、卫生洁具、食品化工管道、耐蚀容器、热电偶套管等,特种陶瓷可用于高温轴承、高温阀门、燃烧器喷嘴、刀具、模具等。

6.3.2 陶瓷成形的工艺流程

陶瓷成形的主要工艺流程如图 6-15 所示。

图 6-15 陶瓷成形的工艺流程

(1) 配料 按陶瓷的组成,将所需各种原料进行称量配料。陶瓷原料一般要破碎或磨碎为粉状或粒状,粒度为 0.05~0.07mm。特种陶瓷的原料采用化学合成法制备,要求原料比较细小,为提高成形时充填模具的流动性,可加入塑化剂制成较粗的颗粒(制粒)。

(2) 坯料制备 配料后采用球磨或搅拌等机械混合法制备成不同形式的坯料。如用于注浆成形的水悬浮液;用于热压注成形的热塑性料浆;用于挤压、注射、轧膜和流延成形的含有机塑化剂的塑性料;用于热压或等静压成形的造粒粉料。

(3) 成形 将坯料制成具有一定形状和尺寸的坯体。成形方法很多,详见后文。

(4) 烧结 烧结是对成形坯体进行低于熔点的高温加热,使其内的粉体间产生颗粒黏结,经过一系列的物理化学变化,以提高致密度和强度的过程。烧结温度一般为 1250~1450℃。烧结主要有常压烧结、热压烧结和活化烧结。常压烧结是指在常压某种气氛下烧结的方法,工艺简单,成本低,普通陶瓷常用。热压烧结是将粉末或成形体置于石墨或氧化铝高温模具内加热、加压,使成形和烧结同时进行的烧结方法,制品强度高,可用于高强度陶瓷刀片和非氧化物陶瓷的烧结。活化烧结是在烧结前或烧结过程中采用物理或化学方法使反应物的原子或分子处于高能状态(不稳定状态),以强化烧结的方法,如电场烧结、磁场烧结、气氛烧结等。该方法可降低烧结温度、缩短烧结时间、改善烧结效果。

(5) 后续加工 陶瓷经成形、烧结后,还可根据需要进行后续精密加工,使之符合表面粗糙度、形状、尺寸等精度的要求,如磨削加工、研磨与抛光、超声波加工、激光加工、切削加工等。切削加工是采用金刚石刀具在超高精度机床上进行的,目前仅有少量应用。

6.3.3 陶瓷的成形方法

1. 浇注成形

将陶瓷原料粉体悬浮于水中制成料浆,注入多孔质模型内,借助模型的吸水能力将料浆

中的水吸出,从而在模型内形成坯体,如图6-16所示。

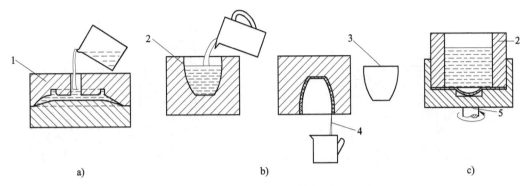

图6-16 注浆成形示意图
a) 实心注浆 b) 空心注浆 c) 离心注浆
1、2—石膏模 3—坯体 4—多余浆料 5—转轴

浇注成形设备简单、投资较少,但制品质量差,生产效率低。适于制造大型、薄壁及形状复杂的制品。

2. 热压铸成形

利用石蜡的高温流变特性,将配料混合后的陶瓷细粉与熔化的石蜡黏合剂加热搅拌成具有流动性与热塑性的蜡浆,在热压铸机中用压缩空气将热熔蜡浆注满金属模腔,蜡浆在模腔内冷凝形成坯体,如图6-17所示。石蜡作为增塑剂,加入量通常为陶瓷粉料用量的6%~12%(质量分数)。加入0.1%~1%油酸或硬脂酸作为表面活性物质,可减少石蜡用量、改善蜡浆成形性能、提高蜡坯强度。蜡浆温度一般为60~80℃、模具温度为15~25℃、压铸压力为0.3~0.5MPa、加压时间为0.1~0.2s。

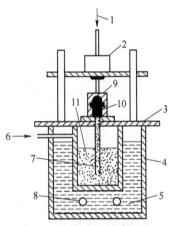

图6-17 热压铸成形示意图
1、6—压缩空气 2—压紧装置
3—工作台 4—浆筒 5—浴槽
7—供料管 8—加热元件
9—铸模 10—蜡坯 11—蜡浆

该法设备较简单,操作方便,模具磨损小,生产效率高,制品表面质量高。但坯体密度较低,烧结收缩较大,易变形,工序较繁琐,耗能大,生产周期长。用于批量生产外形复杂、表面质量好的中、小型制品,不宜制造壁薄、大而长的制品。

3. 旋压成形

将可塑泥料放入旋转的石膏模中,将型刀逐渐压入泥料,随着模型的旋转,在型刀的刮削作用下,泥坯在模具和型刀间产生可塑变形形成坯件,如图6-18所示。旋压成形一般用于回转体日用陶瓷、电工陶瓷、美术陶瓷等普通陶瓷制品的成形。

4. 挤出成形

将可塑泥料置于挤制机(挤坯机)内,在压力下将泥料从模口挤出,可挤压出一定形状、尺寸的坯体,如图6-19所示。

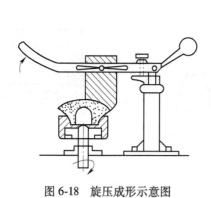

图 6-18 旋压成形示意图

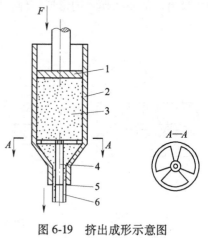

图 6-19 挤出成形示意图
1—柱塞　2—挤压筒　3—坯料
4—芯棒　5—模口　6—坯体

挤出成形可连续批量生产，生产效率高，坯体表面光滑、规整度好。但模具制作成本高，且由于溶剂和黏结剂较多，导致烧结收缩大，制品性能受影响。适于挤制长尺寸细棒、壁薄管、薄片制品，其管棒直径为 $\phi1\sim\phi30mm$，管壁与薄片厚度可小至 $0.2mm$。

5. 轧膜成形

将陶瓷粉料与一定量的有机黏结剂和溶剂混合拌匀，置于两辊轴之间进行混炼，使粉料、黏结剂、溶剂充分混合；成形过程中吹风，使溶剂挥发成膜。调整轧辊间距离，可粗轧、精轧出各种厚度的薄片瓷坯，如图 6-20 所示。

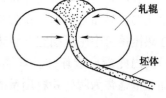

图 6-20 轧膜成形

轧膜成形用于制造批量较大的、厚度在 1mm 以下的薄片状制品，如薄膜、厚膜电路基片、圆片电容器等。

6. 模压成形

将造粒制备的粒料（水的质量分数小于 6%），松散地装入模具内，在压力（一般为 40~100MPa）作用下，粒料产生移动、变形、粉碎而逐渐靠拢。同时所含气体被挤压排出，形成较致密的具有一定形状、尺寸的压坯，然后开模取出坯体。陶瓷的模压成形方法与粉末冶金的模压成形相似。

该法操作方便，生产周期短，生产效率高，易于实现自动化生产，坯体致密度较高，尺寸较精确，烧结收缩小，制品力学强度高。但成形坯体的密度不太均匀，所需的设备、模具费用较高。适宜大批量生产形状简单（圆截面形、薄片状等）、尺寸较小（高度为 0.3~60mm、直径为 5~50mm）的制品。

7. 等静压成形

等静压成形是将陶瓷粒料或粉料置于有弹性的软模中，使其受到液体或气体介质传递的均衡压力而被压实成形的一种新型压制成形方法。可分为冷等静压成形与热等静压成形两种。与粉末冶金的等静压成形相似。

等静压成形坯体密度高且均匀，烧结收缩小，不易变形，制品强度高、质量好，适于形状复杂、较大且细长制品的制造，但等静压成形设备成本高。

8. 注射成形

将陶瓷粉和有机黏结剂混合后,加热混炼并制成粒状粉料,经注射成形机,在 130~300℃下注射到金属模腔内,冷却后黏结剂固化成形,脱模取出坯体。陶瓷的注射成形是结合塑料的注射成形技术发展起来的,与粉末冶金的注射成形相似。

注射成形的坯体密度均匀,烧结体精度高,且工艺简单、成本低。但生产周期长,金属模具设计困难,费用昂贵。适于形状复杂、壁薄(0.6mm)、带侧孔制品(如汽轮机陶瓷叶片等)的大批量生产。

6.3.4 陶瓷件的结构工艺性

陶瓷坚硬耐磨,承压能力强但承拉能力差,脆性大,不耐冲击,陶瓷件的结构设计要注意这些材料特性。陶瓷件一般采用粉末冶金工序制造,其结构设计应满足粉末冶金结构工艺性。陶瓷件结构设计应综合考虑模具的可制造性,尽量简化模具,陶瓷件的结构尽量采用标准、成熟的结构。常见陶瓷件的结构工艺性见表 6-4。

表 6-4 常见陶瓷件的结构工艺性

结构设计原则	不合理结构	改进后结构
壁厚过薄压制成形易产生裂纹和变形,因此要保证一定壁厚和孔间距	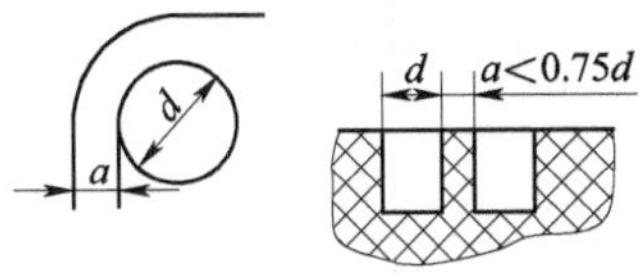 $a<0.75d$	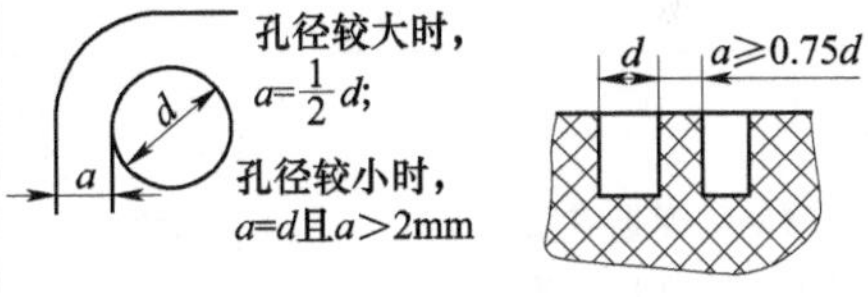 孔径较大时,$a=\frac{1}{2}d$;孔径较小时,$a=d$ 且 $a>2\text{mm}$; $a\geqslant 0.75d$
尖锐棱边采用圆角或倒角过渡,便于压制成形粉末的移动,避免应力集中	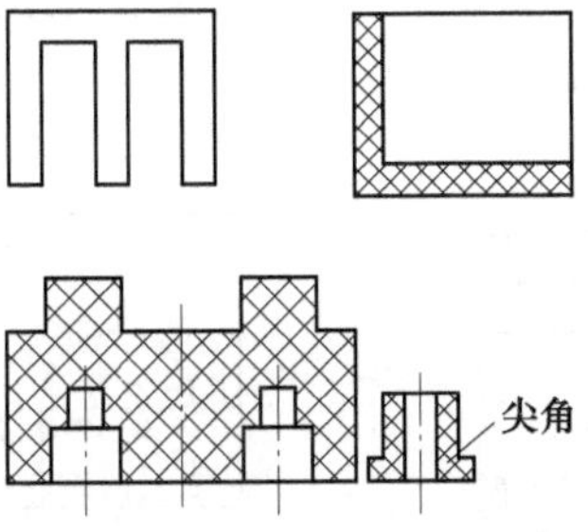 尖角	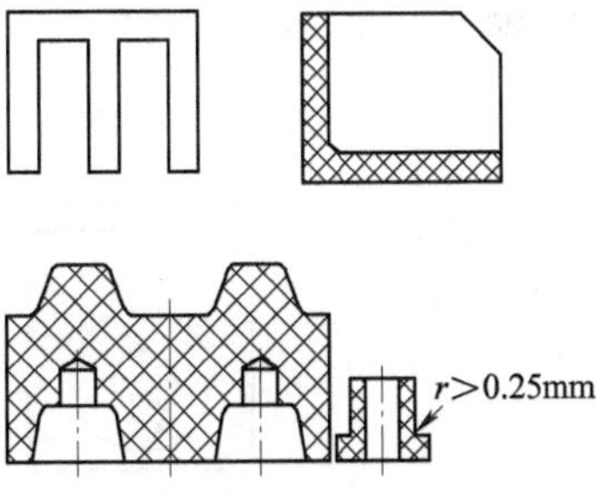 $r>0.25\text{mm}$
内孔设置一定锥度便于脱模;台阶厚度增加,可提高其强度和耐用性;倒角末端设计平台,可消除冲模的尖锐末端	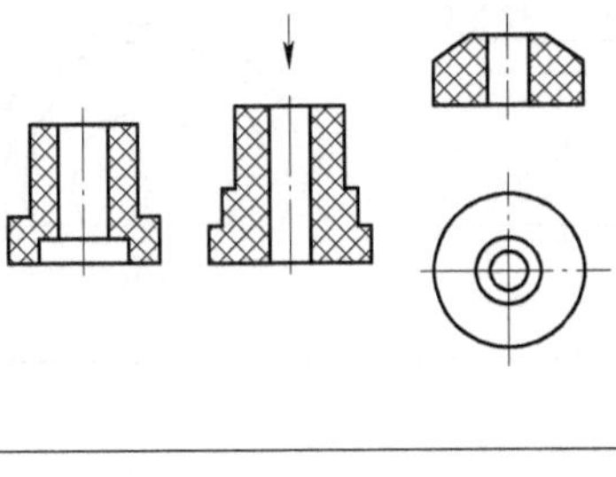	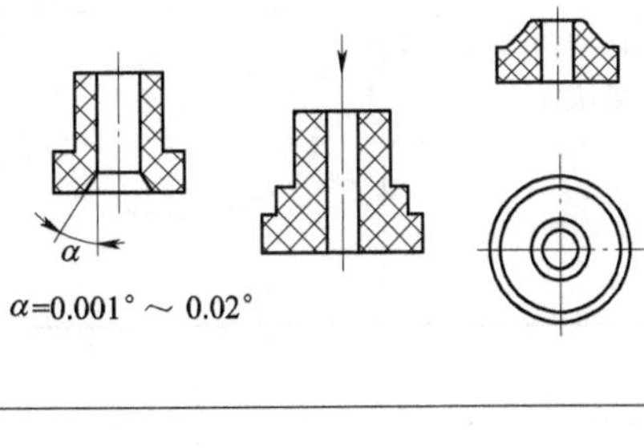 $\alpha=0.001°\sim 0.02°$

（续）

结构设计原则	不合理结构	改进后结构
各部分壁厚应均匀，避免烧制变形和裂纹	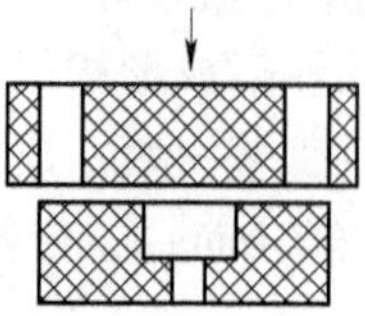	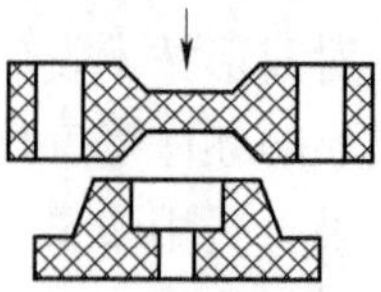
大平面作成一定锥度或增设加强肋，避免底部塌陷	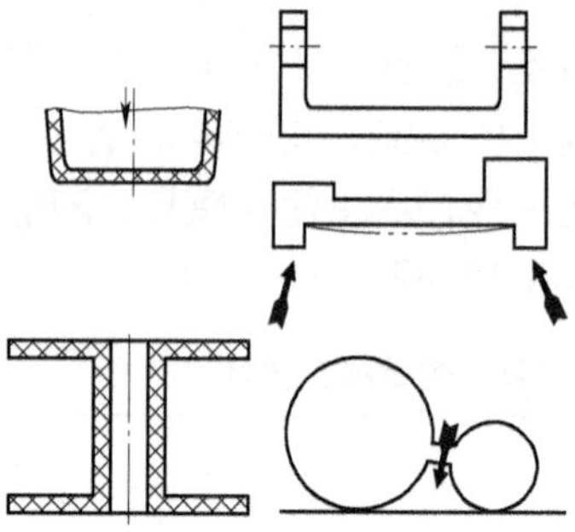	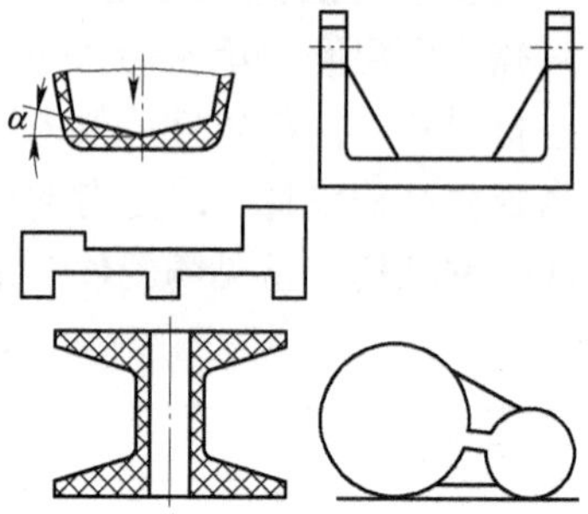
陶瓷件弹性变形很小，改进后，采用长圆孔结构，便于装配	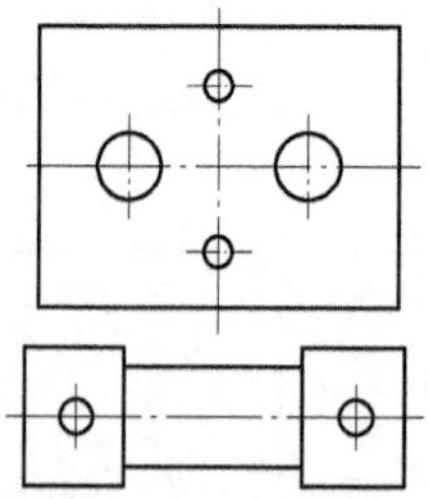	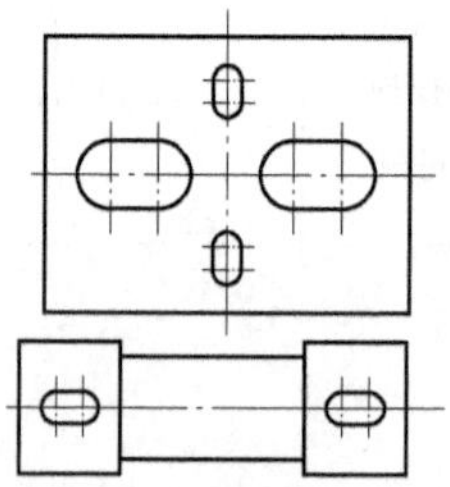
由封闭孔变为开通孔，便于模具制造	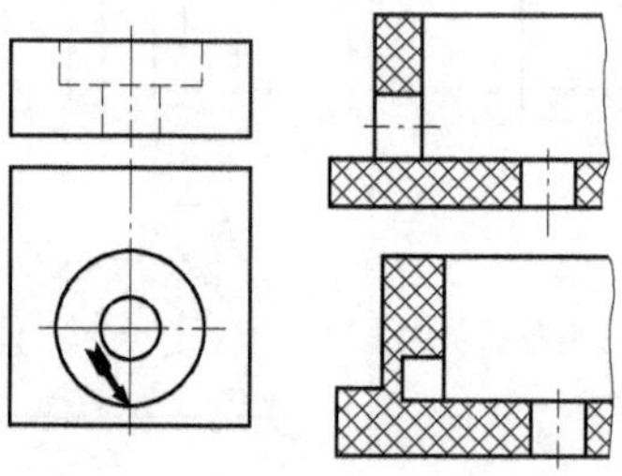	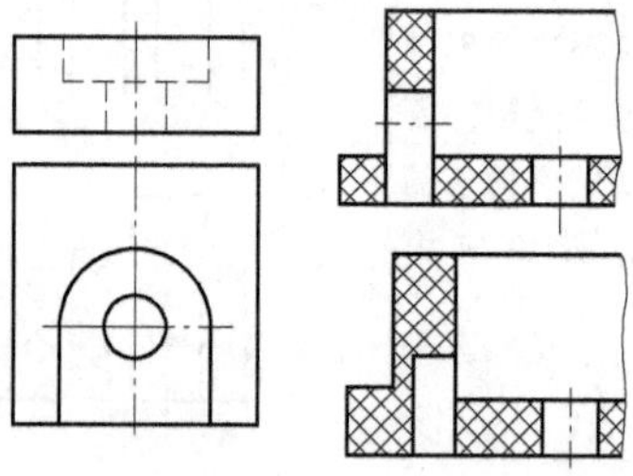
简化结构形式，便于模具加工	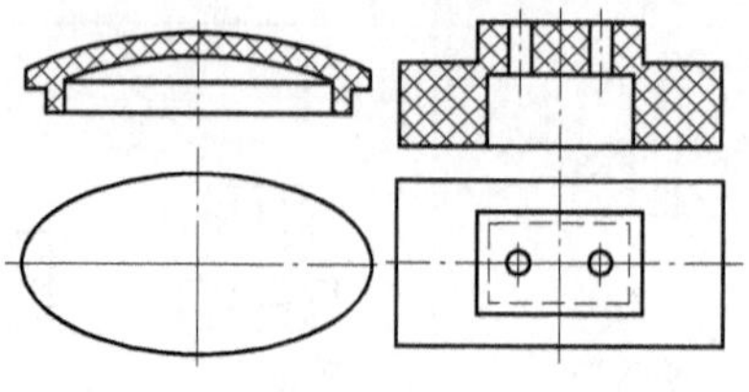	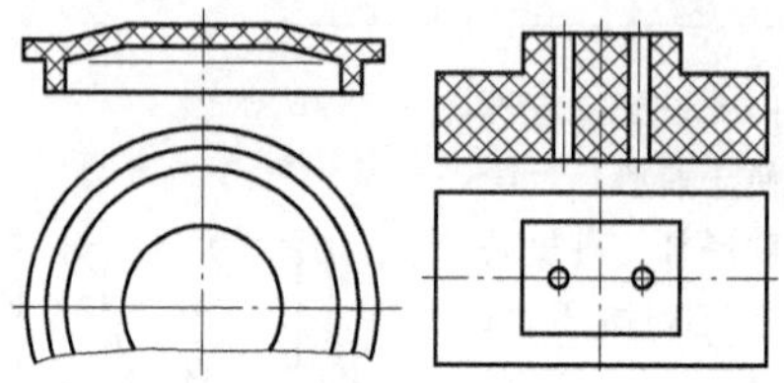

6.4 复合材料的成形

6.4.1 复合材料的特点及应用

复合材料是将两种或两种以上不同性质的材料组合在一起，形成的具有多相结构、性能优异的新型材料。复合材料由基体材料和增强材料组成，基体材料可以是树脂、陶瓷、金属等，它形成复合材料的几何形状并起黏接作用；增强材料可以是纤维、颗粒和晶须等，起提高强度或韧性的作用。

与单一材料相比，复合材料具有比强度和比模量高、疲劳强度高、减振性好、耐热耐蚀性好等性能特点，广泛应用于航空航天等高技术领域及其他工业领域，如汽车、船舶、电子、机械设备、建筑、体育用品等方面。

6.4.2 复合材料的成形特点

1. 复合材料的成形与材料的制备同时完成

复合材料制品的成形过程通常就是材料的生产过程，可简化生产工艺，缩短生产周期。复合材料的成形工艺不仅影响制品的形状和尺寸，而且影响制品的内在质量和性能。

2. 复合材料的可设计性对成形工艺的影响

可根据使用条件设计复合材料制品的成分组成、含量及增强剂的分布方式等，使制品的性能达到最优。但复合材料性能的可设计性必须通过相应的成形工艺去实现，因此应根据其制品的结构形状和性能要求选择成形方法。

3. 复合材料成形时的界面作用

复合材料是由连续的基体相包围以某种规律分布于其中的增强材料而形成的多相材料。增强材料通过其表面与基体形成界面层结合并固定于基体之中。界面层起传递应力的作用，其结合好坏直接影响复合材料的性能。影响界面结合的因素主要为基体与增强剂之间的相容性和润湿性。可在成形前对增强剂进行表面涂覆或浸渍溶液处理以改善其与基体之间的相容性和润湿性。

4. 复合材料的成形工艺主要取决于复合材料的基体

一般情况下，复合材料基体材料的成形工艺方法也常适用于以该类材料为基体的复合材料，特别是以颗粒、晶须及短纤维为增强体的复合材料。

6.4.3 复合材料的成形方法

1. 树脂基复合材料的成形

复合材料中树脂基复合材料是将增强相（如玻璃纤维、碳纤维、硼纤维等）与树脂复合而成，主要有手糊成形法、缠绕成形法、喷射成形法和模压成形法等。

（1）手糊成形法　如图 6-21 所示，手糊成形法是以手工作业为主将玻璃纤维织物和树脂交替层铺在模具上，然后固化成形为玻璃钢制品的工艺。

手糊成形法的优点是操作灵活，制品尺寸和形状不受限制，模具简单，但生产效率低、劳动强度大。该法主要适用于多品种、小批量生产，且对精度要求不高的制品。手糊成形制作的玻璃钢产品广泛用于建筑、船舶、汽车、火车、机械电气设备，防腐产品及体育、娱乐设备等，如生产波形瓦、浴盆、玻璃钢大棚、贮罐、风机叶片、汽车壳体、保险杠、各种油罐、配电箱和赛艇等。

（2）缠绕成形法　缠绕成形法是在控制纤维张力和预定线形的条件下，将连续的纤维粗纱或布带浸渍树脂胶液，连续缠绕在相应于制品内腔尺寸的芯模或内衬上，然后在室温或加热条件下使之固化成形为一定形状制品的方法，如图 6-22 所示。

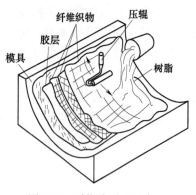

图 6-21　手糊成形法示意图

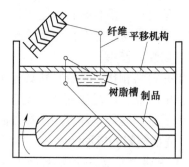

图 6-22　缠绕成形法示意图

与其他成形方法相比，用缠绕成形法获得的复合材料制品有以下特点：比强度高，缠绕成形玻璃钢的比强度是钢的三倍，可使产品结构在不同方向的强度比最佳。缠绕成形多用于生产圆柱体、球体及某些正曲率回转体制品，对非回转体制品或负曲率回转体则较难缠绕。

（3）喷射成形法　如图 6-23 所示，喷射成形法是利用喷枪将纤维切断、喷散，将树脂雾化，并使两者在空间混合后，沉积到模具上，然后经压辊压实的一种成形方法。

喷射成形法成形效率高，制品无接缝，适应性强。该方法用于制造汽车车身、船身、浴缸、异形板和机罩等。

（4）模压成形法　如图 6-24 所示，模压成形法是将浸渍料或预混料先做成制品的形状，然后放入模具中加热、加压，使树脂塑化和流动熔融成形，经固化获得制品。

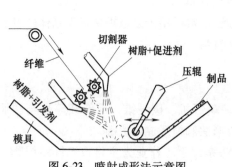

图 6-23　喷射成形法示意图

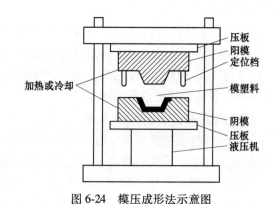

图 6-24　模压成形法示意图

模压成形法工艺简单、制品尺寸精确、表面质量好、力学性能高，广泛用于汽车车身、船体、罩壳等的成形。

常用树脂基复合材料成形方法的比较见表 6-5。

第6章 非金属材料及复合材料的成形

表6-5 常用树脂基复合材料成形方法的比较

类别	纤维体积分数（%）	制品厚度/mm	固化温度/℃	制品尺寸	生产效率	制品质量	典型制品
手糊法	25~35	2~25	室温~40	不限	低	只有一个光滑面	船体、波纹瓦等大件
缠绕法	60~80	2~25	室温~170	受芯模限制	中等	只有一个光滑面	压力容器、管子等
喷射法	25~35	2~25	室温~40	不限	低	只有一个光滑面	中型件
模压法	25~60	1~10	40~50（冷压），100~170（热压）	受模具限制	高	各表面均光滑	中、小型件

2. 金属基复合材料的成形

金属基复合材料是将增强相（陶瓷颗粒或纤维、金属颗粒或纤维等）与金属基体复合而成，主要有粉末冶金法、热压扩散法、液态金属浸渗法、液态金属铸造法等。

（1）粉末冶金法　粉末冶金法广泛用于各种颗粒、晶须及短纤维增强的金属基复合材料。其工艺与金属材料的粉末冶金工艺基本相同，首先将金属粉末和增强体均匀混合，然后在模具内加压烧结（热压）制成。也可将热压坯料通过挤压、轧制和锻造等二次加工制成型材或零件。此法是制备金属基复合材料，尤其是非连续纤维增强复合材料的主要工艺方法。其工艺流程如图6-25所示。

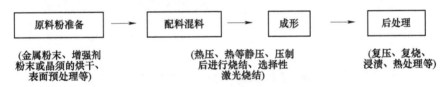

图6-25　粉末冶金法制备金属基复合材料工艺流程图

粉末冶金法制备金属基复合材料的成形温度低于金属的熔点，因此由高温引起的增强材料与金属基体的界面反应少；增强材料与基体金属粉末的比例较高；增强材料与基体互相润湿的要求较低；增强材料与基体粉末的密度差要求较低；增强颗粒或晶须可均匀分布于复合材料的基体中；采用热等静压工艺时，其组织细化、致密、均匀，一般不会产生偏析、偏聚等缺陷，使孔隙和其他内部缺陷得到明显改善。

（2）热压扩散法　热压扩散法是连续纤维增强金属基复合材料成形的一种常用方法。按照制品的形状、纤维体积密度及性能要求，将金属基体箔或薄板与增强纤维或其预制丝织物按一定顺序和方式交替叠层排布于模具中，在惰性气体或真空中加热到某一低于金属基体熔点的温度时，加压保持一定时间，使基体金属产生蠕变和扩散，与纤维之间形成良好的界面结合，得到复合材料制品。金属热压扩散成形的工艺过程如图6-26所示。

热压扩散法可形成良好的结合面，加热温度比液态法低，纤维不易损伤，但生产周期长。多用于钛基、镍基等熔点较高的金属基复合材料的成形，用于制作形状较简单的板材、型材及形状较复杂的壁板、叶片等产品。

（3）液态金属浸渗法　液态金属浸渗法是在一定条件下，将液态金属浸渗到增强材料多孔预制件的孔隙中，并凝固获得复合材料的方法。主要包括真空浸渗法、压力浸渗法（挤压铸造法）和真空压力浸渗法等。

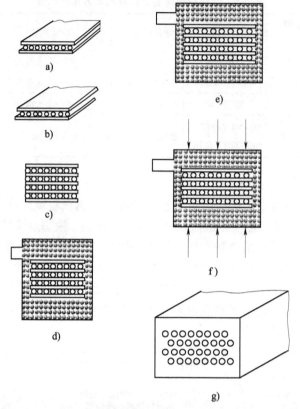

图 6-26 金属热压扩散成形工艺过程示意图
a) 铺金属箔 b) 裁剪 c) 叠层 d) 装模,抽真空 e) 加热到需要温度
f) 加压及保压 g) 冷却,从模具中取出,清理成品

1) 真空浸渗法。真空浸渗法是通过真空将液态金属抽吸到预制件孔隙,凝固后形成复合材料的方法。适于形状简单的板、管和棒等的制备。

2) 压力浸渗法。压力浸渗法是将液态金属在一定压力下浸渗到预制件孔隙,在压力下凝固得到复合材料的方法。图 6-27 所示为压力浸渗法制备金属基复合材料流程图。浸渗压力为 70~100MPa, 远高于真空压力浸渗。该法对模具强度和预制体强度要求较高,对模具形状和尺寸精度要求较高。压力浸渗法常用于制造陶瓷短纤维、颗粒或晶须增强的非铸造型铝合金和镁合金的零部件也可用于局部纤维或颗粒增强零件的制造,如发动机活塞环槽部位等。

3) 真空压力浸渗法。真空压力浸渗法是在真空和高压惰性气体共同作用下,将液态金属压入预制件孔隙中的方法。图 6-28 所示为真空压力浸渗炉结构简图。该法得到的材料组织致密、力学性能好,但设备复杂,工艺周期长,生产效率较低,生产成本高。真空压力浸渗法可用于多种金属基体与连续纤维、短纤维、晶须和颗粒等增强材料的复合,也可用于形状复杂的零件成形。

(4) 液态金属铸造法 液态金属铸造法是指在压力作用下,将液态或半液态金属基复合材料以一定的速度填充到压铸模型腔,在压力下凝固成形的工艺方法。图 6-29 为液态金属铸造法工艺示意图。

第6章 非金属材料及复合材料的成形

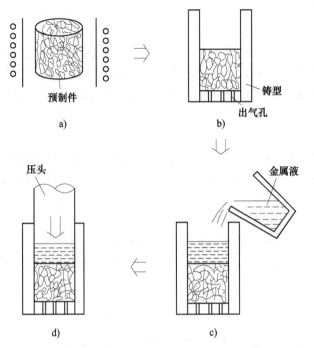
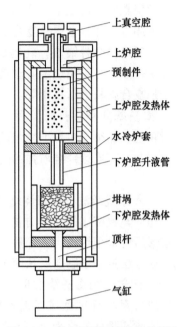

图 6-27 压力浸渗法制备金属基复合材料流程图
a）预制件预热 b）装入铸型 c）浇注 d）加压浸渗及凝固

图 6-28 真空压力浸渗炉结构简图
（底部压力式）

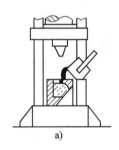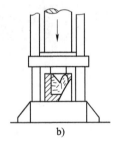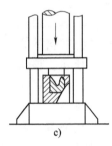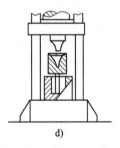

图 6-29 液态金属铸造法工艺示意图

液态金属铸造法工艺简单，不用制备预制体，生产周期短，但增强体分布的均匀性不易保证。该法适于颗粒、晶须及短纤维增强的形状复杂的金属基复合材料零件的制备。

（5）共喷沉积法 共喷沉积法是将液态金属基体通过特殊的喷嘴在惰性气流作用下雾化成细小液滴，同时将增强颗粒加入，共同喷在成形模具的衬底上，凝固成形为金属基复合材料的方法。其成形原理如图 6-30 所示。

该法工艺简单，可快速一次复合成坯料，生产效率高，材料组织与快速凝固相近，组织细小、均匀，颗粒分布均匀。但气孔率较大（2%～

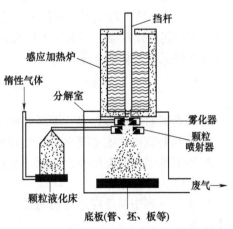

图 6-30 金属基复合材料共喷沉积法原理图

5%），一般需经挤压致密化处理。共喷沉积法可用于铝、铜、镍、钴、铁等金属基体，可加入各种陶瓷颗粒，可以生产圆棒、圆锭、板带、管材等。

除上述方法外，金属基复合材料也可以采用压力加工方法制备。如热轧法，可以把增强纤维与金属箔材交替铺层，轧制成复合材料板材，也可以对颗粒增强复合材料锭坯进行轧制；如热拔法，可以制造金属丝增强金属基复合材料；又如热挤压法，可对颗粒、短纤维、晶须增强复合材料进行挤压等。

3. 陶瓷基复合材料的成形

对颗粒、晶须及短纤维增强的陶瓷基复合材料，可以采用粉末烧结法和化学气相渗透法等方法制造。对连续纤维增强的陶瓷基复合材料，还需要一些特殊的工序，如料浆浸渍热压成形。

（1）粉末烧结法 粉末烧结法是将松散的或预成形的陶瓷基复合材料混合物在高温下通过外压使其致密化的成形方法。其工艺过程与金属基复合材料的粉末冶金法制备工艺相似，成形后可采用热压、热等静压、压制后烧结，也可混合进一些金属粉末进行选择性激光烧结。该方法只用于制造形状简单的零件。

（2）化学气相渗透法成形 化学气相渗透法成形是将纤维做成所需形状的预成形体（在预成形体的骨架上开有气孔），在一定温度下，让气体通过并发生热分解或化学反应，从而沉积出所需的陶瓷基体，直至预成形体中各气孔被完全填满，得到预成形体与陶瓷基体组成的复合材料的方法。其成形工艺示意如图 6-31 所示。该法生产的制品密度高，成分均匀，但沉积时间长，生产效率低，生产成本较高。化学气相渗透法可用于高致密度、高强度、高韧性的复杂形状复合材料制品的制造。

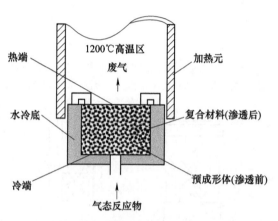

图 6-31 化学气相渗透成形工艺示意图

（3）料浆浸渍热压成形 料浆浸渍热压成形是将纤维置于陶瓷粉浆料中，使纤维黏附一层浆料，然后将纤维布成一定结构，经干燥、排胶和热压烧结成为制品的方法。该方法的优点是不损伤增强纤维，不需要成形模具，能制造大型零件，工艺较简单，因此，广泛用于连续纤维增强陶瓷基复合材料的成形。

练习题

1. 与金属材料成形相比，塑料成形有哪些特点？
2. 塑料的成形性能主要有哪些？如何提高成形性能？
3. 塑料成形方法有哪些？比较注射成形、挤出成形和模压成形在成形原理、成形工艺过程及应用方面的异同。
4. 说明下列塑料件应采用哪种成形方法：电风扇叶片，仪表壳体，饭盒，饮料瓶，建筑下水管。
5. 设计塑料件结构时应注意哪些问题？改进图 6-32 所示塑料件的结构。

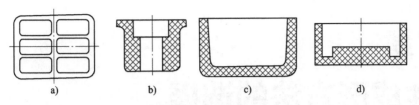

图 6-32 塑料零件图
a）肋板结构　b）轴套　c）壳体　d）底座

6. 橡胶的塑炼与混炼有何不同？橡胶的塑炼与塑料的塑炼有何不同？

7. 陶瓷的成形方法主要有哪些？比较浇注成形、旋压成形、挤出成形和模压成形的工艺过程及应用。

8. 陶瓷的烧结起什么作用？烧结方法有哪些？比较各种烧结方法的特点及应用。

9. 复合材料的成形工艺有何特点？增强剂的类型对成形方法有哪些影响？

10. 树脂基复合材料成形方法主要有哪些？比较它们的特点及应用。

11. 金属基复合材料成形方法主要有哪些？比较它们的特点及应用。

第7章

零件成形方法的选择

在机械产品的整个制造过程中,零件成形是承前启后的重要环节,它位于选材之后和切削加工之前。常用机械零件的成形方法有铸造、锻造、焊接、冲压、粉末压制或直接取自型材等。零件成形方法选择是否恰当不仅直接影响毛坯制造的生产效率、质量和成本,而且关系到后续工艺过程的难易繁简、零件的加工质量和制造成本。因此,合理、正确地选择毛坯成形方法对于提高机械制造的质量、生产效率和经济效益有着重要的意义。

机械零件成形方法的选择与零件结构设计、零件材料选用之间是相互联系、相互影响的。不同的成形方法对零件的结构设计及材料性能有不同的要求,而零件结构和材料性能对不同的成形方法具有不同的适应性。在进行机械设计时,当零件结构和材料初步确定后,要结合零件的生产批量和经济指标选择合适的成形方法,并根据所选方法对零件结构工艺性和材料工艺性进行评价和修正。因此,机械零件成形方法的选择是机械设计工作中的一项重要内容,是从事机械设计与制造的工程技术人员应具备的基本能力。

7.1 零件成形方法选择的原则

7.1.1 适用性原则

1. 满足零件的使用要求

选择零件成形方法时要满足零件的使用要求,包括对零件的形状及尺寸、精度、表面质量的要求,对零件材料成分、组织的要求,以及工作条件对零件材料性能的要求。不同零件的功能不同,其使用要求也不同,即使是同一类零件,其选用的材料与成形方法也会有很大差异。例如,机床的主轴和手柄,同属杆类零件,但其使用要求不同:主轴是机床的关键零件,尺寸、形状和加工精度要求很高,受力复杂,在长期使用过程中不允许发生过量变形,故应选用45钢或40Cr钢等具有良好综合力学性能的材料,经锻造成形、严格切削加工和热处理制成;而机床手柄则采用低碳钢圆棒料或普通灰铸铁件为毛坯,经简单的切削加工即可制成。又如燃气轮机叶片与风扇叶片,虽然同样具有空间几何曲面形状,但前者应采用优质合金钢精密锻造成形,而后者则可采用低碳钢薄板冲压成形。

2. 适应成形加工工艺性

成形加工工艺性的好坏对零件加工的难易程度、生产效率、生产成本等起着十分重要的作用。因此,选择成形方法时,必须注意零件结构与材料所能适应的成形加工工艺性。例如,当零件形状比较复杂、尺寸较大时,用锻造成形往往难以实现。如果采用铸造或焊接,则其材料必须具有良好的铸造性能或焊接性能,在零件结构上也要适应铸造或焊接的要求。

7.1.2 经济性原则

选择成形方法时,在保证零件使用要求的前提下,必须根据各种成形方法所得零件的尺寸形状精度、结构形状复杂程度、尺寸重量大小等,尽量选择成本低廉的成形方法。如生产小齿轮,可以用圆棒料切削,也可以采用小余量锻造齿坯,还可以用粉末冶金制造,至于最终选择何种成形方法,应该在比较全部成本的基础上确定。

首先,应在满足使用要求的前提下降低成本。例如汽车、拖拉机的发动机曲轴,使用时承受交变、弯曲与冲击载荷,设计时主要考虑强度和韧度的要求。曲轴形状复杂,具有空间弯曲轴线,多年来选用调质钢(如 40 钢、45 钢、40Cr 钢、35CrMo 钢等)进行模锻成形。现在普遍改用疲劳强度与耐磨性较高的球墨铸铁(如 QT600-3、QT700-2 等)进行砂型铸造成形,不仅可满足使用要求,而且成本降低了 50%~80%,加工工时减少了 30%~50%,还提高了耐磨性。

其次,除从成形工艺方面考虑经济性外,还应从降低零件总成本方面考虑,即应从所用材料价格、零件成品率、整个制造过程加工费、材料利用率与回收率、零件寿命成本、废弃物处理费用等方面进行综合考虑。例如,手工造型的铸件和自由锻造的锻件,虽然毛坯的制造费用一般较低(生产准备时间短、工艺装备的设计制造费用低),但原材料消耗和切削加工费用都比机器造型的铸件和模锻的锻件高。因此在大批量生产时,零件的整体制造成本反而高。而某些单件或小批量生产的零件,采用焊接件代替铸件或锻件,可使成本较低。再如螺钉,在单件小批量生产时,可选用自由锻件或圆钢切削而成。但在大批量制造标准螺钉时,考虑加工费用在零件总成本中占很大比例,应采用冷镦、搓丝方法制造,使总成本大大下降。

7.1.3 节能环保原则

选择成形方法时,必须考虑环境保护问题,力求做到与环境相宜,对环境友好。要考虑从原料到制成材料,然后经成形加工成制品,再经使用至损坏而废弃,后经回收、再生、再使用(再循环),在整个过程中不使用、不产生对环境有害的物质,使 CO_2 产生少(以煤、石油等化工燃料为主的能源,会大量排出 CO_2 气体,导致地球温度升高),从而在生产过程中实现贵重资源用量少,废弃物产生量少,再生处理容易,能够再循环。例如,汽车在使用时需要燃料并排出废气,为了使汽车尽可能节能环保,首先要求汽车质量轻、发动机效率高,这就需要更新汽车用材与成形方法才可能实现。

选择成形方法时,要考虑能源消耗,选择制品单位能耗少的成形加工方法,并选择能采用低单位能耗成形加工方法的材料。据有关报道,矿石经精炼制成钢铁棒材的单位能耗大约为 33MJ/kg,由棒材到制品的几种成形加工方法的单位能耗与材料利用率见表 7-1。

表 7-1 几种成形加工方法的单位能耗与材料利用率比较

成形加工方法	制品耗能量($\times 10^6$)/$J \cdot kg^{-1}$	材料利用率(%)
铸造	30~38	90
冷、温变形	41	85
热变形	46~49	75~80
机械加工	66~82	45~50

由上可见,与材料生产的单位能耗相比,铸造与塑性变形等加工方法的单位能耗不算大,且材料利用率较高。而机械加工单位能耗大,且材料利用率也较低。

7.2 零件成形方法选择的依据

7.2.1 零件材料的性能

一般而言,当零件的材料选定后,其成形工艺的类型就大致确定了。例如,零件为铸铁件,则适宜选铸造成形;零件为薄板成形件,则宜选塑性成形中的冲压成形;零件为 ABS 塑料件,则宜选注射成形;零件为陶瓷材料件,则宜选相应的陶瓷成形工艺,等。但在选择零件成形方法时还必须考虑材料的各种性能,如力学性能、工艺性能及某些特殊性能等。

1. 材料的力学性能

选择成形方法时,为满足零件的使用要求,必须考虑材料的力学性能。

例如,材料为钢的齿轮零件,当其力学性能要求不高时,既可以选用型材,也可采用铸造成形方法生产齿轮坯件;而力学性能要求高时,则应选用锻造成形方法。

又如,若采用钢材选用模锻成形方法制造汽车发动机飞轮零件,由于其转速高,为了行驶平稳,在使用中不允许飞轮锻件有组织外露,以免产生腐蚀,使转动不平稳。所以不宜采用开式模锻(锻件带有飞边,在随后切除飞边的修整工序中,锻件的纤维组织会被切断而外露),而应采用闭式模锻(锻件没有飞边,可克服此缺点)。

再如,内燃机曲轴在工作过程中承受很大的拉伸、弯曲和扭转应力,应具有良好的综合力学性能,故高速、大功率内燃机曲轴一般采用强度和韧性较好的合金结构钢锻造成形;功率要求较小时可采用球墨铸铁铸造成形或用中碳钢锻造成形。对于受力不大且为圆形截面的直轴,可采用圆钢下料直接切削加工成形。

2. 材料的工艺性能

选择成形方法时,必须考虑零件材料的工艺特性(如铸造性能、锻造性能、焊接性能等)。例如,铸铁的铸造性能好、锻造性能差,可以选择铸造成形而不选择锻造成形。又如,易氧化和吸气的有色金属材料的焊接性能差,其连接就宜选用氩弧焊焊接方法,而不宜选用普通的焊条电弧焊方法。再如,铜合金的电阻很小,不能采用电阻焊焊接铜合金构件。

选择零件成形方法时,也要兼顾后续的机加工性。如对于切削加工余量较大的零件就不能采用普通压力铸造成形,否则将暴露铸件表皮下的孔洞;对于需要切削加工的零件,尽量避免采用高牌号珠光体球墨铸铁和薄壁灰铸铁,否则难以切削加工。

3. 材料的特殊性能

例如,耐酸泵的叶轮、壳体等零件要求耐蚀性,若选用不锈钢制造,则用铸造成形;若选用塑料制造,则可采用注射成形;如果要求其既耐蚀又耐热,则可选用陶瓷制造,相应选用注浆成形。

7.2.2 零件的生产类型

对于成批、大量生产的零件,可选用精度和生产效率都比较高的成形方法,虽然这些成形方法的装备制造费用比较高,但投资费用可以由每个零件材料消耗的降低和切削量的减少来补偿。例如,某厂采用轧制成形方法生产高速钢直柄麻花钻,年产量两百万件,原轧制毛坯的磨削余量为 0.4mm。后采用高精度的轧制成形工艺,轧制毛坯的磨削余量减为 0.2mm,由于材料成本约占制造成本的 78%,故仅仅磨削余量的减少,每年就可节约高速钢约 48t,约合 40 万元人民币。另外,还可节约磨削工时和砂轮损耗,经济效益非常明显。

一般情况下，大量生产的锻件，应选用模锻、冷轧、冷拔及冷挤压等成形方法；大量生产的有色合金铸件，应选用金属型铸造、压力铸造及低压铸造等成形方法；大量生产尼龙制件，应选用注塑成形方法。而单件、小批量生产这些产品时，可选用精度和生产效率均较低的成形方法，如手工造型、自由锻造、焊条电弧焊、钣金钳工等。例如机床床身，大多情况下采用灰铸铁铸造成形。但在单件生产条件下，由于其形状复杂，制造模样、造型、造芯等工序耗费材料和工时较多，经济上往往不合算，若采用焊接件，则可以大大缩短生产周期，降低生产成本（但焊接件的减振、减摩性不如灰铸铁件）。又如齿轮，在生产批量较小时，直接从圆棒料切削制造的总成本可能是合算的；但当生产批量较大时，使用锻造齿坯可以获得较好的经济效益。

7.2.3 零件的形状及尺寸精度

1. 零件的形状

形状复杂的金属零件，特别是内腔形状复杂件，如箱体、泵体、缸体、阀体、壳体、床身等可选用铸造成形方法，但形状复杂的零件不宜用金属型铸造；形状复杂的工程塑料零件多选用注射成形方法；形状复杂的陶瓷零件多选用注浆成形方法及等静压成形方法。而形状简单的金属零件可选用锻造、挤压、焊接方法成形，也可选用铸造方法成形；形状简单的工程塑料零件，可选用吹塑成形、挤出成形或模压成形方法；形状简单的陶瓷零件多用模压成形方法。

对于薄壁零件，因铸造时流动性较差，应避免采用铸造成形方法；对于薄壁构件，不能采用电渣焊成形；对于仰焊位置的焊缝，不能用埋弧自动焊焊接，等。

对于阶梯轴类零件，当各台阶直径相差不大时，可用棒料直接切削加工；若相差较大，则宜采用锻造方法成形。

尺寸较大的毛坯，通常不采用模锻、压力铸造和熔模铸造，多数采用自由锻、砂型铸造和焊接等方法制坯。形状较复杂的大型零件可采用铸-焊组

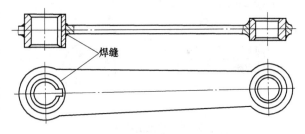

图 7-1 连杆的锻-焊复合结构

合的方法或锻-焊组合的方法。图 7-1 所示为大型复杂连杆的组合复合结构。

2. 零件的尺寸精度

对于铸件，若尺寸精度要求不高，可采用普通砂型铸造，而尺寸精度要求较高时则依铸造材料或批量不同，可分别选用熔模铸造、消失模铸造、压力铸造及低压铸造等成形方法。对于锻件，若尺寸精度要求低，一般采用自由锻造成形，而精度要求较高，则选用模锻成形、挤压成形等方法。对于塑料件，若精度要求低，可选用中空吹塑工艺，而精度要求高，则选用注射成形工艺。

7.2.4 现有生产条件

现有生产条件是指生产产品的设备能力、人员技术水平及外协可能性等。例如，生产重型机械产品时（如万吨水压机），在现场没有大容量的炼钢炉和大吨位的起重运输设备的条件下，常选用铸造与焊接联合成形的工艺，即首先将大件分成几小块铸造后，再用焊接拼焊成大铸件。

如图 7-2 所示的大型水轮机空心轴，工件净重 4.73t，可有以下三种成形工艺：图 7-2a 所示为整轴在水压机上自由锻造，两端法兰锻不出，采用余块，加工余量大，材料利用率只有 22.6%，切削加工需 1400 台时；图 7-2b 所示为两端法兰用砂型铸造成形的铸钢件，轴筒采用水压机自由锻造成形，然后将轴筒与两个法兰焊接成形为一体，材料利用率提高到 35.8%，切削加工需用台时数下降为 1200；图 7-2c 所示为两端法兰用铸钢件，轴筒用厚钢板弯成两个半筒形，再焊成整个筒体，然后与法兰焊成一体，材料利用率可高达 47%，切削加工只需 1000 台时，且无需大型熔炼与锻压设备。三种成形工艺的制造成本从高到低依次为 a、b、c，综合考虑、成形制造、设备维修及折旧，图 7-2a 所示方案的生产总成本远远超过 7-2c 所示方案的三倍以上。

又例如，图 7-3 所示车床上的油盘零件，通常是用薄钢板在压力机下冲压成形，但如果现场条件不具备，则可采用手工加工或外协加工。

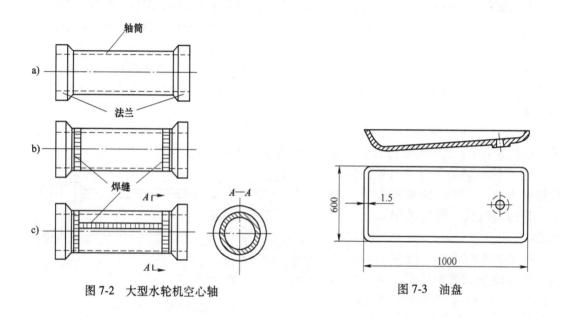

图 7-2　大型水轮机空心轴　　　　　图 7-3　油盘

7.2.5　采用新工艺、新技术和新材料

随着市场需求的变化及人们对产品品种和质量不断更新的要求，生产性质由成批、大量变为多品种、小批量，因而扩大了新工艺、新技术和新材料应用的范围。因此，为了缩短生产周期，更新产品类型及质量，在可能的条件下应尽量采用精密铸造、精密锻造、精密冲裁、冷挤压、液态模锻、超塑成形、注射成形、粉末冶金、陶瓷等静压成形、复合材料成形以及快速成形等新工艺、新技术，采用少无余量成形，使零件近净成形，从而显著提高产品质量和经济效益。

使用新材料往往可从根本上改变成形方法，并显著提高制品的使用性能。例如，在酸、碱介质下工作的各种阀、泵体、叶轮、轴承等零件，均有耐腐蚀、耐磨的要求，最早采用铸铁制造，性能差，寿命很短；随后改用不锈钢铸造成形；自塑料工业发展后就改用塑料注射成形，但塑料的耐磨性不够理想；随着陶瓷工业的发展，又改用陶瓷注射成形或等静压成形。

根据用户的要求应不断提高产品质量，改进成形方法。如图7-4所示的炒菜铸铁锅的铸造成形，传统工艺是采用砂型铸造成形，因锅底部残存浇口疤痕，既不美观，又影响使用，甚至产生渗漏，且铸锅的壁厚不能太薄，故较粗笨。而改用挤压铸造新工艺生产，是定量浇入铁液，不用浇口，直接由上型向下挤压铸造成形，铸出的铁锅外形美观、壁薄、精致轻便、不渗漏、质量好、使用寿命长，并可节约铁液，便于组织机械化流水线生产。

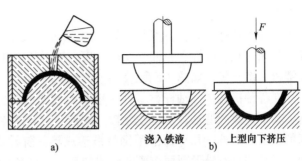

图7-4 铁锅的铸造成形
a) 砂型铸造 b) 挤压铸造

7.3 零件常用成形方法的比较

为了合理选用成形方法，还必须对各类成形方法的特点、适用范围以及成形成本与产品质量等有比较清楚的了解。常用毛坯成形方法的比较见表7-2。

表7-2 常用毛坯成形方法的比较

成形方法	成形特点	对材料的工艺性要求	工件尺寸	工件结构	材料利用率	生产效率	主要应用
铸造	流动充型、凝固成形	流动性好收缩小	各种	复杂	较高	低～高	形状较复杂件，如箱体、壳体、机床床身、支座等
自由锻	塑性变形成形	变形抗力较小，塑性好	各种	简单	较低	低	受力较大、形状简单件，如传动轴、齿轮坯等
模锻			中小件	较复杂	较高	较高或高	受力较大、形状较复杂件，如气阀、齿轮、连杆等
冲压			各种	较复杂	较高	较高或高	重量轻、刚性好的件或壳体件，如仪表板、容器等
焊接	原子扩散连接成形	淬硬、裂纹等倾向小	各种	复杂	较高	低～高	形状复杂或大型件的连接，异种材料连接，修补件
粉末冶金	粉末间原子扩散、再结晶或重结晶	粉料流动性较好，压缩性较大	中小件	较复杂	高	较高或高	精密件或特殊性能件，如轴承、金刚石或硬质合金工具、活塞环、齿轮等

7.4 常用零件的材料和成形方法的选择

零件的形状特征和用途不同，其成形方法也不同，下面分述轴杆类、盘套类、机架箱座类和薄壳类零件的成形方法选择。

7.4.1 轴杆类零件

轴杆类零件的结构特点是其轴向（纵向）尺寸远大于径向（横向）尺寸，如各种传动轴、机床主轴、丝杠、光杠、曲轴、偏心轴、凸轮轴、齿轮轴、连杆、拨叉、锤杆、摇臂以及螺栓、销子等，如图 7-5 所示。

在各种机械中，轴杆类零件一般都是重要的受力和传动零件。轴杆类零件材料大都为钢。其中，除光滑轴、直径变化较小的轴、力学性能要求不高的轴，一般采用轧制圆钢直接切削加工制造外，几乎都采用钢材锻造成形。阶梯轴的各直径相差越大，采用的锻件越有利。对某些具有异形断面或弯曲轴线的轴，如凸轮轴、曲轴等，在满足使用要求的前提下，可采用球墨铸铁铸造成形，以降低制造成本。在有些情况下，还可以采用锻-焊或铸-焊结合的方法来制造轴杆类零件的毛坯。图 7-6a 所示的汽车排气阀，将锻造的耐热合金钢阀帽与轧制的碳素结构钢阀杆焊成一体，可节约合金钢材料。图 7-6b 所示为我国 20 世纪 60 年代初期制造的 12000t 水压机立柱，直径 1m，长 18m，净重 80t，采用 ZG270-500，分为 6 段铸造，粗加工后采用电渣焊焊成整体毛坯。

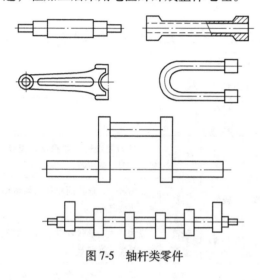

图 7-5 轴杆类零件

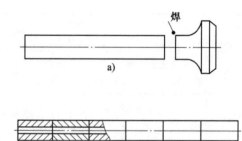

图 7-6 组合成形方法制造的零件
a) 汽车排气阀 b) 水压机立柱

7.4.2 盘套类零件

盘套类零件轴向尺寸一般小于径向尺寸或两个方向尺寸相差不大（部分轴向尺寸大于径向尺寸的套类零件除外）。属于这一类零件的有齿轮、带轮、飞轮、模具、法兰盘、联轴节、套环、轴承环以及螺母、垫圈等，如图 7-7 所示。

这类零件在机械中的使用要求和工作条件有很大差异，因此所用材料和成形方法各不相同。

1. 齿轮

齿轮是各类机械中的重要传动零件，

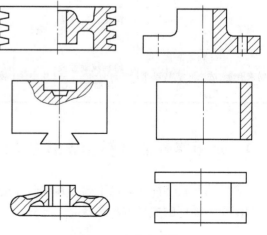

图 7-7 盘套类零件

运转时齿面承受接触应力和摩擦力，齿根要承受弯曲应力，有时还要承受冲击力。故要求齿轮具有良好的综合力学性能，一般选用钢材锻造成形。大批量生产时可采用热轧成形或精密模锻成形，以提高力学性能，图7-8a 所示为模锻齿轮。在单件或小批量生产的条件下，直径100mm 以下的小齿轮也可用圆钢棒切削加工成形，如图7-8b 所示。直径为 400～500mm 的大型齿轮，锻造比较困难，可用铸钢或球墨铸铁材料铸造成形，铸造齿轮一般以辐条结构代替模锻齿轮的辐板结构，如图7-8c 所示。在单件生产的条件下，也可采用焊接方法制造大型齿轮，如图7-8d 所示。在低速运转且受力不大或在多粉尘环境下开式运转的齿轮，也可用灰铸铁铸造成形。受力小的仪器仪表齿轮在大量生产时，可采用板材冲压或有色合金压力铸造成形，也可用塑料（如尼龙）注塑成形。

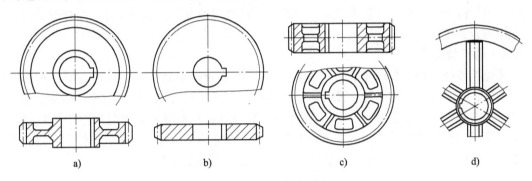

图7-8 齿轮的不同成形方法
a）模锻齿轮 b）圆钢切削齿轮 c）铸造齿轮 d）焊接齿轮

2. 带轮、飞轮、手轮和垫块等

此类零件一般受力不大、结构复杂或以承压为主，通常采用灰铸铁材料铸造成形，单件生产时也可采用低碳钢焊接成形。

3. 法兰、垫圈、套环、联轴节等

根据受力情况及形状、尺寸等的不同，此类零件可分别采用铸铁材料铸造成形、钢材锻造成形或采用圆钢棒直接切削加工成零件。厚度较小、单件或小批量生产时，也可用钢板切削加工。垫圈一般采用板材冲压成形。

4. 钻套、导向套、滑动轴承、液压缸、螺母等

这些套类零件，在工作中承受径向力、轴向力或摩擦力，通常采用钢、铸铁、有色合金材料的圆棒材切削加工、铸造成形或锻造成形，有些可直接采用无缝管切削加工。尺寸较小、大批量生产时，还可采用冷挤压和粉末冶金等方法成形。

5. 模具件

模具件一般采用合金钢锻造成形。

7.4.3 机架、箱体类零件

机架、箱体类零件包括各种机械机身、底座、支架、横梁、工作台，以及齿轮箱、轴承座、缸体、阀体、泵体、导轨等，如图7-9 所示。其特点是结构通

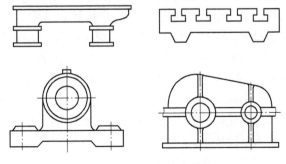

图7-9 机架、箱体类零件

常比较复杂，有不规则的外形和内腔。重量从几千克至数十吨，工作条件也相差很大。如机身、底座等主要起支承和连接机械各部件的作用，以承受压力和静弯曲应力为主，为保证工作的稳定性，要求有较好的刚度和减振性；但有些机械的机身、支架还往往同时承受压、拉、弯曲、冲击等的联合作用；工作台和导轨等零件，则要求有较好的耐磨性；箱体零件一般受力不大，但要求有良好的刚度和密封性。

根据这类零件的结构特点和使用要求，通常都采用铸造性良好、价格便宜并有良好耐压、减摩和减振性能的灰铸铁材料铸造成形；少数受力复杂或受较大冲击载荷的机架类零件，如轧钢机、大型锻压机等重型机械的机架，可选用铸钢材料铸造成形；不易整体成形的特大机架可采用连接成形结构；在单件生产或工期要求急迫的情况下，也可采用型钢-焊接结构。对于汽车、轮船、飞机等发动机的箱体零件或轻型设备的箱体零件，为减轻重量，通常采用铝合金铸造成形。

7.4.4 薄壳类零件

薄壳类零件一般是指由板料成形制出的零件，按壳体用途分类，包括容器、箱体、罐体、槽体、车身等不规则壳体；按壳体形状分类，包括平面结构、曲面结构，如球面壳、圆柱壳、双曲扁壳、折面壳等，如图 7-10 所示。其特点是具有良好的承载性能，能以很小的厚度承受相当大的载荷，结构通常比较复杂，零件自重较小，有不规则的外形和内腔。为保证零件服役的稳定性，一般要求薄壳类零件具有较好的刚度和强度。

图 7-10 薄壳的形式
a）球面壳 b）圆柱壳 c）双曲扁壳 d）折面壳

薄壳类零件的成形方法应根据薄壳类零件的结构特点和使用要求进行选择。

对于平面结构的容器、箱体、罐体、槽体、车身等不规则壳体，一般采用平板冲裁后焊接成形，或冲裁并弯折（后续焊接）成形。

对于曲面结构的容器、箱体、罐体、槽体、车身的不规则壳体，如油箱、油罐、反应釜，以及水壶、灯罩等日用品，如果壁厚相对较大，要求承载较大，常选用一定厚度碳钢、合金钢或铜合金板等冲压（可后续焊接）成形；如果壁厚较薄，受力较小，可选用较薄的钢板、铝合金板等冲压（可后续焊接）成形，对称的回转体薄壳零件，可采用旋压成形。深度较大、变形量较大的薄壳类零件，可采用超塑性拉深成形；具有不规则复杂形状的薄壁结构也可采用液压拉深技术实现成形。例如，采用厚为 1mm 的 2024 硬铝合金板材件制备如图 7-11a 所示要求较高刚度的薄壁件时，采用液压拉深技术时，可以避免曲面部分起皱；采用厚为 1mm 的 SUS304 不锈钢板材制备如图 7-11b 所示的复杂工件时，采用液压拉深技术成形，可简化模具，不需要复杂型面的凸模，从而消除凸模与坯料之间的不利摩擦，有利于材料流入模腔成形。

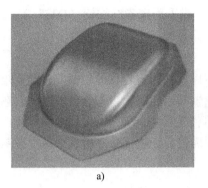
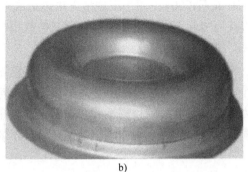

a)　　　　　　　　　　　　　　b)

图 7-11　液压拉深成形的复杂曲面零件

a）2024 硬铝合金板材制件　b）SUS304 不锈钢板材制件

7.5　零件成形方法选择实例

7.5.1　齿轮减速器主要零件的成形方法

图 7-12 所示为单级齿轮减速器的结构简图，下面对其主要零件的成形方法进行分析。

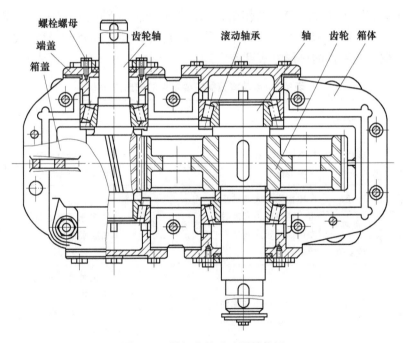

图 7-12　单级齿轮减速器结构图

1. 箱体和箱盖

箱体和箱盖是减速器中传动零件的支承件和包容件，结构复杂，其中箱体承受压力，要求有良好的刚度、减振性和密封性。箱盖、箱体在单件小批量生产时，采用灰铸铁材料（HT150 或 HT200），用手工造型方法铸造成形，或采用碳素结构钢（Q235A）通过焊条电弧焊焊接而成。大批量生产时，采用灰铸铁用机器造型方法铸造成形。

2. 轴、齿轮轴和齿轮

轴、齿轮轴和齿轮均为减速器中重要的传动零件，轴和齿轮轴的轴杆部分受弯矩和扭矩的联合作用，要求具有较好的综合力学性能；齿轮轴与齿轮的轮齿部分受较大的接触应力和弯曲应力，应具有良好的耐磨性和较高的强度。单件生产时，采用中碳钢（45 钢）用自由锻或胎模锻成形，也可采用中碳钢圆钢棒通过车削而成。大批量生产时，采用中碳钢模锻方法成形。

3. 滚动轴承

减速器中的滚动轴承受径向和轴向压应力，要求较高的强度和耐磨性。滚动轴承为标准件，其内外环采用滚动轴承钢（GCr15）进行扩孔锻造而成，滚珠采用滚动轴承钢（GCr15）进行螺旋斜轧得到，保持架采用优质碳素结构钢（08 钢）进行冲压而成。

4. 轴承端盖

轴承端盖主要是防止轴承窜动，并起防护作用。单件、小批量生产时，采用灰铸铁（HT150）通过手工造型铸造成形，或采用碳素结构钢（Q235）圆钢通过车削而成。大批量生产时，采用灰铸铁通过机器造型铸造成形。

5. 螺栓和螺母

螺栓和螺母起固定箱盖和箱体的作用，螺栓杆受纵向（轴向）拉应力，螺纹牙受弯曲应力和横向切应力。螺栓和螺母为标准件，采用碳素结构钢（Q235A）镦锻或挤压而成。

齿轮减速器主要零件的成形方法见表 7-3。

表 7-3　齿轮减速器主要零件的成形方法

名称	类型	结构特征	受力情况	材料	成形方法	
					单件、小批量	大批量
箱体 箱盖	箱体、支架	形状复杂 壁厚不均	受压力为主 受力很小	HT150、Q235 等	手工砂型铸造 或焊条电弧焊	机器砂型铸造
齿轮	盘套	一般	轮齿受较大弯曲应力、接触应力和摩擦力；轴受较大弯矩和扭矩	45 钢（调质）	圆钢车削、自由锻或胎模锻	模锻或轧制
轴	轴杆	简单				
齿轮轴		较复杂				
滚动轴承	组件	零件形状较简单	较大的径向和轴向脉动压应力	内外圈及滚珠为 GCr15，保持架为 08 钢	内外环：扩孔或辗环 滚珠：螺旋斜轧 保持架：冲压	
端盖	盘套	较复杂	受力较小	HT150、Q235 等	圆钢车削或手工砂型铸造	机器砂型铸造
螺栓	轴杆	较简单	螺栓杆受轴向拉应力，螺纹牙受弯曲应力和切应力	Q235A	镦锻、挤压、搓丝或攻螺纹	
螺母	盘套					

7.5.2 承压液压缸不同成形方法的比较

承压液压缸的形状及尺寸如图 7-13 所示,材料为 45 钢,年产量 200 件。工作压力为 15MPa,水压试验的压力为 30MPa。内孔及两端法兰接合面要切削加工,不允许有任何缺陷,其余外圆部分不加工。

该液压缸有多种成形方法,表 7-4 对其中 5 种成形方法进行了分析比较。

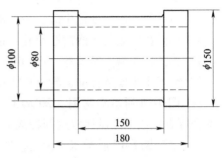

图 7-13 承压液压缸

表 7-4 承压液压缸成形方法分析比较

方案	成形方案		优点	缺点
1	用 φ150mm 圆钢直接加工		全部通过水压试验	切削加工费高,材料利用率低
2	砂型铸造	平浇:两法兰顶部安置冒口	工艺简单,内孔铸出,加工量小	法兰与缸壁交接处补缩不好,水压试验合格率低,内孔质量不好,冒口浪费钢液
		立浇:上法兰用冒口,下法兰用冷铁	缩松问题有改善,内孔质量较好	仍不能全部通过水压试验
3	锤上模锻	工件立放	能通过水压试验,内孔锻出	设备昂贵、模具费用高,不能锻出法兰,外圆加工量大
		工件卧放	能通过水压试验,法兰锻出	设备昂贵、模具费用高,锻不出内孔,内孔加工量大
4	自由锻镦粗、冲孔、带芯轴拔长,再在胎模内锻出法兰		全部通过水压试验,加工余量小,设备与模具成本不高	生产效率不够高
5	用无缝钢管,两端焊接法兰		通过水压试验,材料最省,工艺准备时间短,无需特殊设备	无缝钢管不易获得

对表 7-4 进行比较分析,并考虑批量与生产条件,得出结论:第 4 种方案无需特殊设备、胎模成本低、产品质量好、且原材料供应有保证,最为合理。

练习题
---

1. 选择零件成形方法的原则和依据是什么?请结合实例分析。
2. 材料选择与成形方法选择之间有何关系?请举例说明。
3. 常用的零件成形方法有哪些?各自的主要特点是什么?
4. 为什么轴杆类零件一般采用锻造成形,而机架类零件多采用铸造成形?
5. 为什么齿轮多用锻件,而带轮、飞轮多用铸件?
6. 举例说明生产批量对毛坯成形方法选择的影响。
7. 分析自行车主要零件的成形方法。
8. 在大批量生产条件下,试为下面的零件选择材料及成形方法:电风扇的扇叶,热水瓶壳,电动机壳,耐酸泵的泵体和叶轮,铣床主轴,柴油机曲轴。
9. 试为下列齿轮选择材料及成形方法:

1) 承受冲击的高速重载齿轮（φ200 mm），2 万件。
2) 不承受冲击的低速中载齿轮（φ250 mm），50 件。
3) 小模数仪表用无润滑小齿轮（φ30 mm），3000 件。
4) 卷扬机大型人字齿轮（φ1500 mm），5 件。
5) 钟表用小模数传动齿轮（φ15 mm），10 万件。

10. 图 7-14 所示不锈钢（20Cr13）滑阀套，可用棒料车削、挤压成形、熔模铸造、粉末冶金等方法成形，试比较这四种成形方法的优缺点。

11. 生产图 8-15 所示双联齿轮，要求耐冲击、耐疲劳、耐磨损，对力学性能要求较高。当生产 10 件、200 件与 10000 件时，应分别选择材料及成形方法。

12. 试为汽车保险杠选择材料及成形方法，并说明理由。

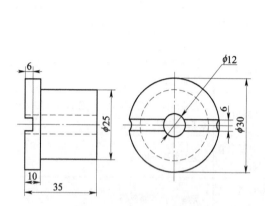

图 7-14　不锈钢（20Cr13）滑阀套

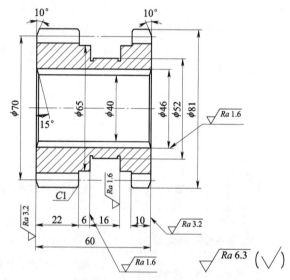

图 7-15　双联齿轮

第8章
零件成形质量控制及检验

零件成形质量主要包括外观质量、内在质量和使用质量，外观质量指铸件表面粗糙度、表面缺陷、尺寸偏差、形状偏差和重量偏差；内在质量主要指铸件的化学成分、物理性能、力学性能、金相组织以及存在于铸件内部的孔洞、裂纹、夹渣、偏析等情况；使用质量指铸件在不同条件下的工作的可靠性和耐久性，包括耐磨、耐腐蚀、耐疲劳等性能，以及切削加工性、可焊性等工艺性能。

一般零件需要先经成形加工为毛坯后再经切削加工而成，零件成形质量直接影响零件的使用性能及使用寿命，并且影响后续的切削加工。因此，必须控制零件的成形质量，了解成形件的技术要求及检验方法。

8.1 成形件技术要求

成形件的技术要求包括材质、性能、成形质量等方面，材质方面的要求如成分、组织等；性能方面主要有硬度、抗拉强度、延伸率、冲击韧性等；成形质量方面有外观质量及内在质量等。这里主要介绍成形质量方面的技术要求。

8.1.1 铸件技术要求

一般铸件形状比较复杂，容易产生各种缺陷及铸造应力，铸造件性能的好坏与铸造缺陷的产生程度直接相关，因此要求铸造件尽可能地消除铸造缺陷。

一般情况下，铸件表面不允许有裂纹、通孔、穿透性的冷隔和穿透性的缩松、夹渣缺陷，不得有严重的残缺类缺陷（如浇不足、机械损伤）等；铸件非加工表面的毛刺、飞边应清理至与铸件加工表面同样平整；铸件非加工表面上的浇冒口应清理得与铸件表面同样平整，加工面上的浇冒口残留量应符合图样规定，非铁金属铸件一般允许高出铸件表面2~5mm，钢铁材料铸件一般允许高出铸件表面5~15mm；铸件待加工表面，允许有不超过加工余量范围内的缺陷，但裂纹缺陷应予以清除；作为加工基准面和测量基准的铸件表面，必须平整；变形的铸件允许整形（校正），然后逐个检验是否有裂纹；非加工面上的铸字和标志应清晰可见；铸件尺寸公差及非加工面的表面粗糙度值应符合相关国家标准；铸造件应有一定的内圆角、外圆角要求；铸件上的型砂、芯砂和芯骨应清理干净；铸件内部不得有气孔、砂眼、缩孔、缩松、夹渣、夹砂、裂纹等缺陷。

8.1.2 锻件技术要求

锻件大多为重要零部件，需要防止表面氧化、晶粒粗大、裂纹、变形等缺陷。锻件的形状和尺寸应符合零件外廓形状和尺寸的要求，并尽可能与其相似或接近。锻件的表面完整性应符合一定的规范要求。锻件的其他技术要求包括锻件热处理、特种项目检查等规定。

锻件热处理根据材料的不同而定，锻件的热处理分预备热处理和最终热处理。钢锻件均以预备热处理状态供应，其最终热处理是在零件加工过程中进行的。高温合金、钛合金和铝合金锻件，多以最终热处理状态供应。预备热处理和最终热处理的工艺制度应在锻件图样或专用技术文件中注明。

特种项目检查是指锻件的超声波探伤和其他无损探伤。超声波探伤主要用于重要锻件，在设计上探伤部位应考虑取在零件受力较大处外，还应考虑工艺特点和零件易产生缺陷的薄弱环节等因素，具体部位的确定可由设计、冶金、工艺部门共同协商并标注在产品图样或锻件图样上；其他无损探伤是指磁粉探伤和荧光探伤，针对某些冶金缺陷也可采取更加有效的无损探伤方法。

8.1.3 冲压件技术要求

冲压成形是塑性成形的基本方法之一，主要用于加工板料零件。冲压成形过程中易产生裂纹和起皱等缺陷。冲压件的基本技术要求有：不得出现裂纹和起皱缺陷；形状和尺寸需符合冲压件产品图和技术文件；要求冲压件表面状况与所用板料一致，在成形程中允许有轻微的拉毛和小的表面不平度，但不得影响下道工序及总成的质量；经剪切或冲裁的冲压件一般都有毛刺，毛刺的允许高度应符合技术要求；冲压件在冲压成形和焊接后，一般不进行热处理；此外冲压件还需满足其特有的防锈要求。

8.1.4 焊接件技术要求

焊接成形过程要经历一系列的冶金化学反应，从而影响焊缝的化学成分、组织和性能，而产生焊接应力、焊接变形、焊接裂纹、气孔及夹渣等缺陷。在焊接成形时气孔和夹渣缺陷必须消除。焊接应力较大时会导致焊接变形和焊接裂纹，焊接应力难以避免，应采用热处理方法消除。

焊接件焊缝要求平滑；不得有气孔、夹渣、砂眼等焊接缺陷；焊缝高度一般应与钢板接近，不同厚度的母材（焊件）焊接时，焊缝高度不能小于最薄母材（焊件）的厚度；采用断续焊时，焊缝长度及间隔应均匀一致；焊后应进行消除应力的热处理。

8.1.5 粉末冶金件技术要求

粉末冶金制备的零件具有质优价廉，少、无切削加工的特点，可直接作为零件使用，也可精整、浸油、热处理后使用。粉末冶金材料具有传统制备工艺无法获得的独特的化学组成和物理、力学性能，如可控的孔隙度、均匀的组织、无宏观偏析等。粉末冶金件的尺寸和力学性能应满足产品技术要求；工件表面不允许有划伤、裂纹、夹渣和锈蚀等缺陷；工件密度要内外一致；工件不可有缺角、掉棱、局部剥落现象。

8.2 成形件质量检验方法

零件的成形质量检验方法很多，按检验方式不同，大体可分为非破坏性检验和破坏性检验，非破坏性检验主要包括外观检验、水压试验、致密性试验以及无损探伤等，破坏性检验主要包括力学性能试验、化学分析检验和金相检验等。成形质量检验按检验性质可分为表面质量检验、内部质量检验、金相组织检验、化学成分检验、力学性能检验等。

8.2.1 成形件表面质量检验

成形件表面质量检验主要是进行表面缺陷的检测，除采用肉眼或借助放大镜及尖嘴锤等工具，观察寻找暴露在成形件外表面的裂纹、针孔、夹渣、划伤等缺陷外，常采用以下检测方法：

（1）液体渗透检测　液体渗透检测用于检测成形件表面的各种开口缺陷，如表面裂纹、表面针孔等。常用的渗透性检测是着色检测，即将具有高渗透能力的有色液体（一般为红色）浸湿或喷洒在工件表面，渗透剂渗入到开口缺陷中，快速擦去表面渗透液层，再将易干的显示剂喷洒在工件表面，待残留在开口缺陷中的渗透剂吸出后，显示剂就被染色，从而反映出缺陷的形状、大小和分布情况。图 8-1 所示为渗透检测过程示意图。除着色检测外，荧光渗透检测也是常用的液体渗透检测方法，这种方法需要紫外线灯进行照射观察，检测灵敏度比着色检测灵敏度高。

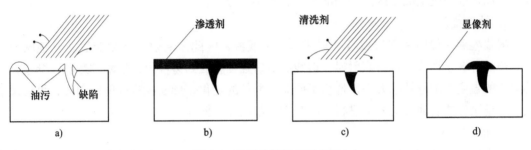

图 8-1　渗透检测过程示意图
a）预清洗　b）渗透　c）清洗　d）显像

（2）磁粉检测　磁粉检测适用于检测工件表面缺陷及表面数毫米深的缺陷，需要直流（或交流）磁化设备和磁粉（或磁悬浊液）进行检测操作。磁化设备用来在工件内外表面产生磁场，磁粉（或磁悬浊液）用来显示缺陷。当在工件一定范围内产生磁场时，磁化区域内的缺陷就会产生漏磁场，当撒上磁粉（或磁悬浊液）时，磁粉被吸住而显示出缺陷，如图 8-2 所示。该方法显示出的缺陷基本上都是横切磁力线的缺陷，对于平行于磁力线的长条缺陷则不能显示。因此，检测时需要不断改变磁化方向，以保证能够检查出未知方向的缺陷。

（3）涡流检测　涡流检测适用于检查铸件表面以下 6~7mm 深的缺陷，图 8-3 所示为涡流检测原理示意图。当工件被放在通有交变电流的线圈附近时，进入工件的交变磁场可在其

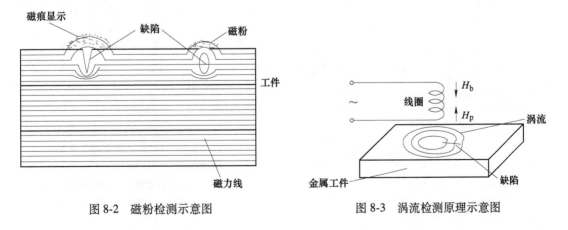

图 8-2　磁粉检测示意图　　　　　图 8-3　涡流检测原理示意图

中感生出方向与激励磁场 H_b 相垂直的、呈涡流状的电流,涡流会产生一个与激励磁场方向相反的磁场 H_p,使线圈中的原磁场部分减少,从而引起线圈阻抗的变化。如果工件表面存在缺陷,则涡流的电特征会发生畸变,从而检测出缺陷的存在。涡流检测的主要缺点是不能直观显示探测出来的缺陷的大小和性质,一般只能确定缺陷的位置和深度。另外,该方法对工件表面较小的开口缺陷检测灵敏度不如渗透检测。

8.2.2 成形件内部质量检验

成形件内部质量检验主要是进行内部缺陷的检测,内部缺陷不能用肉眼检查出来,常采用射线检测和超声检测等无损检测方法。其中射线检测效果最好,它能够得到反映内部缺陷的种类、形状、大小和分布情况的直观图像。但对于厚度较大的大型铸件,超声检测很有效,可以比较精确地测出内部缺陷的位置、大小和分布。

1. 射线检测

射线检测一般用 X 射线或者 γ 射线作为射线源,因此需要射线产生装置及其他附属设备。当工件置于射线场进行照射时,射线的辐射强度会受到铸件内部缺陷的影响,穿过铸件的射线的强度会随着缺陷大小、性质不同而有局部的变化,形成缺陷的射线图像,可通过射线胶片记录,或者通过荧光屏进行实时观察,如图 8-4 所示。

2. 超声检测

超声检测是利用超声波对金属构件内部缺陷进行检查的一种无损探伤方法。用发射探头向工件表面通过耦合剂发射超声波,超声波在构件内部传播时会遇到不同界面将有不同的反射信号(回波),利用不同反射信号传递到探头的时间差,可以检查到构件内部的缺陷,根据在荧光屏上显示出的回波信号的高度、位置等可以判断缺陷的大小、位置和大致的性质。如图 8-5 所示,当超声波进入工件表面时,反射波在荧光屏上出现始面波峰 5;当遇到内部缺陷时,反射波在荧光屏上又出现缺陷波峰 6,超声波传到焊件底面出现波峰 7;若焊件内部无缺陷,荧光屏上只有波峰 5 和 7,而无波峰 6,由此判断缺陷的位置和大小。超声波探伤难以确定缺陷的性质、形状,所以常与射线探伤配合使用。

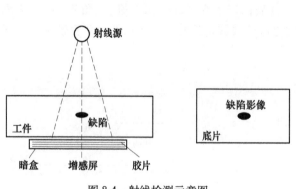

图 8-4 射线检测示意图

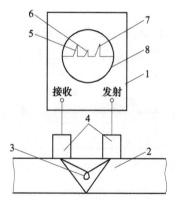

图 8-5 超声检测原理示意图
1—探伤仪 2—工件 3—缺陷 4—探头
5—始面波峰 6—缺陷波峰
7—底面波峰 8—荧光屏

超声检测作为一种应用比较广泛的无损检测手段,主要优势为检测灵敏度高,可探测细小的裂纹,具有较大的穿透力,可以探测厚截面工件。但对于轮廓复杂、指向性不好的断开性缺陷,工件内部晶粒大小、孔洞、夹杂物含量或细小的分散析出物等,检测直观性较差,易漏检;对近表面缺陷不敏感(称为超声波的盲区)。

8.2.3 成形件金相组织检验

铸件的金相组织检验是对工件内部组织(包括晶粒、组织)及内部缺陷进行检验的常规方法。

1. 宏观组织检验

宏观组织检验是利用10倍以下的低倍放大镜观察金属材料内部组织及缺陷的检验方法。常用的方法有断口检验、低倍检验、塔形车削发纹检验及硫印试验检验等。主要检验有无气泡、夹渣、分层、裂纹、晶粒粗大、白点、偏析、缩松等缺陷。

2. 光学金相检验

普通光学金相法是借助50~2000倍的放大镜或光学金相显微镜对成形件的显微组织进行检验的方法。它可以显示成形件所包含的组成物的形态、大小和分布等情况,并能显现成形件内部的各种缺陷,如夹渣物、微小裂纹及气孔等。采用光学金相法检验铸件显微组织时,应按标准GB/T 6394—2017金属平均晶粒度测定方法执行。通常光学金相试样可在已试验过的力学性能试样上切取,也可从成形件本体或附属试块上切取。

3. 电子金相检验

电子金相检验是借助不同类型的电子显微镜对金属组织和结构进行检验的方法。它有极高的有效放大倍数(6000倍以上),可用来观察分析成形件的"超显微组织"。常用的电子金相检验方法有扫描电子显微分析、透射电子显微分析和图像定量分析等。

8.2.4 成形件化学成分检验

成形工艺对工件内部成分有一定影响,而工件成分会影响其内部组织及性能,对有些成形件需进行成分检验。成分检验方法主要有:化学分析法、光谱分析法和火花鉴别法等。

1. 化学分析法

根据化学反应来确定金属的组成成分,这种方法统称为化学分析法。化学分析法分为定性分析和定量分析两种:定性分析可以鉴定出材料含有哪些元素,但不能确定它们的含量;定量分析可以准确测定各种元素的含量。实际生产中主要采用定量分析,定量分析的方法有重量分析法和滴定分析法。

(1) 重量分析法　采用适当的分离手段,使金属中被测定元素与其他成分分离,然后用称重法来测元素含量。

(2) 滴定分析法　用标准溶液(已知浓度的溶液)与金属中被测元素完全反应,然后根据所消耗标准溶液的体积计算出被测定元素的含量。

2. 光谱分析法

各种元素在高温、高能量的激发下都能产生自己特有的光谱,根据元素被激发后所产生的特征光谱来确定金属的化学成分及大致含量的方法,称为光谱分析法。通常借助电弧、电火花和激光等外界能源激发试样,使被测元素发出特征光谱。特征光谱经分光后与化学元素光谱表对照,进行分析。

3. 火花鉴别法

火花鉴别法主要用于钢铁材料工件。在砂轮磨削下，工件由于摩擦和高温作用，各种元素、微粒氧化时产生的火花数量、形状、分叉、颜色等不同，以此来鉴别材料化学成分（组成元素）及大致含量的方法，称为火花鉴别法。

8.2.5 成形件力学性能检验

成形件的力学性能受成形方法影响，而其力学性能决定其质量好坏，对成形件的使用性能影响较大。因此，力学性能检验是成形件质量验收的重要依据之一。对成形件按有关规定制成试样，利用拉力试验机、冲击试验机、疲劳试验机、硬度计等仪器来进行强度、硬度、塑性、韧性、疲劳强度等力学性能检验。

8.2.6 成形件尺寸检验

成形件尺寸检验方法主要有实测法、画线法、专用检具法、样板检查法和用仪器测量法等。检验成形件的尺寸时，应以毛坯图或成形工艺图的尺寸为依据，并应考虑到零件尺寸、加工余量、工艺斜度和分型负数、反变形量、工艺贴补量等其他工艺余量。成形件几何公差主要有直线度、平面度、圆度、圆柱度、线轮廓度、面轮廓度、平行度、垂直度、倾斜度、位置度、同心度（对中心）、同轴度（对轴线）和对称度等，几何公差应按相关标准进行检验。

8.3 成形件质量检验及缺陷控制

8.3.1 铸件质量检验及缺陷控制

1. 铸件质量检验

铸件清理后应进行质量检验，主要包括铸件表面及近表面缺陷的检测和内部缺陷的检测。根据产品要求的不同，铸件的检验项目有：外观、尺寸、重量、力学性能、化学成分、金相组织、内部缺陷等；对特殊铸件有时进行水压、气压试验等。

（1）铸件表面质量检测　铸件表面质量检测是指铸件表面状况及其达到产品要求的程度，主要包括表面缺陷、表面粗糙度、尺寸公差、重量等。对于铸件表面缺陷的检验，采用肉眼或借助放大镜及尖嘴锤等工具，观察寻找暴露在铸件外表面的缺陷；采用液态渗透法检测铸件表面的各种开口缺陷，如表面裂纹和表面针孔等；采用磁粉检测法或涡流检测法检查铸件表面及表面以下数毫米深的缺陷。对于表面粗糙度、尺寸公差等的检验，可利用量具、样板和工作台等检验是否符合图样的要求；对于铸件重量，借助称量工件检验其误差是否在允许的范围内。

（2）铸件内部质量检测　铸件内部质量检测可采用金相组织观察法检测内部组织，包括晶粒的大小、组成相的大小及形态、夹杂物及气孔缩孔的形态与分布等；可采用电子显微镜包括扫描电镜显微分析、透射电镜显微分析和图像定量分析等，对金属组织和结构进行高放大倍数、高分辨率的观察研究；可采用射线检测和超声检测以得到铸件内部缺陷的种类、形状、大小和分布情况的直观图像；对于厚度较大的大型铸件，采用超声检测可以比较精确地测出内部缺陷的位置、大小和分布。

（3）铸件化学成分的检验　铸造合金的化学成分与铸件的性能密切相关，在生产中进行化学成分的检验是最基本的检验项目之一。化学成分的检验主要有两种形式，即炉前控制性检验和浇注试棒检验。炉前控制性检验属于以预防为主的控制性检验，以便于及时调整熔体的成分；浇注试棒检验是事后把关检验，对铸件的化学成分作最后的鉴定，检测其是否符合标准规定的要求。铸件化学成分检验主要采用化学分析法和光谱分析法。化学分析法精度较高，但是分析速度慢；而光谱分析法的分析精度虽然略低于化学分析法，但分析速度快，因此得到了广泛应用。

（4）铸件力学性能的检验　铸件力学性能检验是对铸件假定相似的试样进行试验，然后依据试样的试验结果来推断铸件的力学性能。目前，用于测定铸件力学性能的试样取样方法主要有三种：从铸件本体切取试样；与铸件一起铸出试样（附铸试样）；单独铸造试样。铸件（合金）力学性能检验的主要方法是拉伸试验、冲击试验和硬度试验。

（5）铸件致密性检验　一般采用加压试验来检验铸件的致密性，根据加压介质的不同，试验方法分为液压试验和气压试验。把一定压力的介质压入密封的铸件内腔，当铸件内部有缺陷时，受压的介质就可能在缺陷处渗漏出来，便可粗略地确定缺陷的性质及位置。加压试验可检查铸件的强度、致密性、针孔、缩松、气孔和贯穿的裂纹。铸件加压试验之前，应先经目视检验合格。

2. 铸造件成形缺陷控制

铸件的常见缺陷主要有：气孔、缩孔和缩松、夹渣、砂眼、裂纹、冷隔和浇不足、成分偏析、应力等。表8-1为常见铸造件缺陷、产生原因和防止措施。

表 8-1　常见铸造件缺陷、产生原因和防止措施

序号	缺陷名称或示意图		缺陷特征	产生原因	防止措施
1	气孔	析出性气孔	多为分散的直径为$\phi 0.5 \sim 2mm$的小圆孔，也有肉眼可见的麻点孔，孔内光亮	溶解于金属液中的气体，在金属液冷却和凝固过程中，由于溶解度的降低而析出形成的气孔	烘干炉料及铸型、浇包等；对金属液进行除气处理；提高冷却速度以及凝固时的外压，阻止金属液中气体析出；减少砂型排气量；增加排气孔
		侵入性气孔	体积较大呈圆形、椭圆形和梨形，过多时呈蜂窝状	铸型或型芯的气体侵入金属液后产生的气孔	减少气体进入金属液；控制氧化性较强元素的含量；控制铸型中的水分含量；提高浇注温度、降低凝固速度，以利于气体排出；使金属液平稳地进入铸型
		反应性气孔	针状、蝌蚪状、直径$\phi 1 \sim 3mm$，深度$1 \sim 10mm$不等，垂直于铸件表面	液态金属中的某些成分或者液态金属与铸型界面发生化学反应产生气孔	合理控制金属液成分和铸型成分

(续)

序号	缺陷名称或示意图	缺陷特征	产生原因	防止措施
2	缩孔和缩松（$d>b$） 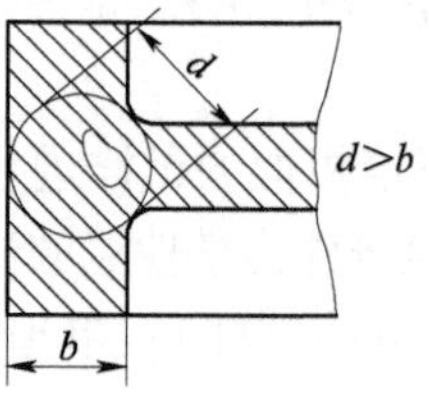	铸件的最后凝固部位（即热节处）出现缩孔和缩松；缩孔一般出现在铸件的厚大断面或壁的交接处	因液态收缩和凝固收缩，导致金属液凝固后体积变小，在铸件内部形成缩孔或缩松	控制凝固顺序、调整浇注条件、合理应用冒口和冷铁、加压补缩
3	夹渣 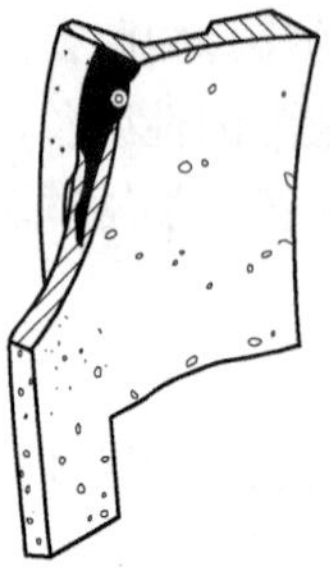	铸件内部或表面存在着固态的熔渣或金属氧化物。一般集聚在铸件上表面，或滞留在型腔的内角，或黏附在砂芯表面	炉渣进入型腔所致	控制易氧化元素的含量；控制铸型水分，加入煤粉等碳质材料，或采用涂料，形成还原性气氛；采用合理的浇注工艺及浇冒口系统，使金属液充型平稳
4	砂眼 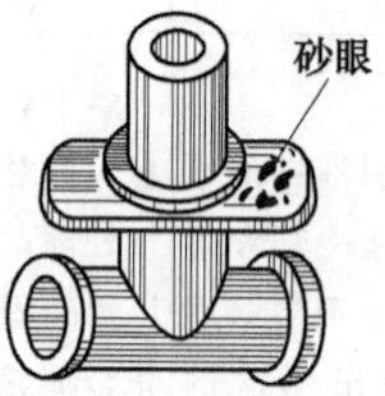	铸件上表面或接近表面附近出现的形状不规则的眼孔，眼孔内充塞着型砂	型砂强度低，或部分型砂未紧实；型腔中有散落型砂	提高砂型强度；清理型腔中的落砂
5	裂纹（热裂纹） 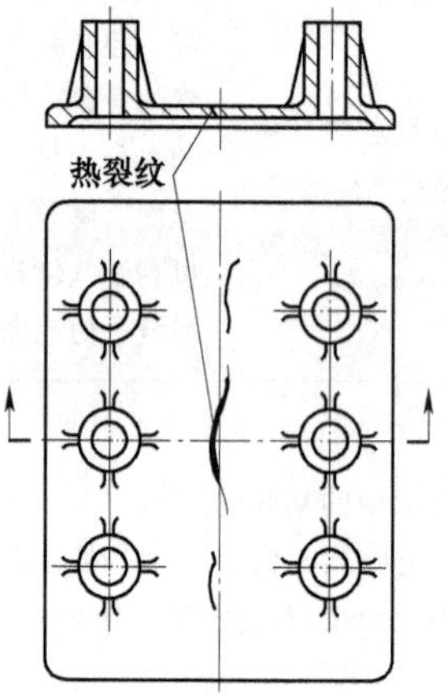	铸件产生热裂或冷裂。热裂断口处有严重的氧化膜，断口沿晶粒边界，裂口外形曲折且形状不规则。冷裂往往是穿过晶体而不是沿晶断裂，断口具有金属光泽或呈轻微氧化色泽，一般为浅褐色	裂纹是由于收缩受阻产生的应力造成的。热裂是在凝固末期因金属的强度和塑性很低而形成的。冷裂是铸件冷却到弹性状态时，因铸件壁厚差别较大，冷却速度差别过大，热应力过大而形成的	对于热裂纹，主要是提高铸型和砂芯的退让性；对于冷裂纹，主要是减小铸件壁厚差异，消除铸造应力

(续)

序号	缺陷名称或示意图	缺陷特征	产生原因	防止措施
6	冷隔和浇不足	冷隔是铸件上未完全熔合的缝隙，其边缘呈圆角，多出现在远离浇口的宽大上表面和薄壁处；浇不足是铸件上边角圆滑的局部残缺	液态金属未能正常地充满型腔所致	增加浇注温度；提高液态金属的流动性和充型能力；减少铸件中的薄壁；提高浇注速度；提高铸型的透气性以减轻金属液流动的阻力等

8.3.2 锻件质量检验及缺陷控制

1. 锻件质量检验

锻件主要用于制造受力较大的工件，质量检验包括表面质量检验、内部质量检验和力学性能检验等。

（1）表面质量检验　锻件表面质量检验包括表面缺陷检验、形状和尺寸检验。

锻件表面质量检验主要是观察表面缺陷，例如裂纹、折叠、夹层和斑疤等，必要时采用酸蚀、喷砂或喷丸等方法清理后再进行检查。对表面细微裂纹等缺陷用目测判定不准时，可用磁粉、着色等无损检测方法。

锻件形状及尺寸检验方法和铸件的检验方法类似，可采用划线法，首先把锻件放在划线平板上，用专门的工具（划线角尺、画线盘、三棱尺、直尺等）来确定能否在机加工后从锻件中获得零件，锻件的外形和内部都划上线，可判断出锻件是否合格，并可确定去除锻件所有表面缺陷的余量大小。

（2）锻件内部质量检验　一般采用金相法检查宏观组织及微观组织，宏观组织主要是检查锻件中锻造流线分布的正确性，锻件中的冶金缺陷，如气泡、空穴、白点、裂纹、收缩孔的残余以及非金属夹杂物等；微观组织主要检查锻件内部晶粒大小及形状，即实际晶粒度，非金属夹杂物，显微组织如脱碳层、共晶碳化物的不均匀度、过热、过烧组织等。

（3）化学成分检验　一般采用化学分析法或光谱分析法对锻件成分进行分析测试。新型的等离子光电光谱仪不仅分析速度快、准确性高，而且大大提高了分析精度（精度可达10~6级），对分析高温合金锻件中的微量有害杂质，如Pb、As、Sn、Sb、Bi等是非常行之有效的方法。

（4）力学性能检验　锻件的力学性能检验主要包括断裂强度、屈服强度、冲击韧性和断后伸长率等，上述检测一般为破坏性试验。由于材料的硬度与强度有一定的对应关系，且破坏性较小，对于大批量生产的锻件可采用硬度检测，常见的硬度检测方法有布氏硬度、洛氏硬度和显微硬度。

2. 锻件缺陷控制

锻件的缺陷主要包括加热缺陷，如氧化脱碳、晶粒粗大等；锻造变形缺陷，如折叠和流线等;加热冷却及锻造变形造成的裂纹缺陷。表8-2为常见锻件缺陷特征、产生原因和防止措施。

表8-2 常见锻件缺陷特征、产生原因和防止措施

序号	缺陷名称或示意图	缺陷特征	产生原因	防止措施
1	氧化	金属表面在锻造过程中的氧化	金属与空气中的氧、二氧化碳、水蒸气等作用而生成氧化物	采用快速加热、感应加热减少金属在高温下的停留时间;在保护介质中加热
2	脱碳	钢加热时表层含碳量降低的现象	钢中的碳在高温下与氢或氧发生反应	缩短加热时间及高温停留时间;采用保护性气氛加热;减少加热次数
3	晶粒粗大	锻件表面或内部局部晶粒尺寸大	加热温度过高或时间过长	选择优质原材料抑制晶粒长大;采用适当的变形温度;锻后正火(或退火)细化晶粒
4	锻造流线 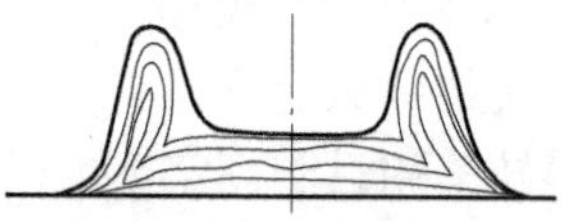	锻造件中的杂质、化合物等沿变形方向呈纤维状分布的组织称为锻造流线	杂质、化合物等在锻造过程中发生形态的改变而形成的	避免变形量过大;尽量使流线与零件的几何外形或最大应力方向一致
5	折叠 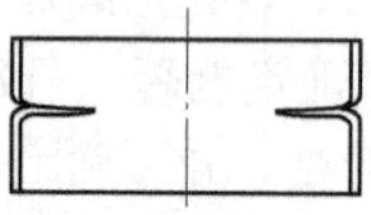	折叠的折纹与金属流线方向一致,折叠尾端一般呈小圆角。折缝内有氧化皮,四周有脱碳	砧面形状不适当,砧边圆角过小和拔长时送进量小于单面压下量等	改进型砧的形状;控制坯料;在模具中的合理位置;镦粗时变形力合适;拔长时送进量不能太小
6	裂纹 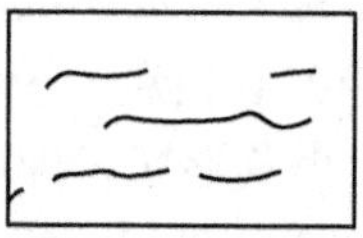 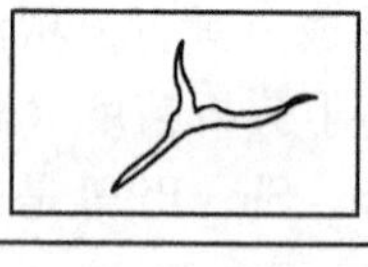	锻件表面或内部出现的裂纹	锻造变形力、热应力、组织应力等造成裂纹产生;加热速度或冷却速度过快,工件表面与心部温差大,形成表面裂纹;锻造温度过低或变形量过大造成工件内部裂纹	选择合适的加热方式及加热速度、合适的始锻温度和终锻温度、合适的变形量及变形速度

8.3.3 冲压件质量检验及缺陷控制

1. 冲压件质量检验

冲压件的质量检验也分为表面质量检验及内部质量检验。

(1) 表面质量检验 冲压件的表面质量检测,即利用肉眼观察或油石打磨观察,主要检测冲压件表面的划伤、麻点、压印、压痕、锈斑等缺陷。人工肉眼检测抽检率低,不能全面反映冲压件的表面质量,而且实时性差,不能满足在线高速生产的节奏,可采用机器视觉

图像摄取（线阵 CCD）装置进行在线或线下扫描检测，检验冲压件表面麻点、夹杂、压印、划伤和压痕等常见缺陷。

（2）内部质量检验　冲压件内部质量检验可采用超声波无损探伤技术，检测薄板常见的分层缺陷、表面裂纹、麻点和夹杂等。

2. 冲压件缺陷控制

冲压件主要缺陷有：毛刺及剪切断面有筋条等形状不良缺陷，翘曲及变形等冲压件形状不良缺陷，起皱及开裂等严重缺陷。表 8-3 为常见冲压件缺陷及其产生原因和防止措施。

表 8-3　常见冲压件缺陷及其产生原因和防止措施

序号	缺陷名称及示意图	缺陷特征	产生原因	防止措施
1	二次剪切面和薄而高的毛刺 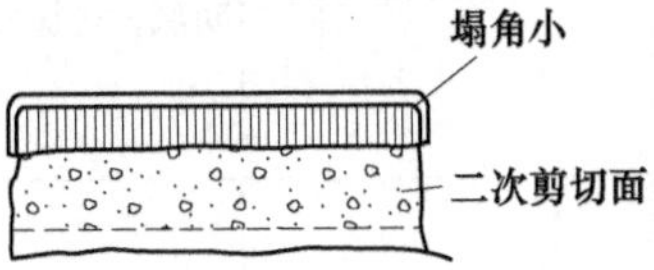	出现二次剪切面和薄而高的毛刺，塌角较小	剪切断面不良与模具间隙过小有关	研磨凸模或凹模
2	厚而高的毛刺 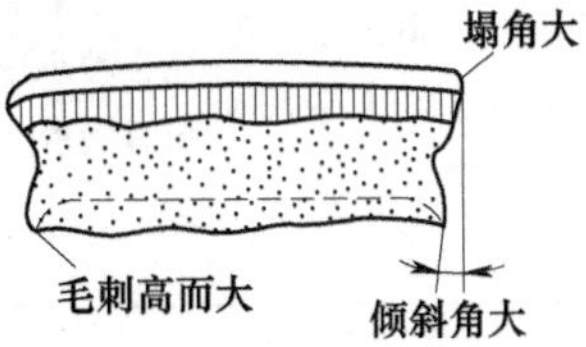	剪切断面塌角和倾斜角大，中部有明显凹陷，端口四周产生厚而高的毛刺	间隙过大，或多次研磨导致的凹模模具口磨损	缩小间隙或返修模具
3	剪切断面呈现线状筋条 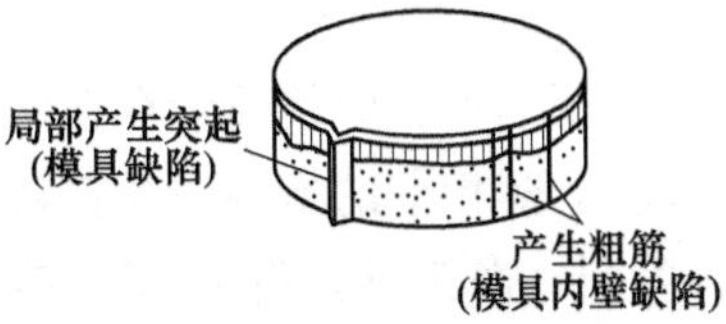	剪切断面部位出现凸形线条或凹形线条	凹模局部缺口或卷刃；润滑不良引起模具烧蚀；断屑或异物附于模具上等	修整模具、改善润滑条件、清理异物
4	翘曲 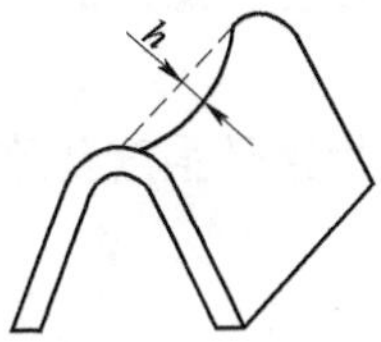	冲压件呈曲面翘曲或弯曲变形	变形区应变状态造成沿弯曲线方向产生横向应变	增加弯曲压力，根据翘曲量修正凸凹模
5	变形 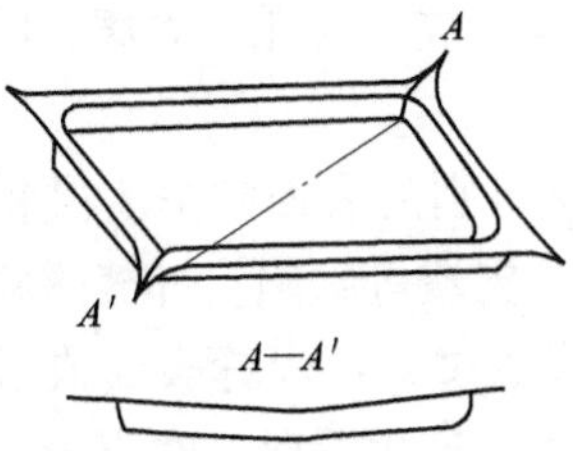	工件变形	在板料边缘冲孔，或者孔距太近产生变形	调整孔距

(续)

序号	缺陷名称及示意图	缺陷特征	产生原因	防止措施
6	擦伤 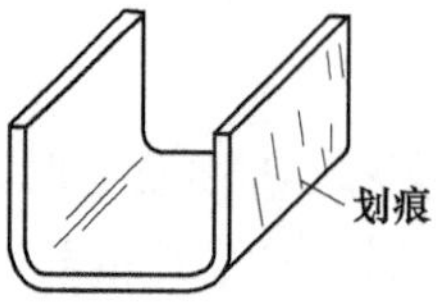	工件表面出现明显划痕	金属的微粒附着在工件部分表面，凹模圆角半径过小，凸模与凹模间的间隙过小	增大凹模圆角半径，提高模具表面质量，保持模具间隙合理，清除工件表面异物
7	起皱 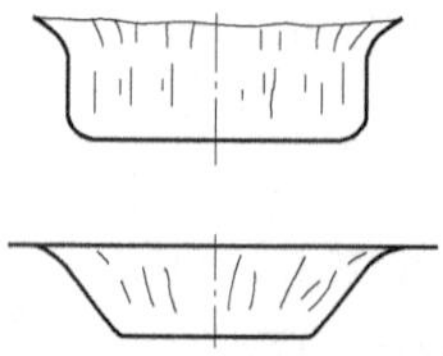	工件表面或内部起皱纹	压边力小，凹模圆角半径大，间隙大	增加压边力，减小凹模圆角半径，减小模具间隙，增加板厚
8	裂纹 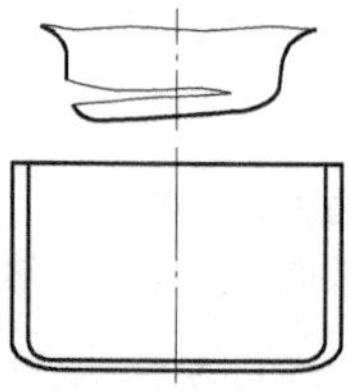	工件侧壁产生裂纹	拉伸深度过大，模具圆角半径过小，法兰根部圆角过小，压边力过大，模具表面润滑不好	分多道工序拉伸，增大法兰根部圆角半径，适当减小压边力，改善模具润滑

8.3.4 焊接件质量检验及缺陷控制

1. 焊接件质量检验

焊接结构常用于桥梁、厂房、锅炉、压力容器等重要的受力件，焊接质量存在问题会导致严重的安全事故发生，必须对焊接件进行严格的质量检验。焊接前的检验包括：检验技术文件、产品图样、工艺规程、焊接材料（焊条、焊丝、焊剂、保护气体等）和基本金属的质量、毛坯装配和坡口准备、焊接设备以及焊工操作水平考核的检验；焊接过程中主要检验设备运行状况、焊接是否规范以及工艺规范的执行情况等；焊后应根据产品的技术要求进行焊后成品检验，其主要目的是检查是否存在焊接缺陷。

这里主要介绍焊后产品检验，包括焊接件表面质量检验、焊接件强度及致密性检验、焊件无损探伤、焊缝质量检验等。

（1）表面质量检验

1）表面观测。一般采用肉眼、借助样板或放大镜（5~20倍）观察焊接件，以检验焊缝成形、焊缝外形尺寸是否符合标准，检验焊缝表面是否有裂纹、气孔、焊瘤、咬边等各种外部缺陷。

2）磁粉检验。对于重要结构需用磁粉法检查肉眼不易辨别的表面缺陷。磁粉检验适用于检验铁磁性材料焊接件表面或近表面处有无裂纹、气孔、夹渣等缺陷。焊缝磁粉检验如图8-6所示。将焊件放在磁场中，焊件中有分布均匀的磁力线通过，当焊缝表面或近表面处有缺陷时，磁力线绕过缺陷，并有一部分磁力线暴露在空气中，产生漏磁。在焊缝表面撒上磁性氧化铁粉,根据铁粉被吸附的痕迹,可以判断出缺陷的大小和位置。

3) 渗透检验。对于奥氏体不锈钢、铜、铝及其合金等无磁性材料焊件,不能采用磁粉检验,可采用荧光检验和着色检验。荧光检验是把荧光液(含有氧化镁的矿物油)涂在焊缝表面,由于荧光液具有很强的渗透能力,会迅速渗透到缺陷中,然后把

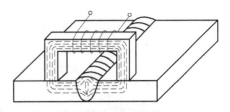

图 8-6　焊缝磁粉检验示意图

焊缝表面擦净,在紫外线灯光下观察,渗入缺陷内的荧光物质会显示出黄绿色,根据发光程度可判断焊缝中缺陷的状况。着色检验原理与荧光检验相似,不同的是在焊缝表面不是涂荧光液,而是涂着色剂(含有苏丹红染料、煤油、变压器油和松节油等),待着色剂渗透到焊缝表面的缺陷内后,将焊缝表面擦净,涂上一层白色显示液,若白色底层呈现红色条纹,即表示该处有缺陷存在。

(2) 焊接件强度及致密性检验

1) 水压试验。对于内部承受压力较大的容器和管道,如锅炉、储气球罐、蒸汽管道等,焊接后应进行水压试验。水压试验可用于检查焊件有无穿透性缺陷及焊缝的强度,压力容器的水压试验方法如图 8-7 所示。首先将容器灌满水然后用水泵把容器内水压提高,其压力一般为工作压力的 1.25~1.5 倍,持续 10~30min 后,再将压

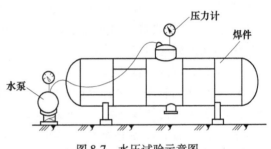

图 8-7　水压试验示意图

力降低至容器的工作压力,并用圆头小锤沿焊缝轻轻敲击,若发现有水滴或细水纹出现,可在渗漏处做标记,试压后进行补焊。

2) 气压试验。气压试验适用于低压容器、管道和船舶舱室等,常用于检验其密封性和强度。实验时将压缩空气注入容器或管子内,在焊缝表面涂抹肥皂水,若有穿透性缺陷,该处便吹起肥皂泡。也可将容器或管子放入水槽中,并注入压缩空气,观察有无气泡冒出。

3) 煤油试验。煤油试验适用于不受压的焊缝及容器的检漏。方法是在焊缝一侧涂上白垩粉水溶液,干燥后,在另一侧涂刷煤油。由于煤油渗透力极强,如焊缝有穿透性缺陷,煤油就能渗透过去,在涂有白垩粉一侧形成明显油斑,由此可确定缺陷位置。如在 10~30min 内看不到油斑,即可认为合格。

(3) 焊件无损探伤

1) 射线无损探伤。射线探伤主要检验焊缝内部的裂纹、未焊透、气孔、夹渣等缺陷。利用 X 射线或 γ 射线照射焊接接头,射线可透过焊件在照相底片上感光,如图 8-8a 所示。若金属内部有缺陷,因其密度较金属小,故射线在有缺陷处底片感光度大,显得较黑,而无缺陷处则较亮,从而可发现缺陷的位置、大小和种类,如图 8-8b 所示。X 射线宜用于厚度在 50mm 以下的焊接件,γ 射线宜用于厚度为 50~300mm 的焊接件。

2) 超声波无损探伤。利用超声波探测焊件内部缺陷。

(4) 力学性能检验　力学性能检验的目的是测定焊接接头、焊缝及熔敷金属的强度、塑性和冲击韧度等力学性能,以确定它们是否可以满足产品设计和使用要求,并验证所选用

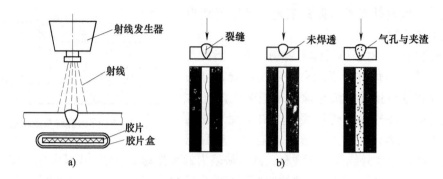

图 8-8 射线无损探伤示意图
a）装置示意图 b）缺陷在底片上的显示状况

的焊接工艺、焊接材料正确与否。

1）焊接接头、焊缝及熔敷金属的拉伸试验。按有关国家标准测定焊接接头的抗拉强度和屈服强度、塑性（伸长率和断面收缩率）进行试验。

2）焊接接头及堆焊金属的硬度试验。用于测定布氏硬度、洛氏硬度和维氏硬度。所有类型焊接接头的硬度测定，可在金相试样上进行，也可单独制备硬度试样。

3）焊接接头的冲击试验。测定接头焊缝、熔合线和热影响区的冲击韧度。

（5）化学分析检验　化学分析检验可分为焊接接头晶间腐蚀试验、焊缝中铁素体含量的测定和焊缝金属化学分析等。以测定焊接接头的晶间腐蚀倾向，试样应包括母材、热影响区和焊缝金属表面，测定铬镍奥氏体不锈钢焊缝中铁素体的含量，测定焊缝金属化学成分（化学成分分析所用细屑，可用钻、刨、铣等方法获得）。

（6）金相检验　焊接接头的金相检验，一般先进行宏观分析（宏观检验和断口检验），再进行有针对性的显微金相分析（微观检验）。焊接接头的金相试样应包括焊缝、热影响区和母材三部分。金相试样可以在试板上或直接在焊接结构上取样，可以采用手工锯削、机械加工、砂轮切割、专用金相切割和线切割等方法。

1）焊接断口检验。断口检验是根据焊缝的断口来检查焊缝中气泡、缩孔残余、夹渣、分层、裂纹、粗大晶粒及白点等，了解焊接缺陷的形态、产生的部位和扩展的情况。

2）焊接接头的光学金相分析。采用高倍显微镜（放大 100 倍以上）来观察分析显微组织。焊接接头的显微组织分析包括焊缝、热影响区和母材三个部分，重点应放在焊缝和热影响区的过热区上，从而估计出整个焊接接头的性能，并确定如何调整焊接工艺。

3）焊接接头的电子显微分析。采用电子显微分析可以对焊缝金属晶界的结构、位错状态、第二相结构、夹杂物的种类和成分、显微偏析、晶间薄膜、脆性相、超显微的组织结构、裂纹或断口形貌特征及其上面富集的物质、焊接接头中微量元素的含量及分布等进行分析。电子显微分析方法包括：扫描电镜、透射电镜、X射线衍射、微区电子衍射、电子探针等。

2. 焊接缺陷控制

焊接缺陷的种类很多，常见的有：焊缝尺寸不合要求、焊瘤、夹渣、未焊透、气孔和裂纹等。焊接缺陷除影响焊缝美观外，还能减少焊缝有效承载面积，并造成应力集中，引起裂纹，从而直接影响焊接结构的安全使用，甚至造成结构断裂等严重事故。因此焊接生产中必须采取措施控制和防止焊接缺陷的产生。表 8-4 为常见焊接缺陷、缺陷特征、产生原因和防止措施。

表 8-4 常见焊接缺陷、缺陷特征、产生原因和防止措施

序号	缺陷名称	缺陷特征	产生原因	防止措施
1	焊缝外形、尺寸不合格	焊波粗劣，焊缝宽度不均匀、高低不平	运条不当；焊接规范、坡口角度选择不好	合适的坡口形式、装配间隙及焊接规范
2	沟槽 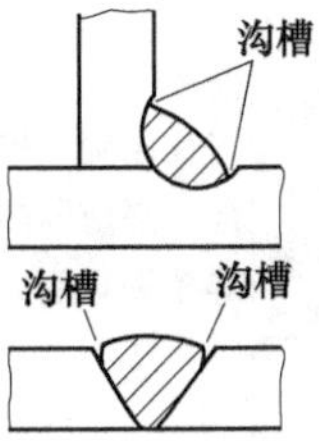	基体金属和焊缝交界处在基体金属上产生沟槽或凹陷	焊条角度和摆动不正确；焊接电流过大、电弧过长	选择正确的焊接电流和焊接速度、运条方法，采用合适的运条角度和电弧长度
3	焊瘤 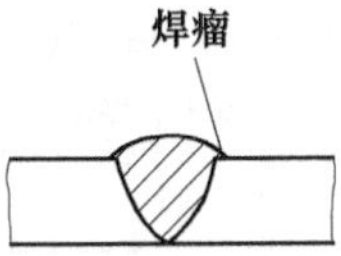	熔化金属流淌到焊缝之外的母材上形成金属瘤	焊接电流太大、电弧过长、焊接速度太小、焊接位置及运条不当	尽量采用平焊，采用适当的焊接规范和运条方法
4	焊漏和烧穿 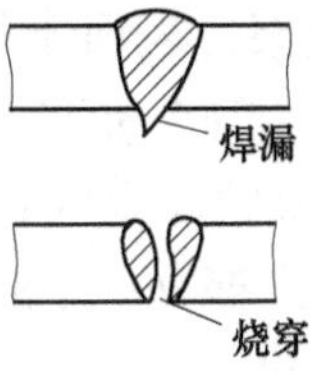	液态金属从焊缝反面漏出凝固形成疙瘩或焊缝上形成穿孔	坡口间隙过大；焊接电流太大或焊接速度太小；操作不当	采用合理的装配间隙、焊接规范、运条方法
5	未焊透与未熔合 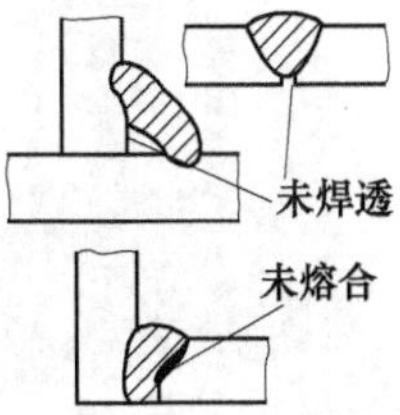	未焊透是接头根部未完全熔透；未熔合是焊缝与母材未熔化结合	焊接速度太大、焊接电流太小；坡口角度太小、间隙过窄；焊件坡口未清洁	采用合理的焊接规范、坡口形式、间隙尺寸
6	夹渣 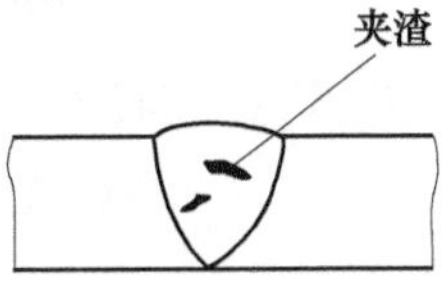	焊后残留在焊缝金属中的非金属夹杂物	焊道间熔渣未清理干净；焊接电流太小、焊接速度太大；焊缝表面不干净	多层焊层层清渣，坡口清理，采用合适的焊接工艺规范

(续)

序号	缺陷名称	缺陷特征	产生原因	防止措施
7	气孔	熔池中溶解了过饱和的 H、N 及产生的 CO 气体在凝固时来不及逸出,形成空穴	焊材、坡口有水、锈、油;电弧太长、保护不好、气体侵入;焊接电流过小;焊速太大,气体来不及逸出	严格清除坡口上的水、锈、油,焊条烘干,正确选择焊接工艺规范
8	裂纹	热裂纹:在固相线附近高温时产生,沿晶界开裂,具有氧化色泽,多发生在焊缝区,焊后立即开裂	含硫、磷多的钢材,高温时在晶界上形成 Fe + FeS（985℃）、Fe + Fe_3P（1050℃）低熔点共晶物液膜;在焊接应力作用下形成热裂纹	使用硫、磷含量低的焊丝;焊前预热;采用碱性焊条和焊剂
		冷裂纹:在 300℃ 以下及室温下产生,穿晶开裂,具有金属光泽,多发生在热影响区;焊接后几小时、几天甚至几十天出现	钢种淬硬倾向大;溶解的氢造成氢脆;焊接残余应力的作用	预热、回火减小残余应力;选用低氢焊条;焊条烘干;焊件表面清理

8.3.5 粉末冶金件质量检验及缺陷控制

1. 粉末冶金件的质量检验

(1) 表面质量检验 粉末冶金件表面质量检测一般采用肉眼观察,表面不得有裂纹、划痕、拉毛、掉角、掉边等缺陷,用量具检验外形尺寸及装配尺寸是否符合标准。

(2) 内部质量检验 粉末冶金件一般是由金属粉末压制烧结而成的,受压制工艺及烧结工艺影响,其内部金相组织与普通致密金属不同,而且内部或多或少都有一定的空隙。粉末冶金件内部质量检测包括金相组织检验及制品的密度、孔隙率等检验。

1) 金相组织。可采用金相显微镜,用较低放大倍数检测粉末冶金件内部空隙、夹杂物的分布等,用较高倍数检测内部组织的晶粒大小及组成物的形貌。

2) 密度检验。粉末冶金件密度的测量是基于阿基米德定律(物体在浸渍液中所受到的浮力等于排出该物体同体积浸渍液的质量),将体积的测量转换为浮力的测量,即只要测得该物体全浸没在已知密度浸渍液中的浮力大小,就能计算出该物体的体积。粉末冶金工件的密度测量常采用密度(孔隙率)测量仪,如图 8-9 所示。

3) 孔隙率检验。粉末冶金件的孔隙率可根据理论密度及实际测试的密度计算得出。粉末冶金件的孔隙率由式 (8-1) 计算得出:

图 8-9 密度(孔隙率)测量仪

$$A = \left(1 - \frac{\rho}{\rho_0}\right) \times 100\% \tag{8-1}$$

其中，ρ 为工件的实际密度（g/cm³）；ρ_0 为工件材料的理论密（g/cm³）；A 为工件的总孔隙率。当粉末冶金工件材料的组元为两种时，工件材料的理论密度计算公式为：

$$\rho_0 = \frac{\rho_1 \rho_2}{b_1 \rho_2 + b_2 \rho_1} \tag{8-2}$$

其中，ρ_1、ρ_2 分别为组元 1 和 2 的理论密度，b_1、b_2 分别为组元 1 和 2 的质量分数。

（3）力学性能检验　粉末冶金件的力学性能因其内部空隙大小、形状、数量的不同而产生差异。力学性能包括硬度、抗拉强度、冲击韧性、径向压溃强度等。粉末冶金件的力学性能检测方法在原则上与普通致密金属材料相同，一般进行硬度检测。

2. 粉末冶金件缺陷控制

粉末冶金件如果结构设计不合理，或成形工艺不当等，成形件会产生各种各样的缺陷，如密度不均匀、裂纹、皱纹、掉角剥落、表面划伤、尺寸超差等。粉末冶金件常见缺陷及防止措施见表 8-5。

表 8-5　粉末冶金件的常见缺陷及防止措施

缺陷形式		简图	产生原因	改进措施
密度不均匀	中间密度过低	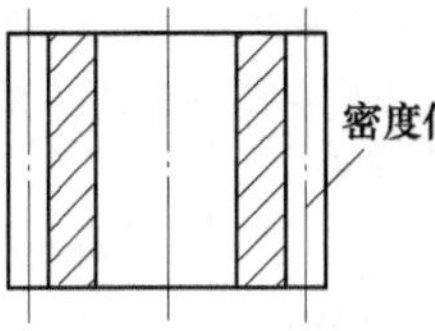	侧面积过大；模壁粗糙；模壁润滑差；粉料压制性差	采用双向压制；减小模壁表面粗糙度值；在模壁上或粉料中加入润滑剂
	一端密度过低	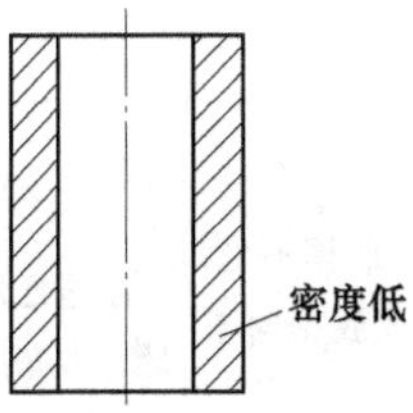	长径比或长厚比过大；模壁粗糙；模壁润滑差；粉料压制性差	改用双向压制；减小模壁表面粗糙度值；在模壁上或粉料中加入润滑剂
	薄壁处密度低	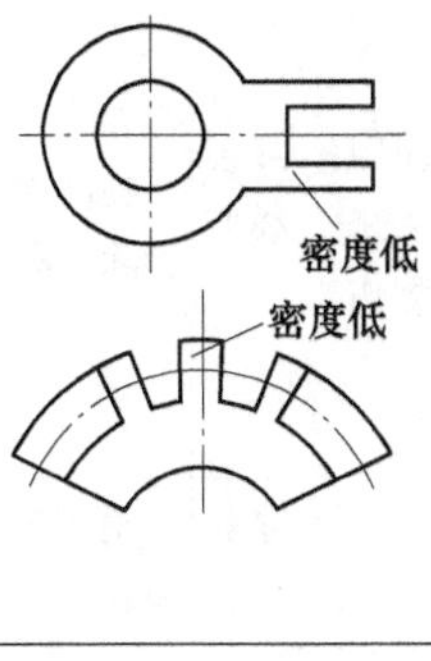	局部长厚比过大，单向压不适用	采用双向压制；减小模壁表面粗糙度值；模壁局部加添加剂

(续)

缺陷形式		简图	产生原因	改进措施
裂纹	拐角处裂纹		补偿装粉不恰当；粉料压制性能差；脱模方式不对	调整补偿装粉；改善粉料压制性；采用正确脱模方式；带外台产品，应用压套先脱凸缘
	侧面龟裂		阴模内孔沿脱模方向尺寸变小。模具出口处有毛刺；模具垂直度和平行度超差；粉末压制性差	阴模加脱模斜度；修整模具；改善粉料压制性能
	对角裂纹		模具刚性差；压制压力过大；粉料压制性能差	增大凹模壁厚；改用圆形模套；改善粉料压制性；采用双向压制，使工件各处达相同的压制密度
皱纹	内台拐角皱纹		大孔芯模压下，端台已先成形，薄壁套继续压制时，粉末流动冲破已成形部位，又重新成形，出现皱纹	适当降低压坯密度；减小拐角处的圆角半径
	外球面皱纹		压制过程中，已成形球面不断地被流动粉末冲破，又不断地重新成形	适当降低压坯密度；滚压修整消除皱纹
掉角剥落			局部密度过低；脱模不当，如脱模时不平直或脱模时有弹跳	改进压制方式，避免局部密度过低；改善脱模条件
表面划伤			模腔表面粗糙度大，或硬度低；模壁产生模瘤；模腔表面局部剥落或划伤	提高模壁的硬度、减小粗糙度；消除模瘤，加强润滑
尺寸超差		—	模具磨损过大；工艺参数选择不合理	采用硬质合金模具；调整工艺参数

第8章　零件成形质量控制及检验

———— 练习题 ————

1. 如何区别析出性气孔、反应性气孔和侵入性气孔？
2. 缩孔和气孔如何区分识别？缩孔和缩松如何区别？哪些铸造合金容易产生缩松？
3. 铸件内部或表面的固态熔渣，来源是什么？怎样防止？
4. 产生砂眼的主要原因是什么？有哪些主要防止措施？
5. 冷裂与热裂产生原因是什么？它们的主要特征区别是什么？
6. 产生冷隔和浇不足的主要原因有哪些？
7. 举例说明焊接成形件的质量检测方法。
8. 说明铸造成形件的夹砂、夹渣缺陷及其控制方法。
9. 对比分析焊接成形件的常见缺陷及其控制方法。
10. 对下列零件做非破坏性检验，分别应该选用什么方法？
（1）高压锅炉环形焊缝；（2）曲轴；（3）高压液压泵泵体；（4）铸铝支架；（5）高应力螺栓；（6）民用煤气罐。
11. 检查活塞销（材料20Cr钢）锻件表面有无微裂纹，采用什么方法？该安排在哪道工序之后检查？

参 考 文 献

[1] 柳秉毅. 材料成形工艺基础 [M]. 3 版. 北京：高等教育出版社, 2018.
[2] 黄天佑. 材料加工工艺 [M]. 2 版. 北京：清华大学出版社, 2010.
[3] 鞠鲁粤. 工程材料与成形技术基础 [M]. 3 版. 北京：高等教育出版社, 2015.
[4] 常春. 材料成形基础 [M]. 2 版. 北京：机械工业出版社, 2017.
[5] 高红霞. 材料成形技术 [M]. 北京：中国轻工业出版社, 2011.
[6] 沈莲. 机械工程材料 [M]. 4 版. 北京：机械工业出版社, 2019.
[7] 庞国星. 材料加工质量控制 [M]. 北京：机械工业出版社, 2011.
[8] 邓文英. 金属工艺学：上册 [M]. 6 版. 北京：高等教育出版社, 2018.
[9] 李春峰. 金属塑性成形工艺及模具设计 [M]. 北京：高等教育出版社, 2008.
[10] 夏巨谌. 金属塑性成形工艺及模具设计 [M]. 北京：机械工业出版社, 2007.
[11] 张彦华, 薛克敏. 材料成形工艺 [M]. 北京：高等教育出版社, 2008.
[12] 杨慧智. 工程材料及成形工艺基础 [M]. 4 版. 北京：机械工业出版社, 2015.
[13] 陶治. 材料成形技术基础 [M]. 北京：机械工业出版社, 2002.
[14] 陈振华. 现代粉末冶金技术 [M]. 2 版. 北京：化学工业出版社, 2013.
[15] 黄培云. 粉末冶金原理 [M]. 2 版. 北京：冶金工业出版社, 2004.
[16] 李春峰. 特种成形与连接技术 [M]. 北京：高等教育出版社, 2005.
[17] 于化顺. 金属基复合材料及其制备技术 [M]. 北京：化学工业出版社, 2006.
[18] 周作平, 申小平. 粉末冶金机械零件实用技术 [M]. 北京：化学工业出版社, 2006.
[19] 樊自田, 等. 先进材料成形技术与理论 [M]. 北京：化学工业出版社, 2006.
[20] 吕广庶, 张远明. 工程材料及成形技术基础 [M]. 2 版. 北京：高等教育出版社, 2011.
[21] 陈振华. 现代粉末冶金技术 [M]. 2 版. 北京：化学工业出版社, 2013.
[22] 白基成. 特种加工 [M]. 6 版. 北京：机械工业出版社, 2014.
[23] 陈宗民. 特种铸造与先进铸造技术 [M]. 北京：化学工业出版社, 2008.
[24] 杨思乾, 等. 材料加工工艺过程的检测与控制 [M]. 西安：西北工业大学出版社, 2019.
[25] 郭晨洁. 工程材料及热加工工艺 [M]. 北京：化学工业出版社, 2017.